古典文獻研究輯刊

七 編

潘美月・杜潔祥 主編

第2冊

抗戰時期商務印書館之研究（1932～1945）

溫楨文 著

國家圖書館出版品預行編目資料

抗戰時期商務印書館之研究（1932～1945）／溫楨文 著 -- 初
版 -- 台北縣永和市：花木蘭文化出版社，2008〔民97〕

序 2+ 目 2+200 面：19×26 公分
（古典文獻研究輯刊 七編；第 2 冊）

ISBN：978-986-6657-53-5（精裝）
1. 商務印書館　2. 出版業　3. 歷史
487.78　　　　　　　　　　　　　　　97012579

ISBN - 978-986-6657-53-5

9 789866 657535

古典文獻研究輯刊
七 編 第二冊　　　　　　　ISBN：978-986-6657-53-5

抗戰時期商務印書館之研究（1932～1945）

作　　者　溫楨文
主　　編　潘美月　杜潔祥
總 編 輯　杜潔祥
企劃出版　北京大學文化資源研究中心
出　　版　花木蘭文化出版社
發 行 所　花木蘭文化出版社
發 行 人　高小娟
聯絡地址　台北縣永和市中正路五九五號七樓之三
　　　　　電話：02-2923-1455／傳真：02-2923-1452
電子信箱　sut81518@ms59.hinet.net
初　　版　2008 年 9 月
定　　價　七編 20 冊（精裝）新台幣 31,000 元　　版權所有・請勿翻印

抗戰時期商務印書館之研究（1932～1945）

溫楨文　著

作者簡介

溫楨文，私立中國文化大學史學系畢業、國立清華大學歷史研究所碩士，目前在國立政治大學歷史系研究所攻讀博士學位。

提　　要

　　本書討論的對象是戰時商務印書館，時間斷限是從商務印書館遭受一二八事變災難打擊至商務董事會深感局勢日蹙，議決通過往長沙遷廠，準備應變開始，到王雲五離開商務為止。在內容方面，除了緒論及結論外，擬列三章、八節及若干小目來討論，以下謹就各章的結構分述如下：

　　第二章災難與轉折：「一二八事變」至抗戰初期商務印書館的肆應與過程。本章的宗旨即在討論一二八事變對商務印書館造成「文化」的創鉅痛深暨其「實業」戮力復興的過程，繼而說明其意義，對於後來抗戰初期商務印書館的決策與因應產生何種的影響？論述的切入點將側重商務的文化出版工作，如此更能清晰的窺知商務印書館對變局的反應之道並從中側寫出商務印書館兩大領導人物——張元濟與王雲五此間所扮演角色的全貌。

　　第三章上海「孤島」時期的商務印書館。本章首先將探討「孤島」時期商務印書館的文化出版活動如何續存？從中引起文化界搶救古籍的行動，進而影響合眾圖書館的誕生，展現了另外一種「抗日救亡」的形式。接著討論抗戰期間商務印書館的最後兩次職工運動，王雲五皆明快斷然的處理，終至抗戰結束前，商務印書館不再受此「不定時炸彈」的威脅，對於抗戰後期文化出版活動的撐持有關鍵性的影響。另外，汪精衛與商務印書館的關係亦擬在此章作一初步爬梳，爾後汪氏建立的政權於教育方面與商務印書館多有接觸，而沒有發生激烈傾軋的情形，當有所關聯。一一釐清這些問題，方能正確評價這一時期的商務印書館。

　　第四章蟄居與待曉：抗戰後期的商務印書館。本章擬討論太平洋戰爭爆發後，商務印書館如何在淪陷區與大後方堅持文化出版工作？上海商務印書館如何依違在日敵與汪政權間？而其為求生存計所參與「五聯」的組織又何以引發王雲五的不滿，甚而導致抗戰勝利後商務印書館復員工作之延宕。王雲五此間所策劃的復興商務印書館的工作，深受政府實力派人物的關注並給予必要之奧援，是否影響王氏日後棄「商」從政？都是值得注意的問題。

目
次

自 序

第一章　緒 論 ··· 1
一、問題考察 ·· 1
二、研究回顧與資料運用 ································· 5
三、論著結構 ·· 9
第二章　災難與轉折──「一二八事變」至抗戰初
期商務印書館的肆應與過程 ················· 13
第一節　「一二八事變」與商務印書館的復興運動 ··· 15
一、淘乙部之總龜，非僅丹鉛之餘錄──《百衲本
廿四史》 ·· 15
二、廿年心血成銖寸，一霎書林換劫灰──東方圖
書館遭燬 ·· 19
三、子規夜半猶啼血，不信東風喚不回──商務印
書館之復興 ·· 24
第二節　八年苦鬥的初期──「七七」到「八一三」 · 33
一、失之東隅，收之桑榆──王雲五遷廠的安排與
成效 ··· 33
二、戰時出版物的改革暨其文化成果 ··············· 36
三、應知老去負壯心，戲遣窮途出豪語──抗戰初
期的張元濟 ·· 41
第三章　上海「孤島」時期的商務印書館 ············ 49
第一節　「孤島」時期商務印書館的文化氛圍 ········· 51
一、《孤本元明雜劇》的出版 ························· 51
二、另一種抗日救亡的文化活動──搶救古籍運動
··· 57
第二節　「孤島」時期商務印書館的勞資糾紛 ········· 67
一、怠工──一場寧靜的職工訴求 ·················· 67
二、戰時的營運方針 ····································· 68
第三節　汪精衛與商務印書館 ···························· 73
一、汪精衛與張元濟的交誼 ··························· 73
二、汪精衛與李聖五 ····································· 76
第四章　蟄居與待曉──抗戰後期的商務印書館 ····· 83
第一節　上海商務印書館的文化窘境 ··················· 84
一、日人的圖書檢查與拉攏合作 ····················· 84
二、士為有品乃能貧──張元濟此間的生活 ······· 91
第二節　貢獻於大後方的文化活動 ······················ 92
一、重慶商務印書館復興活動 ························ 92
二、商務印書館在重慶的經營 ························ 96
第三節　復員後的商務印書館 ···························100
一、五聯的遺響 ···100

二、教科書利益的維持 ……………………… 102

三、王雲五的去留 …………………………… 103

第五章　結　論 ………………………………… 105

附錄一　文獻保存同志會第一號至第九號工作報
　　　　告書 …………………………………… 111

附錄二　人物資料索引 ………………………… 165

參考書目 ………………………………………… 189

附圖、附表

　　附圖一　1932年上海商務印書館所在地 …… 11

　　附圖二　上海租界區域內商務印書館所在地 … 47

　　表 2-1-1　一二八事變中商務印書館損失統計一覽表 … 22

　　表 2-1-2　上海公會聯合會領導商務印書館反解雇鬥
　　　　　　　爭的三次聲明 ………………………… 27

　　表 2-1-3　1932年至1936年中國三大出版社之新書出
　　　　　　　版數量 …………………………………… 28

　　表 2-1-4　1932年至1935年商務印書館叢書編輯計畫
　　　　　　　…………………………………………… 28

　　表 2-1-5　東方圖書館復興運作概況 …………… 30

　　表 2-2-1　商務印書館戰時撙節用紙辦法 ……… 37

　　表 2-2-2　《中國文化史叢書》書目 …………… 39

　　表 2-2-3　《百衲本廿四史》出版時間一覽表 … 42

　　表 2-2-4　孤島雙周聚餐會 ……………………… 43

　　表 3-1-1　合眾圖書館初創時所收各界藏書一覽表 … 59

　　表 3-1-2　1941年張元濟捐贈、寄存合眾圖書館書籍
　　　　　　　一覽表 …………………………………… 60

　　表 3-1-3　文獻保存同志會購書、經費計劃一覽表 … 66

　　表 3-2-1　1937～1941年商務印書館出版新書狀況 … 68

　　表 3-2-2　戰時（1937～1940）商務印書館代印所占
　　　　　　　營業額比例表 …………………………… 69

　　表 3-3-1　大學叢書委員會委員一覽表 ………… 77

　　表 3-3-2　抗戰期間李聖五在《東方雜誌》上所刊載
　　　　　　　之文章 …………………………………… 80

　　表 3-3-3　李聖五在汪精衛南京政權歷任職稱 … 82

　　表 4-1-1　商務印書館1941～1945年現金收支剩餘一
　　　　　　　覽表 ……………………………………… 87

　　表 4-1-2　商務印書館1941～1945年現金收支剩餘橫
　　　　　　　條圖 ……………………………………… 87

　　表 4-2-1　王雲五講演活動一覽表（1942～1945年）… 97

　　表 4-2-2　商務印書館1942～1945年間所出版專業著
　　　　　　　作選一覽表 ……………………………… 98

自　序

　　本書是在我的碩士論文〈抗戰時期商務印書館之研究〉的基礎下踵事增華而成。首先，我要感謝我的指導教授：陳華老師。老師在指導我的過程中給予我相當大的想像自由與揮灑空間，憶及當初幾次見面討論時，對於我所提呈的「粗稿」，老師並不以為忤，仍親切的給了我許多寶貴的意見，最後使我的論述得以逐步成形，深慶自己能碰到這麼一位好老師。

　　其次，我要感謝我的兩位論文口試委員：中央研究院近代史研究所的李達嘉老師與政治大學的劉維開老師。兩位老師均鉅細靡遺的給予指教，使我獲益良多，這些寶貴意見亦將使我的探討益加完備。接著，我還要感謝中央研究院近代史研究所的潘光哲老師，感謝老師不吝惜展示其個人治學的心得與方法，使我獲益匪淺。

　　再次靜心展讀自己的碩士論文沒想到是在畢業五年後。嘴裡咀嚼著五年前出自己手的青澀文字，竟因此興起幾許回憶的況味來，從而在心裡反覆品味著那一段發生在水木清華校園中的點點滴滴。記憶的第一幕場景總是以張元老師「研究實習」的課堂情景來呈現，這是我們一般史組唯一的一門必修課，也是我們彼此相知相熟的重要開端。除此之外，值得追憶的還有清華豐富而多元的課程之旅，除了歷史所開設的課外，我們或成群結隊（哲學所郭博文老師的「歷史哲學」）、或三兩成行（人類所莊英章老師的「客家研究」、中文所王秋桂老師的「書目學」）去他所取經，並從而涵泳其中，藉此開闊了學問的視界，這些薰陶將使我終身受益；感謝黃敏枝老師在研一、研二時期擔任我的導師對我的照顧；感謝張永堂老師在我任其課堂助教時對我的乃眷與鼓勵。

　　在清華歷史研究所學習的歲月中，除了知識的擷取外，最重要的就是有幸結識志同道合的朋友：葉毅均學友，毅均的博學多聞我想從他質精品醇的單篇論文中便能略窺其端倪，而其個人最大的優點又毫不藏私，只要攸關學術上的問題、討論，

他均能知無不言言無不盡，我的論文相關的一些問題便得到他的幫助而順利解決；賴重仁學友，見多識廣的重仁懂得非常多的東西，他對於一些英文資料的搜集有獨到之功，樂於助人的他便常幫我注意、蒐集一些英文書評資料，使我的觀點得以開闊不少；杜瑋峻學友，瑋峻的思緒非常敏銳，對於事物的觀察每有新意，與他交談常常能獲得非常寶貴的新知，使我的知識藉以增長不少。此外還要感謝幫我蒐集資料的吳佩蓉同學，有些資料是她犧牲自己休息時間幫我一頁頁從中研院傅斯年圖書館裏影印出來的，真的十分感謝；劉子玄同學，子玄是我大學少數推心置腹的摯友之一，很感謝他為了我向其好友黃鴻一先生（台灣大學化學研究所博士生）開口，請其借閱台大圖書館藏書，黃先生慨然應允，還直稱有需要隨時開口，真是令我感動，在此一併謝謝他。

此外，我要特別感謝詹怡娜學友，整個論文撰寫的過程幸得她的陪伴，她默默給予我一切必要之奧援，我的論文中的圖表均是經過她建議、設計而呈現的，使得我的論文在文字敘述之外，能有相對應的圖表資料佐以說明，進而增加其可讀性。最後，我要對我最親愛的家人們的支持與包容獻上莫可名狀的申謝，沒有你們就沒有今天寫這本論著的我。

第一章　緒　論

一、問題考察

　　1932 年 1 月 11 日，滬上日人藉口江灣路發生日本僧侶三人遭受中國人施暴並導致一人死亡，「上海事件」〔註1〕就此爆發。日本駐上海總領事村井倉松向上海市市長吳鐵城（1888～1953）提出四項嚴厲要求：（一）上海市長須向日本總領事表示道歉之意。（二）加害者之搜查、逮捕、處罰，應迅即切實履行。（三）對於被害者五名，須予以醫藥費及撫慰金。（四）關於排日、侮日之非法越軌行動一概予以取締，尤其應將上海各界抗日救國委員會以及各種抗日團體即時解散之。〔註2〕並限於 1 月 28 日下午六點前答覆，更有以武力威逼恫赫者爲之推波助瀾，大有訴諸一戰的態勢。〔註3〕一時日軍進襲閘北的消息不脛而走，閘北南市之中國居民大都避入公共租界內以求庇護，時商務印書館總管理處與總廠均處閘北火線內（見附圖一）。

〔註 1〕　上海江灣路妙法寺（日蓮宗）之日本僧人大崎啓昇、水上秀雄與水上的徒弟共五人在上海三友社附近走走停停，不時四處窺視。這幾個僧人的異常舉動，引起了工人義勇軍的注意，旋即派人跟監。後在趙家巷附近，工人們攔住他們盤問。一言不合衝突隨起，僧人中有三人被打傷，受傷的三人逃到不遠處日人的東華紗廠。其中水上秀雄因傷重不治。是爲「日僧事件」，又名「上海事件」，日人稱之爲「日蓮宗僧侶殺傷事件」，成爲「一・二八」事件的導火線。關於「上海事件」的詳細始末可參閱：榛原茂樹、柏正彥合著，《上海事件外交史》（東京：金港堂書籍株式會社，1932），頁 54～100。

〔註 2〕　上海社會科學院歷史研究所編，《"九・一八"──"一・二八"上海軍民抗日運動史料》（上海：上海社會科學院出版社，1986），頁 182。

〔註 3〕　當時日本第一遣外艦隊司令官鹽澤幸一則挾武力對上海市長說道：「本職切望上海市長，容納帝國總領事所提出之抗日會員加暴行於日本僧侶事件之要求，速爲滿意答覆，並履行之；萬一與之相反，爲擁護帝國之權益計，已具有認爲適當手段之決心。」威脅恫赫之心溢於言表。《"九・一八"──"一・二八"上海軍民抗日運動史料》，頁 182。

是日晚上十一點過後，日軍突襲閘北，遭遇十九路軍堅強抵抗，隔天早上，日軍旋即派飛機至閘北一帶進行轟炸，商務印書館遭連續炸彈襲擊，全廠皆火，四日後又發生日本浪人火焚東方圖書館及編譯所之事，商務印書館損失無法估計，然而這只是一連串深重災難的楔子。

1937 年 7 月 7 日蘆溝橋事變爆發，整個中國發生急遽的變化。上海商務印書館（以下簡稱商務），剛剛從「一・二八事變」戰火的巨創中走出，〔註4〕有鑑於日本侵略者的步步進逼，上海商務的層峰早已預作準備，經董事會議決通過：收縮上海商務的編制，遷移機器至上海英租界區、長沙、香港三地，期能維持書籍出版於不輟，並在長沙設立總管理處，香港增設香港辦事處。〔註5〕但是隨著戰爭時間的拉長，上海商務因應戰時的營運體制，發生了相當的變化。

首先是長沙方面，戰時將廠內遷本是受制戰爭因素不得不為之舉，但是隨著戰爭的逼近，機器、原料運補的困難；職工朝不保夕的恐懼感，在在都顯示出商務長沙廠的危機。況且總經理（王雲五）並不常駐長沙，更造成長沙「戰時總管理處」的名不符實。爾後王雲五（1888～1979）下達指示，將機器遷運重慶。旋即一場莫名的火，燒毀了廠房、未及遷出的機器、職工宿舍等，使得長沙廠正式走入歷史。〔註6〕

其次是香港方面。全面抗戰爆發不久之後，王雲五即到港主持香港辦事處的一

〔註 4〕 民國 21 年 1 月 28 日，日軍進犯上海閘北，翌日上午，日機轟炸位於寶山路上的上海商務總廠。2 月 1 日，又有日本浪人潛入東方圖書館縱火，此舉造成的損失、影響更甚於前。關於這方面的紀錄可參見：何炳松，〈商務印書館被毀紀略〉；王紹曾，〈商務印書館校史處的回憶〉，均收入：商務印書館編輯部編《商務印書館九十五年》（北京：商務印書館，1992），頁 237～249；295～315。另外，關於東方圖書館的梗概詳見：陳江，〈東方圖書館——文化寶庫和學者的搖籃〉；汪家熔，〈涵芬樓和東方圖書館〉，均收入：商務印書館編輯部編，《商務印書館一百年 1897～1997》（北京：商務印書館，1998），頁 94～96；355～357。

〔註 5〕 根據商務董事會 432 次會議議決通過王雲五所提之備戰方案：「因時局關係，鑒於"一・二八"之難，特將閘北寶山路之製版廠及美安棧房保兵險。將總館存書除教科書外以百分之五十五派發至各分館及香港分廠，但京、杭、平、津四分館不派，漢口分館及香港分廠特為多派。擬在長沙設一小規模之印刷場，以派人前往籌備。」詳見：北京商務印書館編，《商務印書館大事記》（北京：商務印書館，1987）。

〔註 6〕 此即歷史上所謂的「長沙大火」事件。據現有的相關研究指出，「長沙大火」與「花園口決堤」相類，均是國府「焦土作戰」方針下的戰略呈現。潘公展，〈張治中與長沙大火〉，《中外雜誌》，17.3（1975），頁 68～71；何智霖，〈長沙大火相關史料試析〉，《國史館館刊》，5（1988），頁 131～142；楊德才，〈焦土抗戰與長沙大火〉，《歷史月刊》，91（1995），頁 114～118；王向文，〈論抗日戰爭時期國民黨政府的"焦土抗戰"政策〉（湖南中南大學歷史學碩士論文，2005），頁 25～30。

切事宜，並且遙制整個商務印書館人事、編輯、出版等等攸關機構生存的要項。此舉無異宣告了香港辦事處實際上就等於是戰時的總管理處。〔註 7〕此種情形，雖然在整個商務印書館內部中不乏議論的聲音，但礙於戰爭之非常時期，且王雲五握有商務董事會之全權委任，所以，在戰時遂形成了上海與香港穩定對峙的情況。直到 1941 年年底為止，兩處共出版了 2352 種新書（3695 冊）；大部頭書 9 部，共 3266 種（4698 冊）；各類教科書 155 種（247 冊）。1941 年 12 月 8 日，日軍偷襲珍珠港，太平洋戰爭爆發，侵華日軍進佔上海、香港，結束了商務好不容易求來的短暫安康，商務再一次面臨兵燹無情的考驗。隨著整個戰局的發展，商務產生了第二次的戰時營運體制——上海方面的精神領導與重慶方面的實際運作。

上海，作為商務印書館的發跡之地本有其各方面的考量。直到蘆溝橋事變時，商務屹立在該地已有 40 年之久，其在上海所積累的經驗、關係更是其企業永續發展的重要瑰寶。〔註 8〕所以，幾次重大的災難打擊，商務雖有遷移之舉，但總限於總經理層級，商務的董事會一直是留在上海的。董事會定期召開會議，討論總管理處所提之議案。在程序上，它仍然是商務的最高指導單位，各地分、支館均需對其負責。所以，上海商務扮演著一個精神領導的角色是無庸置疑的，也因為董事會的靈魂人物張元濟（1867～1959）的存在，更奠定、強化了這個角色扮演。翰林出身的張元濟，學問道德均望重士林，他在戰時留在上海主持大計，抵住了汪精衛（1883～1944）政權、侵華日軍的雙重脅迫，勉力儘量開工不使機器閒置，淪為敵用，並悉心照顧滯留在上海的股東與職工們。

1941 年 12 月 8 日至 1946 年 4 月為止，王雲五在重慶總制商務的一切事宜，他將這時期分為三期：第一是應變時期、第二是小康時期、第三是復員時期。應變時期的首要任務即是財務的紓解，王氏憑藉其個人的信譽，向四聯總處（中央、中國、交通、農民四行聯合辦事處）貸款，解決了商務財務上的燃眉之急；小康時期則著重在持續生產出版品，使資金得以流通。據王氏的記載，這個時期，重慶商務的出版事業遠比上海商務來的蓬勃、豐富。甚至戰後復員階段，商務整體

〔註 7〕王雲五曾經說過：「自抗戰以來，我把商務的總管理處，作為流動性質，隨總經理之駐在地而定」。王雲五，《商務印書館與新教育年譜》（台北：臺灣商務印書館，1973），頁 755；另外，據汪家熔詢問商務老職工黃用明指出：「總管理處就是王雲五，王雲五就是總管理處」，真是一語道盡。汪家熔，〈抗日戰爭時期的商務印書館〉，《商務印書館史及其他》（北京：中國書籍出版社，1998），頁 140。

〔註 8〕有研究者指出，文化機構的「穩定性」是塑造其機構形象的重要文化元素。詳閱：Diana Crane, *The Production of Culture: Media and the Urban Arts.*（Newbury Park, Calif.: Sage Publications, 1992）, pp. 110～111.

的復員費用大多來自於重慶方面的資給，可見王氏在經營上確有其長才。抗戰勝利後進入復員時期，王雲五分派要員赴香港、上海「接管」業務，此舉在上海方面掀起軒然大波。咸認王氏挾怨報復，大作「五聯」〔註9〕的文章，表面上王氏取得最後的勝利，順利派李澤彰（1895～？）爲經理，接管上海商務，實際上，商務從此邁入多事之秋。

上海商務印書館，位居全國出版事業的領導地位，有下列二項最重要的因素：一是教育的推動；一是知識的啓蒙。〔註10〕

商務印書館的起家，可以說是完全靠出版教科書而奠定的。〔註11〕不但在出版量執全中國之牛耳，銷售量亦佔有全國市場的一半。〔註12〕這實應歸功於商務編輯教科書人員之用心與努力，當時許許多多的知識份子均對商務高質量的教科書予以高度的評價。〔註13〕而另一方面，由商務出版的雜誌、書刊（非教科書），對於群眾知識的啓蒙，更是有巨大的貢獻，〔註14〕從這方面來觀察，單就其品質而言，是

〔註9〕 1943 年，中國聯合出版公司成立，主要出資者爲商務、中華、世界、大東、開明五大書局，五家各派一個常委，所以別稱五聯。五聯中最重要的活動就是汪僞政府「國定本教科書」的出版與發行。

〔註10〕 李歐梵以「啓蒙工業」一詞來稱呼商務印書館的教科書生產。Leo Ou-fan Lee, *Shanghai Modern: The Flowering of a New Urban Culture in China, 1930-1945.* （Cambridge, Mass. : Harvard University Press, 1999），p47.

〔註11〕 呂思勉（1884～1957，字誠之。）曾經說過在商務印書館轉向專營出版教科書後，造成「其書一出，頗有涵蓋一切之勢；營業遂蒸蒸日上。浸至新書業中，首屈一指焉」。呂思勉，〈三十年來之出版界（1894～1923）〉，《呂思勉遺文集》上冊（上海：華東師範大學，1997），頁 377。

〔註12〕 王雲五曾提過，1902～1912 這十年間，商務幾乎獨家供應全國所需的中小學教科書。王雲五，〈中小學教科書及補充讀物問題〉，《岫廬論教育》（台北：臺灣商務印書館，1965），頁 174；蔣維喬指稱商務印書館爲教科書的「托辣斯」。蔣維喬，〈創辦初期之商務印書館與中華書局〉，收入：張靜廬輯註，《中國現代出版史料 丁編》下冊（北京：中華書局，1959），頁 397；另外，法國學者戴仁（Jean-Pierre Drege）在其著作中亦稱，商務提供了中國絕大部份的教科書，成爲一個眞正的「學校課本托拉斯」。戴仁（Jean-Pierre Drege）著，李實桐譯，《上海商務印書館 1897～1949》（北京：商務印書館，2000），頁 14。

〔註13〕 當然，譽之所至，謗亦隨之，不滿商務印書館教科書出版品的聲音亦有所聞。如泰東書局創辦人之一的趙南公便認爲：「改良教育，首重教科。商務、中華，市儈之徒，不懂教育，始終以陳舊之教科書搪塞社會。此外既無人注意及此，且無其力量，只好任其作弄。」〔1921 年 6 月 17 日日記〕詳見：廣隸整理，〈趙南公一九二一年日記選〉（二），《出版史料》，2（1992），頁 35。

〔註14〕 吳相，《從印刷作坊到出版重鎮》（南寧：廣西教育出版社，1999），頁 1～4。另外商務印書館出版品的讀者已不限於葉文心所言均是「都市知識菁英」。參閱：Wen-hsin Yeh., "Progressive Journalism and Shanghai's Petty Urbanities: Zou Taofen and the Shenghuo Enterprise." in Frederic Jr. Wakeman and Wen-hsin Yeh ed. *Shanghai*

完全符合其出版宗旨「吾輩當以扶助教育爲己任」。〔註15〕因此，在其編纂過程中是講求精益求精，決無敷衍塞責、粗製濫造。

上述的情況，即便在抗戰時期商務印書館發展史上相對的「保守階段」，〔註16〕亦無多大轉變。但是，教科書的出版，一直是眾家必相爭食的「大餅」，不但有各出版機構在相互角力，更是各政治力量角逐之所。尤以後者所產生的問題牽連極廣，甚至連帶影響了書刊的正常出版，一連串的圖書檢查、扣留、銷燬，對於此時中國的出版業無疑是雪上加霜。

因此，本書擬探討：

1. 一二八事變後商務印書館復興工作的經驗是否足爲抗戰時期商務印書館肆應變局所需？
2. 張元濟與王雲五在戰時商務印書館裏起著怎樣的作用？他們的決策與行動如何形塑了戰時商務印書館的文化面貌？
3. 戰時商務印書館對人才的管理和運用如何？勞資雙方如何因應戰爭非常之局？
4. 張元濟所主持的董事會與王雲五所領導的總管理處，是相互合作還是有所扞格、不協？對商務印書館又有何種的影響？

冀望從上述幾個方向，能夠對戰時的商務印書館有所瞭解。

二、研究回顧與資料運用

關於以商務印書館爲研究主題的論著，筆者目前所見到的有下列數種：

戴仁（Jean-Pierre Drege），《上海商務印書館（1897～1949）》。原著爲法文，出版於 1978 年。北京商務印書館於 2000 年發行其中文版。該書的研究重點是著重分析商務印書館的出版業務及營運成果，並在書中援引大量的數據繪製成圖表來說明，所以該書的價值在於鉅細靡遺地詳述了商務印書館的經濟狀況。書中對於經濟方面的闡述亦頗值得學習與借鏡，遺憾的是該書在其他方面的敘述稍嫌有所不足，尤其是關於歷來商務印書館與各方政治勢力相依違方面，未能適時納入其書中經濟敘述主軸來一併考量，殊爲可惜。〔註17〕

Sojourners.（Berkeley: University of California Press, 1992），p190.

〔註15〕張元濟，〈東方圖書館概況‧緣起〉，收入：北京商務印書館編輯部編，《商務印書館九十五年》（北京：商務印書館，1992），頁 21～22。

〔註16〕〈商務五十年——一個出版家的生長及其發展〉，收入：北京商務印書館編輯部編，《商務印書館九十五年》（北京：商務印書館，1992），頁 766～767。

〔註17〕戴氏自稱其有關政治上的論述大多來自於易勞逸（Lloyd E. Eastman）《1927～1937

　　吳相，《從印刷作坊到出版重鎮》。是書爲一本研究商務印書館的全面之作，重點在於描述、探究商務印書館所踏過的歷史軌跡，希望從中找出一個文化企業從生存到發展的精神原動力暨發展模式，以爲中國未來文化出版事業的借鑑與典範。

　　劉曾兆，《清末民初的商務印書館——以編譯所爲中心之研究（1902～1932）》。劉氏認爲編譯所之設立實爲商務成爲文化機構之礎石，透過編譯所延攬眾多學者加入，不但使得商務的出版品質飛躍，更造就商務與學術界的深厚情誼，也無怪乎胡適（1891～1962）因此曾表示商務的編譯所是一個重要的學術機構，是一股教育的大勢力。〔註18〕

　　韓錦勤，《王雲五與臺灣商務印書館（1965～1979）》。該研究討論的對象是以王雲五與臺灣商務印書館之間的關係爲主，時間的斷限則是從王雲五重新主持臺灣商務到他去世爲止，即民國五十三年至民國六十八年。該書雖然主要在敘述臺灣商務印書館之梗概，但採取由王雲五（傳主）串起敘事主軸的寫法，也因此對於抗戰時期商務的概況亦有述及，並且描述王雲五與國府的關係甚爲詳盡，可做爲筆者論文處理這一課題的參考。另外，韓氏著作中所羅列臺灣當局所查禁商務書籍的紀錄，從側面提供了商務在戰時的出版狀況，可資筆者利用。〔註19〕

　　王飛仙，《期刊、出版與社會文化變遷：五四前後的商務印書館與《學生雜誌》》。該論著以探討《學生雜誌》爲主並以此闡述商務印書館爲 1920 年代持續傳播「新文化」的主力，以出版帶有簡單時髦色彩的新文化出版品爲主，其巨額資本與行銷網絡成爲新文化傳播的利器，意欲突顯商務印書館在追求商機與知識的雙平衡。〔註20〕

　　上海商務印書館職工運動史編寫組編，《上海商務印書館職工運動史》。該書雖只有一冊，但是採取叢書式的編寫方式，全書共分四編：第一編，一改以罷工鬥爭爲敘述重心的寫法，增加了商務發展沿革、職工隊伍之形成發展、社會背景的考察等等；第二編，敘述重點在於描寫廣大職工所進行的重大政治、經濟和文化的鬥爭，同時側重中國共產黨對職工的教育活動與組織職工運動的內容；第三編，單獨把商

　　年國民黨統治下的中國流產的革命》一書。詳見：Lloyd E. Eastman, *The Abortive Revolution: China under Nationalist Rule, 1927～1937.*（Cambridge: Harvard University Press, 1974）中譯本可見：易勞逸著；陳謙平、陳紅民等譯，《1927～1937 年國民黨統治下的中國流產的革命》（北京：中國青年出版社，1992）

〔註18〕劉曾兆，《清末民初的商務印書館——以編譯所爲中心之研究（1902～1932）》（台北：花木蘭文化工作坊，2005），頁 4。

〔註19〕韓錦勤，《王雲五與臺灣商務印書館（1965～1979）》（台北：花木蘭文化工作坊，2005），頁 3；47～52。

〔註20〕王飛仙，《期刊、出版與社會文化變遷——五四前後的商務印書館與《學生雜誌》》（台北：國立政治大學歷史學系，2004），頁 10～11。

務中之中國共產黨史料列爲一編，藉以反映中國共產黨領導的商務職工運動；第四編，相關人物、重大歷史事件的文獻及回憶文章收入於此編。因此，該書充斥著對中國共產黨歌功頌德之言，敘事立場有所偏失，但是瑕不掩瑜，這仍是一部呈現商務職工運動全貌之作，書中不乏珍貴且難得一見的職工史料。〔註21〕

久宣，《商務印書館——求新應變的軌跡》。相較於前，這是一本屬於泛論性質的書，作者希望讀者在瞭解商務印書館百年歷史的同時，對於其商業經營與文化出版兩相平衡之道有所體會。該書列爲「中國古代企業點石成金列傳4」，顯見其實用價值的取向。〔註22〕

李家駒，《商務印書館與近代知識文化的傳播》。該書與法國學者戴仁（Jean-Pierre Drege）之《上海商務印書館（1897～1949）》一書，若能相互勘合校觀，可從中對商務印書館的經濟活動作一長時間的觀察，較能做出有意義的評價。再者，因爲作者任職於香港商務印書館，書中不乏運用外人不易見到的印書、編書、售書等珍貴檔案資料，這些資料對於商務印書館在中國出版史上的重要性將會有更進一步的認識，這也是此書的最大貢獻。〔註23〕

樽本照雄，《初期商務印書館研究（增補版）》。是書鉅細靡遺地描繪商務印書館的草創期深受日本文化方面（如翻譯、教科書的編寫）影響，1903年更與日本金港堂合作（兩者合資經營持續了十年〔1903～1914〕），使得商務印書館在編輯、印刷、經營上進入嶄新的里程碑。〔註24〕另外，在2006年，樽本照雄將其長期研究商務印書館的相關論文集結成書以《商務印書館研究論集》出版，是書最大的特色是作者對於商務印書館的相關人事物詳加考訂，並佐以中日研究此一課題的專家學者們的心得，在討論他人研究成果的同時亦適時修正作者自己對商務印書館的觀察。上述兩本樽本氏的研究論著，是提供後人瞭解商務印書館早期歷史（1915年以前）的重要研究著作。〔註25〕

對於商務做出巨大貢獻者當推張元濟、王雲五二人。對於張元濟與商務印書館關係的研究，葉宋曼瑛的著作《從翰林到出版家——張元濟的生平與事業》是一部

〔註21〕上海商務印書館職工運動史編寫組編，《上海商務印書館職工運動史》（北京：中共黨史出版社，1991）。
〔註22〕久宣，《商務印書館——求新應變的軌跡》（台北：利豐出版社，1999）。
〔註23〕梁元生，〈序李家駒《商務印書館與近代知識文化的傳播》〉，收入：李家駒，《商務印書館與近代知識文化的傳播》（北京：商務印書館，2005），頁2。
〔註24〕詳見是書的第2章〈金港堂〉與第3章〈日中合弁〉。樽本照雄，《初期商務印書館研究（增補版）》（滋賀縣：清末小說研究會，2004），頁160～167、185～212。
〔註25〕樽本照雄，《商務印書館研究論集》，滋賀縣：清末小說研究會，2006。

值得參考的作品。作者描述傳主的一生，實則勾勒了商務印書館的歷史面貌。瞭解張元濟其人，就能對商務的企業文化有深刻的體認，要說張元濟是商務的精神導師絕非過譽之詞。〔註 26〕

　　至於王雲五，在商務的重要性與張元濟實屬伯仲之間。儘管對於王氏，商務館中同仁的評價是毀譽參半，其挫折大多來自於人事管理問題上，〔註 27〕但其所展現的管理能力，及卓越的商業謀略，都不容否認他是企業主最為安心的委託人。甚至在其任商務印書館總經理一職期間（1930～1946），更締造了商務出版的高峰。根據《商務印書館與新教育年譜》一書顯示，1932 年至 1936 年間，是商務印書館出版的黃金時期，期間共出版了 5788 種出版品，冊數高達 13515 冊，平均一年出版 1158種出版品，2743 冊。〔註 28〕從此亦可以看出，王雲五與張元濟之差別。楊揚所寫的《商務印書館：民間出版業的興衰》一書中，即把張、王二人視為描繪商務興衰史的兩大敘述軸線，介紹了知識份子如何接續文化命脈於漫天烽火之中，不僅書寫商務的歷史，亦是完整呈現了商務的精神。〔註 29〕

　　另外關於商務印書館方面的資料，以王雲五編著的《商務印書館與新教育年譜》一書，內容最為翔實。該書除了詳盡介紹商務做為中國近代教育發展中的角色，並且因為作者長時間擔任商務要職，書中羅列商務內部資料甚詳，可視為第一手史料來運用。其他回憶性的文章，則散見於北京商務印書館編輯部所編的《商務印書館九十年》、《商務印書館九十五年》、《商務印書館一百年》；王壽南主編《我所認識的王雲五先生》；蔣復璁等著《王雲五先生與近代中國》等書。另外，相關人物之日記、年譜、書札、傳記等更是深具參考價值且不可或缺的重要資料。

〔註 26〕 Man-ying Ip., *The Life and Times of Zhang Yuanji 1867～1959.*（Beijing: The Commercial Press, 1985）關於張元濟的相關研究，可參閱：王紹曾，《近代出版家張元濟》（北京：商務印書館，1984）；汪家熔編著，《大變動時代的建設者——張元濟傳》（成都：人民出版社，1985）；吳方，《仁智的山水——張元濟傳》（台北：業強出版社，1995）；海鹽縣政協文史資料委員會、張元濟圖書館編，《出版大家張元濟：張元濟研究論文集》（上海：學林出版社，2006）。

〔註 27〕 關於王雲五與商務印書館職工的對立梗概，可參閱：上海商務印書館職工運動史編寫組編，《上海商務印書館職工運動史》（北京：中共黨史出版社，1991），頁 86～98；〈商務印書館試行編譯工作報酬標準辦法糾紛記〉，收入：張靜廬輯註，《中國現代出版史料 丁編》下冊（北京：中華書局，1959），頁 414～422。

〔註 28〕 王雲五，《商務印書館與新教育年譜》（台北：台灣商務印書館，1973）。

〔註 29〕 楊揚，《商務印書館：民間出版業的興衰》（上海：上海世紀出版集團、上海教育出版社，2000）。關於王雲五的傳記可參閱：郭太風，《王雲五評傳》（上海：上海書店，1999）；胡志亮，《王雲五傳》（台北：漢美出版社，2001）。

三、論著結構

　　本書擬從研究戰時商務印書館中，來理解抗戰時出版業在政治影響下所做出的反映與回饋。並以「公共領域」這一觀點來審視戰時文化傳播事業所面臨的困境。哈伯馬斯（Jürgen Habermas）認為，媒體是構成公共領域的重要因素。出版業既然是屬於傳媒的一份子，當可藉此理論來觀察戰時商務印書館如何在國府、汪偽政府、侵華日軍的政治角力下「為國難而犧牲，為文化而奮鬥」。〔註30〕

　　本書討論的對象是戰時商務印書館，時間斷限是從商務印書館遭受一二八事變災難打擊至商務董事會深感局勢日蹙，議決通過往長沙遷廠，準備應變開始，到王雲五離開商務為止。在內容方面，除了緒論及結論外，擬列三章、八節及若干小目來討論，以下僅就各章的結構分述如下：

　　第二章災難與轉折：「一二八事變」至抗戰初期商務印書館的肆應與過程。本章的宗旨即在討論一二八事變對商務印書館造成「文化」的創鉅痛深暨其「實業」戮力復興的過程，繼而說明其意義，對於後來抗戰初期商務印書館的決策與因應產生何種的影響？論述的切入點將側重商務的文化出版工作，如此更能清晰的窺知商務印書館對變局的反應之道並從中側寫出商務印書館兩大領導人物——張元濟與王雲五此間所扮演角色的全貌。

　　第三章上海「孤島」時期的商務印書館。本章首先將探討「孤島」時期商務印書館的文化出版活動如何續存？從中引起文化界搶救古籍的行動，進而影響合

〔註30〕這裡值得舉為法式的例子是季家珍以清末《時報》為研究主體，援引哈伯馬斯對於傳播媒體構築「公共領域」的理論見解，試圖探討所謂「中間社會」（the middle realm）已在清末中國蔚然發展。詳見：Joan Judge, *Print and Politics: "Shibao" and the Culture of Reform in Late Qing China.* （Stanford, Calif.: Standford University Press, 1996）, pp. 1～12.張朋園認為季家珍是書旨在論證《時報》記者們在當時塑造「新民」的言論鼓吹：「中國人如何從子民走向公民（from subjects to citizens），如何成為一個國民（common people）」，扮演著極為重要的角色。參閱：張朋園，〈新書評介：Joan Judge, Print and Politics: "Shibao" and the Culture of Reform in Late Qing China.（《報業與政治：時報與清末改革的文化》）〉，《近代中國史研究通訊》，25（1998），頁170～172。汪榮祖則指出須釐清一個事實：《時報》固然以大眾之苦來強調立憲的必要，然而其是否真正為大眾說話，則令人質疑。參閱：汪榮祖，〈書評：Print and Politics: "Shibao" and the Culture of Reform in Late Qing China.〉，《中央研究院近代史研究所集刊》，41（2003），頁225～227。Li-Min Liou則認為季家珍是書研究材料以載諸報端文字為主，企圖從中描繪出社會的整體關係，將易陷於以偏概全的泥淖中。參閱：Li-Min Liou，〈書評：Print and Politics: "Shibao" and the Culture of Reform in Late Qing China.〉，《中央研究院近代史研究所集刊》，33（2000），頁317～323。所以，若然以一文化出版機構為研究分析對象，則將更全面瞭解傳媒在形成「公共領域」上的重要性與其所因而呈現出的社會結構性。

眾圖書館的誕生，展現了另外一種「抗日救亡」的形式。接著討論抗戰期間商務印書館的最後兩次職工運動，王雲五皆明快斷然的處理，終至抗戰結束前，商務印書館不再受此「不定時炸彈」的威脅，對於抗戰後期文化出版活動的撐持有關鍵性的影響。另外，汪精衛與商務印書館的關係亦擬在此章作一初步爬梳，爾後汪氏建立的政權於教育方面與商務印書館多有接觸，而沒有發生激烈傾軋的情形，當有所關聯。一一釐清這些問題，方能正確評價這一時期的商務印書館。

第四章蟄居與待曉：抗戰後期的商務印書館。本章擬討論太平洋戰爭爆發後，商務印書館如何在淪陷區與大後方堅持文化出版工作？上海商務印書館如何依違在日敵與汪政權間？而其為求生存計所參與「五聯」的組織又何以引發王雲五的不滿，甚而導致抗戰勝利後商務印書館復員工作之延宕。王雲五此間所策劃的復興商務印書館的工作，深受政府實力派人物的關注並給予必要之奧援，是否影響王氏日後棄「商」從政？都是值得注意的問題。

附圖一 1932 年上海商務印書館所在地

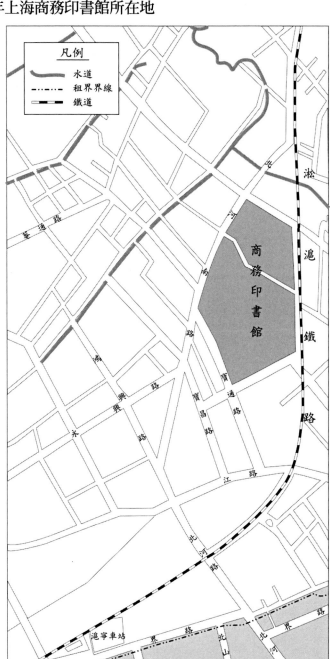

本圖依據：地圖資料編纂會編輯，《近代中國都市地圖集成》（東京：柏書房株式會社，1986）
重繪。

第二章　災難與轉折──「一二八事變」至
抗戰初期商務印書館的肆應與過程

> 國事艱難不忍言。倦居海上且偷閑。
>
> 小樓一角無囂雜。靜讀南華秋水篇。
>
> ──張元濟，〈贈傅沅叔〉，1931。〔註1〕

　　清光緒二十三年（1897），夏瑞芳（1871～1914）、高鳳池（1864～1950）、鮑咸恩（？～1910）、鮑咸昌（1863～1929）四位印刷職工在上海開辦了一家手工印刷作坊，取名為商務印書館〔註2〕，並以前東家美華（印）書館〔註3〕為仿效對象，希冀能在印刷出版方面如其開枝散葉。初期承辦印刷業務是其最主要的營收來源，後因清末教育的改革，造成新式教科書的出版熱潮，商務印書館亦順勢改變其營運方針，漸漸轉型為以出版為主的企業。〔註4〕奠定這次轉型成功的契機有

〔註1〕張元濟，〈贈傅沅叔〉，收入：北京商務印書館編輯部編，《張元濟詩文》（北京：商務印書館，1986），頁34。

〔註2〕夏瑞芳等四人，均曾在美國基督教長老會所創設的「清心學堂」中學習，除了課堂上知識的汲取外，並於課餘之暇學習印刷方面之情事。並先後供職於字林西報、捷報館、美華書館。相關資料可參閱：蔣維喬，〈創辦初期之商務印書館與中華書局〉，收入：張靜廬輯註，《中國現代出版史料丁編》下冊（北京：中華書局，1959），頁395；汪家熔，〈商務印書館創業諸君〉，《商務印書館史及其他》（北京：中國書籍出版社，1998），頁7～12；莊俞，〈三十五年來之商務印書館〉，收入：王雲五，《商務印書館與新教育年譜》（台北：臺灣商務印書館，1973），頁306。

〔註3〕道光二十四年（1844）美國長老會設花華聖經書房（The Chinese and American Holy Classic Book Establishment）於澳門，以美人谷玄主其事。谷玄以印書之需要，乃以台約爾之字模繼續鐫刻，廣印書籍，更作小學及數目等共數種。是時他處印書購用華文鉛字，悉於此取給。當時刻成之字，其大小與今之四號字等。因其製於香港，故又稱之謂『香港字』。翌年，花華聖經書房遷至寧波，並改名為美華書館。參見：樽本照雄，〈美華書館名稱考〉，收入：氏著，《商務印書館研究論集》，頁267～269。一八五八年美國長老會遣姜別利來華主持寧波美華書館印刷事務，乃於一八五九年在寧波始創電鍍華文字模。然而，丁韙良在《花甲雜憶》一書中則道及督理該事之一二，說明美華書館在創電鍍華文字模後，旋即遷至上海北四川路橫濱橋北，而非是在寧波。轉引自：陸費逵，〈六十年來中國之出版業與印刷業〉註釋3，收入：張靜廬輯註，《中國現代出版史料補編》（北京：中華書局，1957），頁275。

〔註4〕在舊時的中國，並無所謂的出版業，一般均以印刷業及書業稱之。關於此方面的相

二：一為 1900 年收購日人所創辦的修文書局〔註5〕；另一為 1902 年編譯所的成立。前者強化了商務印書館的硬體設備，而後者卻成為，成就商務印書館為中國近代出版巨擘的推手。

　　有研究者甚而認為，商務印書館之所以被譽為重要的文化教育事業，正是來自於編譯所的設立與其成果的展現。〔註6〕亦有持相反意見者認為，編譯所的存在造成商務出版品「量」的增加，至於「質」的進步，則非常有限。〔註7〕儘管如此，「量產」使得商務印書館坐穩當時出版業界的第一把交椅卻是不爭的事實。〔註8〕

　　根據《商務印書館與新教育年譜》一書顯示，1932 年至 1936 年間，是商務印書館出版的黃金時期，期間共出版了 7,040 種出版品，冊數高達 13,523 冊，平均一年出版 1,408 種出版品，2,705 冊，〔註9〕要不是 1932 年發生了一二八事變致使商務印書館「遘此奇變」〔註10〕，其紀錄將不僅止於此。作為一個轉折點，「一二八事

關研究可參閱：Christopher A. Reed, *Gutenberg in Shanghai: Chinese Print Capitalism, 1876～1937.*（Vancouver, B.C.: University of British Columbia Press, 2004）至商務印書館成立後因應所需，逐步分設編譯、印刷、發行三所來遂行其事，才頗具現代出版事業規模。參閱：蔡元培，〈三十五年來中國之新文化〉，收入：高平叔編，《蔡元培全集》第六卷（北京：中華書局，1988），頁 77；樽本照雄，《初期商務印書館研究（增補版）》，頁 89～93、102～110。

〔註 5〕收購修文書局的最大的利益是取得了與當時日本國內最大教科書出版社——金港堂合作的機會，這是商務印書館日後主宰中國出版業界的重要契機。樽本照雄，《初期商務印書館研究（增補版）》，頁 78～81。關於中日合作的詳情可詳閱：王益，〈中日出版印刷文化的交流和商務印書館〉，《商務印書館一百年》（北京：商務印書館，1998），頁 382～394；汪家熔，〈主權在我的中日合資——1903 年～1913 年商務印書館的中日合資〉、〈商務印書館日人投資時的日本股東〉，《商務印書館史及其他》，頁 21～31、32～36；樽本照雄，〈近代日中出版社交流的謎〉，《商務印書館研究論集》，頁 7～12。商務印書館創業元老之一高翰卿就認為「公司能夠發展的如此之快，接盤修文和開始編輯教科書，都是重要的關鍵」。高翰卿，〈本館創業史〉，《商務印書館九十五年》（北京：商務印書館，1992），頁 7。

〔註 6〕劉曾兆，《清末民初的商務印書館——以編譯所為中心之研究（1902～1932）》，頁 99。

〔註 7〕汪家熔，〈商務印書館編譯所考略〉，《商務印書館史及其他》，頁 89～117。

〔註 8〕在 1931 年商務印書館為紀念創業三十五周年，編印了《三十五年之中國教育》一書，從書名來看，其意突顯商務印書館為中國教育發展之礎石至為明顯。王雲五在該書開頭親撰導言一篇，語帶豪氣地述說道：「辛丑全國興學，學校用書遂成問題，本館於次年壬寅，獨以新印刷業進而為新出版業，設編譯所，編譯中小學師範女子各學校各科用書，並刊行其他各種圖書。革新運動之生力軍，從此與全國學校發生關係。」詳見：王雲五，《商務印書館與新教育年譜》，頁 303。

〔註 9〕王雲五，〈十年來的中國出版事業〉，《商務印書館與新教育年譜》，頁 637。

〔註10〕傅增湘致張元濟函（1932 年 2 月 12 日），收入：北京商務印書館編輯部編，《張元濟傅增湘論書尺牘》（北京：商務印書館，1983），頁 283。

變」對商務印書館的影響是值得注意的。一個文化出版機構，為何會遭受日軍的特別「關注」？眾說紛紜、莫衷一是。「誤炸說」、「駐軍說」，均經不起史實的一再檢驗而不攻自破。問題應該還是出自於商務印書館的「出版」性質上。

當時侵逼上海的日本海軍陸戰隊司令鹽澤幸一即明白地說道：「燒毀閘北幾條街，一年半年就可恢復，只有把商務印書館、東方圖書館這個中國最重要文化機關焚毀了，它則永遠不能恢復。」〔註11〕此時的侵華日軍已非滿足於攻一城掠一地，他們更亟求全面的征服「清國奴」（ちゃんころ），這個想法更得自於年前不費吹灰之力即下東北三省的鼓舞。一二八事變就是日軍所指揮下的二重變奏曲產物——武力的進逼輔以文化的消滅——商務印書館遂成火焰彌天之修羅場。遭變後的復興運動實際上代表了一場民族主義運動的宣告：希望以商務印書館的復興為例，喚醒全體中國人的信心，共禦外侮。〔註12〕

本章的宗旨即在討論一二八事變對商務印書館造成「文化」的創鉅痛深暨其「實業」戮力復興的過程，繼而說明其意義，對於後來抗戰初期商務印書館的決策與因應產生何種的影響？論述的切入點將側重商務的文化出版工作，如此更能清晰的窺知商務印書館對變局的反應之道並從中側寫出商務印書館兩大領導人物——張元濟與王雲五此間所扮演角色的全貌。

第一節　「一二八事變」與商務印書館的復興運動

一、洶乙部之總龜，非僅丹鉛之餘錄——《百衲本廿四史》

1930年，自詡為「書叢老蠹魚」〔註13〕的張元濟雖已退休，仍傾全力投注於其一生最喜愛的工作——整理古籍。此時的他正專心致力於《百衲本廿四史》的校勘工作，商務印書館為利於其工作的進行，故在張氏住家附近賃屋置校史處〔註14〕，

〔註11〕張人鳳，《智民之師‧張元濟》（濟南：山東畫報出版社，1998），頁175。
〔註12〕張元濟就曾在致胡適的信中表明這個想法：「平地尚可為山，況所覆者猶不止於一簣。設竟從此漸滅，未免太為日本人所輕。」詳見：張元濟致胡適函（1932年2月13日），收入：張樹年、張人鳳編，《張元濟書札（增訂本）》中冊（北京：商務印書館，1997），頁830。
〔註13〕張元濟，〈贈靜嘉堂藤田昆一君〉，《張元濟詩文》，頁32。
〔註14〕關於校史處的設置，雖然現有資料皆說明其在1930年8月初設立，但都語焉不詳。甚至連王雲五所著之《商務印書館與新教育年譜》一書中亦無提起校史處設置云云，查核館內組織明細表，亦無校史處單位名。故疑所謂「處」應指場所而非是單位名稱，校史處應是一編制外組織，專為《百衲本二十四史》的校勘而設的特別工作小

約莫有十餘人襄助其事。《百衲本廿四史》的準備工作開始的很早，據張元濟在 1930 年 5 月 6 日寫給傅增湘（1872～1949）的信中云：「衲本廿四史經營二十年，全賴友朋之贊助，幸得觀成。」〔註15〕；是年稍晚在寫給另一位朋友趙熙（1867～1948）的信中亦云：「弟讀殿本正史，覺其多誤。遂有輯印古本之願。經營廿載，始克就緒。付商務印書館影印發行。」〔註16〕可見百衲本的準備工作早在 1911 年開始。關於這個論點須加以覆按，方能切中其實情。

張氏時掌商務印書館編譯所所長（1902～1917）；另一方面出任中央教育會副會長一職，〔註17〕這是張元濟於 1907 年辭外務部儲才館提調；兩辭郵傳部丞參上行走〔註18〕、1909 年辭度支部咨議官之後，再度出山為清室擘劃教育改革事宜，雖已無任何實質上的官銜，張氏卻認為「事關公益，不能不掆擋一行」〔註19〕，沸沸揚揚地開了幾天會，「言論龐雜，費時尤甚。」〔註20〕。離京前張元濟對此不無失望地致書同榜摯友汪康年（1860～1911）意有所指的說道：「新政之為害與夫京外各官之不負責任，只便私圖而不顧大局，無論改弦更張，即欲行專制政體，恐亦不得。循是以往，必致滅亡。」〔註21〕張元濟已預見：帝國正一步步離開時代的舞台，佝僂地走入歷史。

與之相較，張元濟在商務印書館卻有著等同他努力的收穫，是年（1911）商務

組。參閱：張樹年主編，《張元濟年譜》（北京：商務印書館，1991），頁 342～343；王雲五，《商務印書館與新教育年譜》，頁 257～349；王紹曾，〈張元濟先生校史始末及其在史學上的貢獻〉，《近代出版家張元濟（增訂本）》（北京：商務印書館，1995），頁 142～203。

〔註15〕張元濟致傅增湘函（1930 年 5 月 6 日），《張元濟傅增湘論書尺牘》，頁 227。

〔註16〕張元濟致趙熙函（1930 年 9 月 23 日），《張元濟書札（增訂本）》中冊，頁 842。

〔註17〕1911 年 6 月，清廷學部奏設中國教育會，派張謇為會長，張元濟任副會長。是年 7、8 月，召開中央教育會議，儘管意見紛陳，但對後來民國初年的教育改革產生了一定的影響。

〔註18〕張氏對清廷的腐敗早已瞭然於胸，而不願身繫日暮官場的圈圍，所以關於這幾次的復職，皆以開缺告終。在致林紹年的書札中更露骨地道出其開缺之由：「既出為國家任事，而又一無事權，身在局中而坐視其日就敗壞，無術挽救，則不如不在其位，心猶少安也。」詳見：張元濟致林紹年函（1907 年 5 月），《張元濟書札（增訂本）》中冊，頁 765。

〔註19〕張元濟致梁啓超函（1911 年 6 月 30 日），收入：北京商務印書館編輯部編，《張元濟書札》（北京：商務印書館，1981），頁 61。

〔註20〕張元濟致梁啓超函（1911 年 8 月 25 日），《張元濟書札》，頁 67。

〔註21〕張元濟致汪康年函（1911 年 7 月 30 日），《張元濟書札（增訂本）》中冊，頁 659。另據《智民之師‧張元濟》一書所載，張氏此行最大收穫是結識傅增湘，爾後張元濟古籍整理、輯印、出版，傅氏皆給予了莫大的幫助與支持。張人鳳，《智民之師‧張元濟》，頁 136～137。

印書館的出版品在德國特來斯登萬國衛生博覽會中，獲最優等金牌殊榮，〔註22〕雖說歸功於商務印書館全體同仁的努力，但是嚴覈選題、審慎編輯的張元濟應居功厥偉。〔註23〕為順利達成上述的工作要求，張氏極重視圖書之蒐集工作，特別是古籍和善本書的訪求，〔註24〕嘗謂：「弟尤注意於古書，於開闢新營業之中兼寓保存國粹之意。」〔註25〕爾後有涵芬樓之設。1911年，涵芬樓藏書愈來愈豐，張氏遂有影印出版古籍之志，〔註26〕日後《四部叢刊》〔註27〕、《續古逸叢書》〔註28〕、《百衲本廿四史》等等，均是在這個基礎上發展而來的，所以張元濟輯印《百衲本廿四史》之念實濫觴於此。《百衲本廿四史》之名最早出現於1924年張氏寫給朱希祖（1879～1944）的信中：

> 弟近擬輯印《百衲本廿四史》，除《舊五代》用《四庫》抄本、《明史》用殿本外，其余均用宋、元、明三朝刊本（《舊唐》只有明刊，《新五代》元本皆漫漶不能攝照，擬用汪諒本，《元史》亦有明初刊本，其余皆宋、元舊槧）。南北諸史凡京師圖書館所藏宋、元殘本，均已盡數攝照，然殘缺頗多。《周書》至今竟無一葉。世間所存三朝本大都字畫磨滅，不易影印。廠肆

〔註22〕 王雲五，《商務印書館與新教育年譜》，頁61。

〔註23〕 劉光裕，〈論張元濟的編輯活動──兼談在文化史上的影響〉，收入：海鹽縣政協文史資料委員會、張元濟圖書館編，《出版大家張元濟──張元濟研究論文集》（上海：學林出版社，2006），頁105～122。

〔註24〕 張元濟嘗自言：「余既受商務印書館編譯之職，同時高夢旦、蔡子民、蔣竹莊諸子咸來相助。每削薰，輒思有所檢閱。苦無書，求諸市中，多坊肆所刊，未敢信，乃思訪求善本暨所藏有自者。」說明了完善的編輯是需要豐富的圖書資料為奧援的。張元濟，〈涵芬樓燼餘書錄序〉，《張元濟詩文》，頁282～284。

〔註25〕 張元濟致汪康年函（1911年5月5日），《張元濟書札（增訂本）》中冊，頁658。

〔註26〕 「散處涵芬樓竭二十餘年之力，稍有收藏，弟亦為網羅散佚，流通國粹，勉盡心力。」詳見：張元濟致李鳳高函（1929年12月3日），《張元濟書札（增訂本）》中冊，頁511。

〔註27〕 該書初名《四部舉要》，後從高夢旦之議，更名為《四部叢刊》。1919年開始陸續印行，至1922年完成，收書8,548卷。1926年重印，加初編序次、抽換21種版本、有些書嵌上校勘記，至1929年完成，收書8,573卷，稱為《四部叢刊初編》。1934年增加宋元精刊，印成《四部叢刊續編》。1936年又續出《四部叢刊三編》，接著又預備出版《四部叢刊四編》，因抗戰爆發而作罷。詳見：王紹曾，《近代出版家張元濟（增訂本）》，頁62～63；張人鳳，《智民之師‧張元濟》，頁141～146。

〔註28〕 是書乃欲接續《古逸叢書》踵武其精品風格。故《續古逸叢書》搜羅罕見珍本，大抵以宋本為底本，維持原書尺寸景印，紙張採用厚質精白宣紙，藝術價值極高。所以，成本高印量小，從1919年出版第一種《宋槧大字本孟子》開始，至1957年出版《宋本杜工部集》，歷時39年，共出版47種逸本。所以，《續古逸叢書》亦是商務印書館歷來出版品中出版時間最長的一部叢書。參閱：張人鳳，《智民之師‧張元濟》，頁146～147。

為古書淵藪，不知能覓較佳之本否？敬乞代為留意。除嘉靖補刊無須外，其余如有宋、元舊槧尚屬清朗者，即一、二殘冊，亦願得之。〔註29〕

接著在 1926 年張元濟再度致函朱氏提到此事：

敝館輯印古本正史，弟從事於此幾及十年，近漸就緒，擬即開印。允以珍藏嘉靖初印補宋本《陳書》慨借，欣感之至。京師圖書館僅存宋本八卷有半（為列傳卷二十二第十八頁至卷三十），已悉數照來，其餘只可以南雍本補足。涵芬樓儲有兩部，均不甚好。尊藏為白棉紙初印本，自必較精，甚欲乞假。如蒙檢交孫伯恆兄（列傳後八卷可以除出），當有妥便可以攜帶南來也。《南齊》借得沅叔宋本。其如《宋》、《梁》、《魏》、《北齊》，凡京師圖書館所有殘宋本，均已照來。《宋書》僅缺四分之一。《魏書》散處有元印本，補配所缺亦無多。獨缺《周書》，而涵芬樓適有南雍精印白棉紙本一部，可以湊足南北七史，總算差強人意。最難得者為宋本《舊唐書》，亦覓得六十余卷，行款與聞人本同，所缺即以聞人本補入。《新五代》有宋本（弟已校閱一過，曾有後跋一通。茲寄呈，乞教正）。《宋》、《遼》、《金》三史均有元初印本。茲書一出，差可為乙部生色也。《兩漢書》宋本不易得。李木齋有之，然《後漢》一種頗欲用大德正統本。而涵芬樓所有印本均不精，有可用者又不全，難於上石，不知都中可能覓得否？如卒不可得，則擬用汪文盛本。未知尊意以為何如？〔註30〕

兩信間隔近二年，雖然張元濟云「近漸就緒，擬即開印。」但事實上整個計畫仍陷於「版本的泥淖」中，張元濟於此耗力極多，在張氏於 1927 年分致伍光建（1867～1943）、胡適（1891～1962）的信函中，訪書、校勘之苦況躍然紙上：

寒家舊藏書籍散去已近百年，祊田之歸，誠非易易，真所謂可遇而不可求者。辱費清神，感荷無極。（致伍光建函）〔註31〕

《舊唐書》宋本只存三之一，弟亦尚未校竟。其三之二幸尚有校本可以過錄，但以一手一足之力為之，恐須數年後全史方能畢功也。近甫校畢《魏書》（有十之七是宋本）。其佳處勝於明監本、汲古本、殿本者不知凡幾。繼此將續校《北齊》、《後周》矣。（致胡適函）〔註32〕

〔註29〕張元濟致朱希祖函（1924 年 12 月 22 日），收入：張樹年、張人鳳編，《張元濟書札（增訂本）》上冊（北京：商務印書館，1997），頁 321。

〔註30〕張元濟致朱希祖函（1926 年 9 月 26 日），《張元濟書札（增訂本）》上冊，頁 329～330。

〔註31〕張元濟致伍光建函（1927 年 4 月 9 日），《張元濟書札（增訂本）》上冊，頁 354。

〔註32〕張元濟致胡適函（1927 年 12 月 10 日），《張元濟書札（增訂本）》中冊，頁 823。

即使 1930 年 11 月中旬，因勞累過甚，罹病住院，仍縈懷斯事，病體稍瘳則「終日
伏案校閱舊史印本，日數十百紙，寢饋不違。」〔註33〕。時序迎來了 1932 年，《百
衲本廿四史》的第三期預出書稿存版於 1 月 29 日侵華日軍大規模轟炸上海而盡毀，
商務印書館遭受嚴重破壞，此時高齡六十六歲的張元濟，「不忍三十餘年之經營一蹶
不振，故仍願竭其垂斃之精力，稍爲雲五、拔可諸子分尺寸之勞。」〔註34〕。張元
濟從書齋裡走了出來，懷著憤懣而爆發出了超乎其年紀的工作能量，其心理的沉重
與憂鬱選擇了激越的紓放企圖再綻光彩；而非是靜待時間的積淀來忘卻傷痛。

二、廿年心血成銖寸，一霎書林換劫灰——東方圖書館遭燬

1921 年 2 月 1 日，商務印書館召開第 256 次董事會議，張元濟在會中提議將公
益基金提撥爲興辦公共圖書館專款。張氏謂：「若不將此項存款指定撥爲公用圖書館
之用，則留此公益名目，難免外人不生覬覦，前來要求，致難應付。且爲數無多，
一經分析更難成事。不如專辦一公用圖書館，於社會尙較有益。」經討論議決，即
交付總務處辦理。〔註35〕

總務處於 1922 年董事會議中提出報告：設「公用圖書館委員會」，推舉張元濟、
高夢旦（1869～1936）、王雲五爲委員，統籌一切事宜；暫擬在公益基金中提撥四萬
元以支應租屋、購書等開銷，並先以兩年爲期建議公司每年補助八千元經費。〔註36〕
6 月 13 日，經商務印書館特別董事會議決此案，除上述各項照允辦理外，並決定在
寶山路總廠對面購置土地以爲建館用地，另追加預算 3.6 萬元（於公司公益項下提
出 2 萬元暨公司津貼 1.6 萬元），一併點交公用圖書館委員會。〔註37〕1923 年，公
共圖書館工程公開招標，旋由魏清記營造廠以 11 萬元得標承建。〔註38〕1924 年圖
書館大樓落成，定名爲「東方圖書館」，7 月 15 日在商務印書館第 296 次董事會議

〔註33〕張元濟致汪兆鏞函（1931 年 9 月 7 日），《張元濟書札（增訂本）》中冊，頁 607；甚
而在 1935 年張元濟寫給劉承幹的信中，字裡行間仍顯見張氏此間工作量之繁重與善
本難求的憂慮：「《史記》原擬早印，嗣以宋刻尙缺數卷，展轉尋求，至多延閣。現
定明歲必須出書三本。如尊藏清朗者，亦甚難得，可否求再寬借數月。今歲擬出《隋
書》、《南、北史》、《元史》四種，一俟轉歲，即當校閱邊史，校竣即當奉繳，決不
延誤。不情之請，務乞鑒原。《舊五代史》至今未遇，丁氏藏本，想被肱篋，所冀者
尙留天壤間耳。」張元濟致劉承幹函（1935 年 12 月 3 日），《張元濟書札（增訂本）》
上冊，頁 408。
〔註34〕張元濟致胡適函（1932 年 5 月 9 日），《張元濟書札（增訂本）》中冊，頁 832。
〔註35〕商務印書館董事會第 256 次會議記錄，詳見：《張元濟年譜》，頁 204。
〔註36〕商務印書館董事會第 268 次會議記錄，詳見：《張元濟年譜》，頁 219。
〔註37〕商務印書館特別董事會會議記錄，詳見：《張元濟年譜》，頁 226。
〔註38〕商務印書館董事會第 278 次會議記錄，詳見：《張元濟年譜》，頁 231。

中，特別討論圖書館開辦事宜：（一）著總務處擬定圖書館辦事章程；（二）推高鳳池、張元濟、鮑咸昌、高夢旦、王雲五爲董事；（三）舉王雲五爲館長、江伯訓爲副館長。〔註39〕1926 年 5 月 2 日正式對外開放，參觀者絡繹不絕，嘉惠讀者無數。

此情此景撼動著張元濟，張氏的圖書館夢伊始於 1897 年〈通藝學堂章程〉〔註40〕的制訂，直至此時方才圓夢，韓愈的詩句說的貼切「辛勤三十年，以有此屋廬」。張氏於高興之餘撰寫了〈東方圖書館概況・緣起〉一文，精簡而清楚地交代了這三十年來的歷程：熔經鑄史齋〔註41〕、謢聞齋的意氣風發；皕宋樓的挫折〔註42〕；密韵樓的快快〔註43〕；更重要的是因此與全國各地的藏書家、版本校勘方家們建立起深厚的友誼，使得張元濟並非踽踽獨行在枯燥乏味的校勘道路上，他們互爲犄角，共同爲中國古籍續命而盡人事之最大努力。

東方圖書館藏書規模爲「亞洲之冠」〔註44〕尤其該館第三樓層爲「涵芬樓」精善古籍藏書之所，更是學者專家們流連繾綣的嬝嬛福洞。雖然時局不靖，此間卻是樂土，

〔註39〕 商務印書館董事會第 296 次會議記錄，詳見：《張元濟年譜》，頁 247。

〔註40〕 〈通藝學堂章程〉事業項第三條：「學堂所宜設立以資講習者。」其中就有圖書館之倡設。另外，該章程附約〈圖書館章程〉詳細說明了圖書之管理、使用辦法。詳見：張元濟，〈通藝學堂章程〉，《張元濟詩文》，頁 100～109。另關於張元濟欲透過通藝學堂展現其教育理念一二之梗概，可參閱：鄒振懷，〈通藝學堂：維新運動時期張元濟人才教育思想的一個分析〉，《出版大家張元濟——張元濟研究論文集》，頁 393～405。

〔註41〕 張元濟籌劃圖書資料室之設，所收的第一批藏書，就是在 1904 年經由蔡元培介紹而收購紹興徐樹蘭的「熔經鑄史齋」五十餘櫥藏書。詳見：《張元濟年譜》，頁 53。

〔註42〕 1906 年，晚清四大藏書樓之一的皕宋樓，傳出要出售家藏典籍的消息，一向注意此間訊息的張元濟當然知道皕宋樓的份量與價值，數次前往諧價皆盡墨。連張氏提議登樓覽書，亦不獲允。是年張氏入京，風聞日本人以廿五萬元的價格談定皕宋樓的買賣，所以設法謁見軍機大臣榮慶（1859～1917），希冀透過國家撥款的方式，留住皕宋樓所藏以充實京師圖書館，貪婪愚昧的官員怎知個中三昧，張元濟注定要失望。遺憾的歎息聲響起於 1928 年靜嘉堂的重逢，睽違二十餘年的皕宋樓藏書，張氏終於一償飽覽的宿願，吟哦「禮失求野計未左，國聞家乘亡復存，感此嘉惠非瑣瑣」，張元濟在感動之餘仍挾帶著禮失求諸野的悲涼！《張元濟年譜》，頁 60；《張元濟詩文》，頁 8～10。

〔註43〕 1926 年 1 月 19 日，張元濟參加總務處第 696 次會議，建議商務印書館收購吳興蔣氏密韵樓藏書，經張元濟審定，該處善本頗多，對於輯印古籍事業神益極大，經諧價後決定以 16 萬兩收購，是否可行？謹候公決。後經會議討論通過張氏提案，不意日後引起部分股東之不滿，認爲其有浪擲公帑之嫌。張元濟自此心頗快快，後來堅辭監理一職，表面上看起來是因爲「股息公積與否」的爭執所導致，實際上明眼人皆心知肚明實肇因於收購密韵樓藏書的案子上。參閱：《張元濟年譜》，頁 263～280；張元濟致孫壯函（1926 年 5 月 18 日；5.22；5.27；6.18；7.13；7.19；8.18；8.21；9.16），《張元濟書札（增訂本）》中冊，頁 451～455。

〔註44〕 汪家熔，〈涵芬樓和東方圖書館〉，《商務印書館一百年》，頁 356。

大有「比戶陳詩書，銷盡大地干戈不祥氣」〔註45〕的氣象。不過上天似乎無意珍視這個成果，世事總難讓人逆料，東方圖書館營運的第七個年頭，西人所深信的幸運數字魔力盡失，1932 年 1 月 29 日商務印書館總廠遭日軍連續投擲六枚炸彈，廠內多油墨、紙張等易燃品，旋即火舌從四面八方鋪天蓋地而來，頓時廠內仿如一座熔爐，焦煉著商務印書館同人們的心血。2 月 1 日，日本浪人潛入東方圖書館縱火，頃刻間紙灰滿天飛揚四處飄散，〔註46〕張元濟眼見此景，悲憤異常地對其夫人說道：

> 工廠、機器、設備都可重修，唯獨我數十年辛勤搜集所得的幾十萬冊書籍，
> 今日毀於敵人炮火，是無從復得，從此在地球上消失了。……這也可算是
> 我的罪過，如果我不將這些書搜購起來，集中保存在圖書館中，讓它仍散
> 存在全國各地，豈不可避免這場浩劫！〔註47〕

一生愛書、惜書的張元濟憒了，怎麼會戕害沒有武裝的文化機構而且是採取如此完全滅絕式的手段？戰爭的本質是野蠻的，但孰料其斯文竟淪喪到這般地步。〔註48〕

稍後商務印書館派員至瓦礫堆中詳細履勘，滿目瘡痍，損失之鉅不可僂指算（表2-1-1）：

> 數十年苦心經營之場所悉成焦土，所有房屋除水泥鋼骨建築者尚存有空殼
> 外，其餘祇見破壁頹垣，不復見有房屋。其存在未燬者僅機器修理部、澆
> 鉛版部、療病房三處而已，各種機器皆灣（彎）折破壞，不可復用。所藏
> 之各種圖版及其東方圖書館之所藏圖書，全化灰燼。書籍紙張儀器各棧房
> 則一片刔灰並書紙形跡均不可辦（辨），所存大宗中西鉛字鉛版，經烈火熔
> 為流質。道路之上，溝洫之中，鉛質流入者觸目皆是。慘酷之狀，不忍卒
> 觀。因就履勘情形，並根據十九年終之結算報告冊所存資產約略估計共損
> 失一千六百三十三萬元。當即據以呈請政府，向日本嚴重抗議；並要求賠
> 償。按本館資產精華悉在閘北總廠及東方圖書館，計占地九十畝。各項建
> 築原值計一百五十餘萬元，各種機器一千餘架原值計三百八十餘萬元。巨
> 量之書籍紙張儀器文具原料約值一千三百八十餘萬元。此次所呈報之損失

〔註45〕此處借用張元濟於 1928 年至東京靜嘉堂觀書所詠詩句。《張元濟詩文》，頁 10。

〔註46〕據鄭逸梅的回憶，「南市和徐家匯一帶，上空的紙灰像白蝴蝶一樣隨風飛舞」。鄭逸梅，《書報話舊》（上海：學林出版社，1983），頁 9～11。

〔註47〕張樹年，〈我與商務印書館〉，《商務印書館九十五年》，頁 290。

〔註48〕蔡元培對於侵滬日軍恣意破壞包括商務印書館在內的中國文化教育機構暴行，公開予以最強烈之譴責並分派電報至國聯文化合作委員會、美國知識界如杜威；愛因斯坦諸人，告知日軍破壞文化之殘暴行為，祈透過國際輿論制裁日本。蔡元培，〈請國際聯盟制止日軍侵滬暴行電〉（1932 年 2 月 1 日）；〈致巴特勒等人電〉（1932 年 2 月初），《蔡元培全集》第六卷，頁 167～169。

數目，係就原購置價值，尚復加以折扣；其各種圖版僅計其製版之工料。其編譯排校等費均未計算。若完全重新購備，雖倍於一千六百萬元之數亦不易恢復舊觀。至於東方圖書館藏有中西圖籍數十萬冊，其中所藏我國歷代各省府州縣志凡二千餘部。上海及各埠各種報紙有若干種均自第一號起，完全無缺。其他善本書（僅數年前移存金城銀行庫中五千三百餘本現尚保存）均歷年逐漸搜求。此則更非金錢所能計其損失。誠為浩劫。﹝註49﹞

以上有形硬體之損失，只要資金充裕，假以時日必能恢復舊觀，甚而進步可期。反觀東方圖書館的斲喪，決非金錢、時間可補救回來的，那是一份世界文化財產的重大損失，永遠的遺憾。

表 2-1-1　一二八事變中商務印書館損失統計一覽表

單位	毀　損　項　目			書籍數量	預估損失
總廠	房　屋	總務處			170280 元
		印刷所	印刷部		378031 元
			棧　房		139234 元
			木匠房等		5796 元
			儲電室		21953 元
			自來水塔		11429 元
		家慶里住宅			7200 元
	機器工具	包括滾筒機、米利機、膠版機、鋁版機、大號自動裝訂機、自動切書機、世界大號照相機等			2873710 元
	圖　版				1015242 元
	存　貨	書籍	本版書		4982965 元
			原版西書		818197 元
		儀器文具			771579 元
		鉛件			19807 元
		機件			6207 元
	紙張原料	紙張			776100 元
		原料			311200 元
	未了品				275000 元
	生財修裝	總務處			12523 元

﹝註49﹞　〈本館被難記〉，《商務印書館與新教育年譜》，頁 354～355。

		印刷所			82105 元
		研究所			535 元
	寄售書籍				500000 元
	寄存書籍字畫				100000 元
編譯所	房　屋	在東方圖書館下層，已列入東方圖書館損失數內不另計價			
	圖　書	中文		2500 部	3500 元
		外國文		5250 部	52500 元
		圖表			17500 元
		目錄卡片			4000 元
	稿　件	書稿			415742 元
		字典		單頁 1000000 張	200000 元
		圖稿			10000 元
	生財裝修				24850 元
東方圖書館	房　屋				96000 元
	書　籍	普通書	中文	268000 冊	154000 元
			外國文	80000 冊	640000 元
			圖表照片	5000 冊	50000 元
		善本書	經部 274 種	2364 冊	1000000 元
			史部 996 種	10201 冊	1000000 元
			子部 876 種	8438 冊	1000000 元
			集部 1057 種	8710 冊	1000000 元
			方志 2641 部	25682 冊	100000 元
			購進何氏善本	40000 冊	1000000 元
			中外雜誌報章	40000 冊	200000 元
		目錄卡片		400000 張	8000 元
	生財裝修				28210 元
尚公小學	校　舍	小學部			19109 元
		幼稚園部			10000 元
	圖書儀器及教具				12000 元
	生財裝修				6000 元
總計					16330504 元

本表參考資料：何炳松，〈商務印書館被毀紀略〉，《商務印書館九十五年》，頁 246～249。

三、子規夜半猶啼血，不信東風喚不回──商務印書館之復興

　　商務印書館的善後處理工作可以說在第一時間內便已展開，總廠被炸的當天，總經理王雲五、經理李拔可（1876～1952）、夏筱芳三人便鎮日投入救援工作。1月30日（另一說1月31日）在高鳳池家裡召開緊急會議，商討善後辦法，會議的重點在於資金的調配與運用，王氏自忖閘北總廠被毀，生財之具將蕩然無存，既然無法開源，惟有節流一途，遂提議將上海職工全體解雇以解公司倒懸之急。2月1日董事會通過王雲五所擬具體施行則例：

　　（一）上海總務處、編譯所、發行所、研究所、虹口西門兩分店一律停業。

　　（二）總經理及兩經理辭職均照准。

　　（三）由董事會組織特別委員會，辦理善後事宜；推定丁斐章、王雲五、李拔可、高翰卿、高夢旦、夏小芳、張菊生、葉揆初、鮑慶林為委員；並推定王雲五、夏小（筱）芳、鮑慶林為常務委員。嗣又決定設委員長一人，推張菊生擔任；常務委員中設主任一人，推王雲五擔任。

　　（四）總館各同人薪水除已支至本年一月底為止外，每人另發薪水半個月。

　　（五）同人活期存款，其存數在五十元以下者，得全數提取，五十一元以上者，除得提五十元外，並得提取超過五十元以上款數四分之一，其餘四分之三及同人特別儲蓄容另籌分期提取辦法。

　　（六）各分館支館分局暫時照常營業，但應極力緊縮。

五天後，董事會又做出補充事項：

　　（一）設立善後辦事處，由特別委員會主持之。

　　（二）酌留人員，辦理善後。

　　（三）留辦善後人員月支津貼，照原有薪水折扣；五十元以下者七折，五十一元至百元者六折，一百零一元至三百元者五折，三百零一元以上者四折；所有升工等一律刪除。

　　（四）分支館方面同人暫定一百零一元以上者八折，一百元以下者九折；並酌量裁減人員。〔註50〕

上述辦法對於解雇全體職工一事並未特別著墨，但總經理與經理的率先辭職蓋有率身法式的意味，希望員工群起效尤。此時此景還加發半個月薪資，遣散已然呼之欲

〔註50〕王雲五，《商務印書館與新教育年譜》，頁336～337。

出。員工們不會不了解館方的處境，但戰亂的年代謀食日艱，退一步即無死所，對於來自肚皮的頻繁抗議，商務印書館的職工們決定要冒險犯難了。

時間暫先回溯至 1917 年，商務印書館印刷所所長鮑咸昌因發現所內排字工人結會，遂逕行開除四名工人，不料釀成工潮，是為商務印書館成立以來之第一次工人抗爭活動。〔註51〕勞資雙方經過連日磋商，最後雖然彼此各退一步達成協議，但從此尾大不掉，管理階層為此頭痛不已。〔註52〕1925 年工會的成立，更把商務印書館的職工運動推向一個新的里程：運動已非單純的經濟考量為主要訴求，更多時候是淪為政治的角力場。

1932 年 3 月 16 日，商務印書館董事會發布「總館廠全部停職職工一律解雇」的公告，職工為之大譁，質疑全體解雇的必要性？聲言抗爭到底。職工們首先在《中國新書月報》刊登三大問：（一）商務印書館是否破產，有無恢復的力量？（二）商務印書館被毀後，所剩資產尚有若干？（三）商務印書館對解雇職工所提之理由與暗中進行恢復之事實，是否一致？〔註53〕希望藉以爭取社會輿論的支持，並組織代表向館方交涉，願盡力協助公司恢復，至於工時、待遇等問題在此非常之局，亦願

〔註51〕 這裡所謂的第一次是指上海總館的第一次罷工活動，早在 1916 年，商務衡州分館就曾出現罷工活動，消息傳至上海，張元濟旋即批示：「此等人必須盡數斥退。」所以，這次罷工便在資方強硬態度下被敉平。《張元濟年譜》，頁 124。

〔註52〕 張元濟就曾在事件結束之後表示，罷工問題的處理分際不易拿捏，著實傷神。參閱：《張元濟年譜》，頁 137～138。關於此次罷工事件的始末，楊揚在《商務印書館：民間出版業的興衰》一書中的說法與《張元濟年譜》所載頗有出入。其認為事件的導火線是工資糾紛而非所謂「結會」問題，而且謂資方態度強硬，終致罷工以失敗收場。經查楊氏所參考的史料應源自於《上海商務印書館職工運動史》，而非是如其在該罷工事件所作註解標明是參考《張元濟年譜》一書而來。楊揚，《商務印書館：民間出版業的興衰》，頁 111、126；上海商務印書館職工運動史編寫組，《上海商務印書館職工運動史》（北京：中共黨史出版社，1991），頁 19～20。

〔註53〕 其中最為重要的就是商務印書館剩餘資產的調查，職工們希望以此證明館方逕行解雇之不正當性。據從會計科所得的報告：（一）大馬路（南京路）地基房屋值價 45 萬元。（二）發行所地基房屋值價 15 萬元。（三）分支館及北平、香港的兩印刷分廠地基房屋值價 450 萬元。（四）借給中國營業公司值價 24 萬元。（五）存銀行保險庫古本書值價 15 萬元。（六）總廠及其他處所地基約 100 畝，值價 100 萬元。（七）存現款（1 月 28 日）有 125 萬元。（八）未曾燒毀之機器、書籍、紙張約值價 300 萬元，總計資產尚有 1100 萬元。從他們呼籲書中所羅列的事實來看，若與當時整體大環境嵌合來看，各項均不能立即轉換成資金來加以運用，就算是存現款有 125 萬元，但其中同仁存款便佔了 90 萬元，其餘的 35 萬元運用起來不啻為杯水車薪毫無裨益。況且還忽略了對外負債的嚴重問題，王雲五稍早在董事會緊急會議中就估量現有存現款僅能抵付債務的三分之一。參閱：《上海商務印書館職工運動史》，頁 92；王雲五，《商務印書館與新教育年譜》，頁 335。

共體時艱犧牲配合。大體看來，商務印書館的職工們確實表現出極大的誠意，而資方未何仍作「魔王姿態」〔註54〕態度強硬而不肯與之妥協？筆者認爲其最大的原因就是勞資雙方都對「秋銷」有所期待。

秋季開學所帶來的教科書熱銷期，資方視爲復興公司的契機欲謀定而後動；〔註55〕勞方亦認爲先行復工，俟秋銷時節，資方必定需工孔急，便從而保障其工作。這是勞資雙方演繹秋銷的「已然」狀況，一致認爲秋銷能解決所有問題。然而扦格之處，卻在於秋銷的「未然」狀況的設想。勞資雙方誰都記得1925年秋銷前夕的大罷工抗爭活動，當時勞方就是抓緊了「秋銷」這一塊王牌，使得資方付出了巨大的代價。所以資方絕不願再重蹈覆轍，故提前做了解雇的斷然處置，以防患於未然。勞方當然也想要師前故智，但是卻忽略了二個重點：身份與時間。就身份而言，他們當時是停職員工，早已無工可罷，無法要脅資方；就時間而言，當時距離秋銷旺季尚有一段時日，資方更不會養虎爲患，所以復工的要求落空於前，時機的掌握貽誤於後，抗爭活動的失敗早已注定。但值得注意的是其背後的政治角力大有方興未艾之勢，大有風雨欲來之勢。

1932年7月12日，商務印書館董事會第397次會議，再度敦請王雲五任總經理一職，王氏自此帶領商務印書館「爲國難而犧牲，爲文化而奮鬥」〔註56〕達15年之久。稍後王氏公布「總管理處暫行章程」進行機構調整，以求事權統一，在這個基礎上，施行「總管理處處理重要事務暫行規則」，舉凡人事、錢財、出版事項、契約訂定等等共計28條規定，其中須呈報總經理核辦或協辦者凡17條，由此可概見王雲五行事上某種程度的專擅性。在共產黨籍職工眼中，莫不以此大作文章攻擊王氏，〔註57〕「解雇」無異是另一種形式的「清黨」，所以無黨無派的王雲五遂被

〔註54〕王雲五自況語。詳見：王雲五，《岫廬八十自述》（台北：臺灣商務印書館，1967），頁205。

〔註55〕王雲五復興商務印書館的初步計劃，就是傾可用之資爲秋銷作準備，分派莊百俞往北平廠；李伯嘉至香港廠督導印刷中小學教科書與參考書的工作，俟總廠人事糾紛解決之後，總廠劫餘堪用之機器亦全數加入生產。王雲五，《岫廬八十自述》，頁204。

〔註56〕據汪家熔的研究指出，此口號是出自於時任商務印書館宣傳推廣科科長戴孝侯的原創，戴氏當時提出「爲國難作出犧牲，爲文化繼續奮鬥」口號，後與王雲五商量後改定爲「爲國難而犧牲，爲文化而奮鬥」。並作爲1932年8月1日，商務印書館發表復業啓事之標題，藉此明志。另外，戴景素認爲這個口號在當時成功引起社會與讀者對商務印書館的同情和注意，對於爾後商務的發展起著很大的裨益。參閱：汪家熔，〈抗日戰爭時期的商務印書館〉，《商務印書館史及其他》，頁172；戴景素，〈商務印書館前期的推廣和宣傳〉，《出版史料》，4（1987），頁101。

〔註57〕胡愈之就認爲，王雲五完全以營利的目的來辦商務，訂出了許多荒唐的制度。甚至

劃爲國民黨的同路人。〔註58〕既然能有如此高的政治價值，中共黨中央極爲重視，積極派員參與商務印書館職工反解雇抗爭的後續活動。6月18日，商務印書館接獲國民政府實業部勞字第一三八八號批令「爲呈報解雇職工辦法准予備案」。宣告此一解雇糾紛的結束，至少館方與政府是作如是觀。中共中央卻在館方復興運動的關鍵時期，指示由上海公會聯合會策動了一連串政治意味濃厚的示威抗議活動（表2-1-2）。其最終目的就是要打擊國民政府，爲自己爭取喘息的時空。然而，最可憐的莫過於是失業的職工們，眞正的問題：復工求溫飽，早已在政治訴求凸顯的同時，被模糊化、邊緣化了。

表 2-1-2　上海公會聯合會領導商務印書館反解雇鬥爭的三次聲明

日期	發佈者	題目	內容大意	攻訐對象	備註
9.1	商務印書館職工失業團	《全上海失業工友聯合起來共同奮鬥，告全上海工友同胞書》	宣告商務印書館失業職工苦況，爭取一切有力支援，呼籲全上海的失業工友聯合起來共同奮鬥，對抗資本家，爭取工作，以圖生存。	資本家	
9.15	商務印書館職工失業團	《爲紀念九一八告全體職工書》	造成失業潮的眞正原因是奉行「不抵抗主義」的國民黨政府。宣傳抗日與反政府思想。	國民政府	溶入政治問題，擴大抗爭戰線，藉吸納各方反政府勢力，相對的運動的危險性亦日益升高。
11.20	中共江蘇省委宣傳部	《告商務印書館失業工友書》	資本家壓榨勞工，是獲得政府的暗中支持，要求失業勞工團結一致，對抗政府。	國民政府	指出國民黨的橫行，造成國民政府的腐敗無能。國民黨是一切罪惡的淵藪。

本表參考資料：《上海商務印書館職工運動史》，頁 96～99。

認爲王氏是商務印書館走向衰落和反動的主要罪人。這段原載於《文史資料》的談話紀錄，在 1978 年 10 月 15 日，胡氏對此作了補記，說明「這是大約二十年前我的談話記錄。這只能作爲一種史料，作爲商務印書館的歷史來看，有不少事實和觀點可能是不正確的。」詳見：胡愈之，〈回憶商務印書館〉，《商務印書館九十五年》，頁 124～128。

〔註58〕1927 年，國民黨上海市黨部舉辦黨員重新登記，因聞黨部辦事青年語多挖苦，遂不願前往登記，自動放棄黨籍。並言「雖因未重登記而喪失黨籍，仍將永爲黨的友人，在黨與脫黨並無差別也。自此以後，我便永爲無黨無派之人，遇事仍不斷以無黨之身爲黨相助也。」可見王雲五在政治的傾向仍是貼近國民黨的。王雲五，《岫廬八十自述》，頁 59～60。

　　商務印書館復業後的出版能力，成績如何？由王雲五在 1933 年 3 月 26 日，商務印書館二十一年度股東常會中的報告，可略窺其全貌。

> 二十一年出版書籍，計重版書五百五十種、九百二十一冊，定價爲五百六十五元有零。同時又以如僅重版舊書不出新書，既無以近輔助文化之職責，即於營業亦有妨礙。故從二十一年十一月一日起，每日出版新書一種，至年底止，計出新書五十二種，並恢復雜誌四種。二十二年一月至三月二十二日已出新書七十餘種、重版書六百九十餘種，預計至本年年底止，重版書可出至四千種。查本館出版書籍總共有八千餘種，本年底約可重版至半數。此外，因內容陳舊不必重版者亦不少，故實際上本年底較有價值之出版物業已重版者，當占大多數。〔註59〕

商務印書館在復業之初即循序漸進站穩腳步，一步步再度向全國最大出版事業霸主地位邁進，1934 年至 1936 年間，其出版量約占全國出版總數量的一半，甚至 1936 年時更達到全國出版量的百分之五十二強。（表 2-1-3）其中最爲重要的就是「編輯叢書」計畫的空前成功。不但開創了商務印書館的商機，更強化了其文化機構的堅實基礎。（表 2-1-4）

表 2-1-3　1932 年至 1936 年中國三大出版社之新書出版數量

時間	商務印書館	中華書局	世界書局	三家總量	全國總量
1932	61	608	317	986	1517
1933	1430	262	571	2263	3481
1934	2793	482	511	3786	6197
1935	4293	1068	391	5752	9223
1936	4938	1548	231	6717	9438

本表參考資料：王雲五，〈十年來的中國出版事業〉，《商務印書館與新教育年譜》，頁 626～628。

表 2-1-4　1932 年至 1935 年商務印書館叢書編輯計畫

時間	名　　稱	計　畫　內　容	數　　量	備　　註
1932	《大學叢書》	結合全國著名大學與學術團體，共同編印大學用教科參考圖書。	《大學叢書》第一集暫定 300 種。	國立編譯館受此影響日後編輯大學部定用書。
1933	《宛委別藏》	與故宮博物院合作，整理流通古籍。	40 種	印數由商務決定，成品十分之一贈與故宮以爲酬金。

〔註59〕王雲五，《商務印書館與新教育年譜》，頁 369。

1934	《四部叢刊續編》	增補經史子集各部善本。	80 種 500 冊	本年出齊。
1934	《中山文庫》	與中山文化教育館合作，出版翻譯外國名著。	80 種。	分三年出版，每年譯印約 27 種。
1934	《幼童文庫》《小學生文庫》	培養兒童閱讀興趣與能力。	200 冊。500 冊。	
1934	《六省通志》	計湖南、浙江、廣東、畿輔、湖北、山東六省。	6 種 30 冊。	
1934	《四庫全書珍本》	與教育部合作，輯印文淵閣四庫全書。	231 種，約 2000 冊。	限用江南毛邊紙印製。限二年內出齊。
1934	《萬有文庫》第二集	加重國學基本叢書與漢譯世界名著；以自然科學小叢書及現代問題叢書代替第一集中農工商醫等叢書。	700 種 2000 冊。	推廣圖書普及。
1935	《叢書集成》初集		541 類 4000 冊。	
1935	《化學工業大全》	推廣科學知識。	15 冊。	以日本新光社出版之《最新化學工業大系》為藍本，後更名為《最新化學工業大全》出版。

本表參考資料：王雲五，《商務印書館與新教育年譜》，頁 363～553。

　　一二八事變後商務印書館的復興證明了王雲五的價值，誠如蔣維喬（1873～1958）所言：「初用王時，公司舊人皆驚疑，嗣王任總經理，倡為科學管理，職工亦多不滿，迨一·二八以後，公司總廠及東方圖書館，悉遭炸毀。王不辭勞怨，不惜生命，卒成復興之功。」〔註60〕。王氏於此間每天到館工作常常達十五、六小時，其艱苦卓絕之行，令人難以想像。王雲五對此有極為深刻的描述：「我的主要職務是總經理，但同時兼任了從前的編譯所所長和印刷所所長，有時還兼半個出版科科長。近來編印教科書，我簡直還兼從前的國文部部長。又從前編譯所的秘書和印刷所的秘書或書記，現在也可以說由我自己兼任，甚至有時候還兼校對員或計算員的工作。」〔註61〕，這些一人兼數職的情況在復興後雖不復存，但其工作時數似乎沒有稍減，甚至在一次演講中，王氏還透露「所有要用腦的工作每天都還要帶回去做幾小時。」〔註62〕。「雲無心而出岫」〔註63〕王雲五時代已然悄悄來臨。

〔註60〕 蔣維喬，〈高公夢旦傳〉，《商務印書館九十五年》，頁 54。
〔註61〕 王雲五，《岫廬八十自述》，頁 216。
〔註62〕 王雲五，〈王總經理對第一屆業務講習班學員訓辭〉，《商務印書館與新教育年譜》，頁 485。
〔註63〕 中國社會科學院近代史研究所中華民國史研究室編，《胡適的日記》上冊（北京：中

　　相較於商務印書館的復興迅速情況，東方圖書館的復興就不免令人扼腕了（表2-1-5）。館方成立一個「東方圖書館復興委員會」儘管於前三年密集運作了一些活動，實際的成果如何？則無從得知。唯一可查的成績就是載於《商務印書館與新教育年譜》一書中德法兩國的贈書活動，亦寥寥數語，難詳其端倪，東方圖書館復興概況記錄的闕如正顯示出其非營利性質所造成的懦惻。

　　東方圖書館不事生產，重建經費多仰外援，絕大數來自於商務印書館館內撥款。當時館方復業後資本日厚，雖然沖帳後盈餘有限，但如果定時定款的撥交，儲之銀行積蓄日豐，足堪使用。1935 年 4 月 12 日，陳叔通（1875～1949）致張元濟函，「東方萌芽，人尚不覺，倘積之稍厚，彼有生心者，或市政府以振興新區域爲名，迫令置館，或黨員借題加入，皆意中事。倘乘此先將地點及中外委員會定議，或竟立一基礎，則可免後患。」〔註64〕頗能說明這個論點。但是受戰局日殷暨解雇職工持續抗爭的影響，關乎金錢一事，定當日愼一日，所以有無確實撥款？能否全數運用？皆充滿未知變數！東方圖書館的復興就在「干祈於人，率口惠而實不至」下，作窮猿失木悲之態載浮載沉於世，慢慢步入衰亡。

表 2-1-5　東方圖書館復興運作概況

時　　間	事　　　　　實	來　　源
1933.4.5	商務董事會 408 次會議，議決以乙種特別公積三分之一（約 4.5 萬元）爲恢復東方圖書館用。張元濟率先捐助 1 萬元。	2：376
1933.4.29	商務董事會 409 次會議，核議東方圖書館復興委員會章程案。議定聘胡適、蔡元培（1868～1940）、陳光甫（1881～1976）〔註65〕、張元濟、王雲五爲委員，張元濟任主席。	2：376
1933.6.7	東方圖書館復興委員會第一次會議，議決推美人蓋樂博士、德人歐特曼教授、英人張雪樓、法人李榮等爲委員。	1：297
1933.6.13	商務董事會 411 次會議，議決東方圖書館擬聘外籍委員案。	2：378
1933.6.16	傅增湘致張元濟函，告與友人合營之北海書肆將結束營業，欲將底貨售予東方圖書館。張元濟後覆函（1933.6.21），擬只購普通之版。	4：296～297

　　　　華書局，1985），頁 243。
〔註64〕《張元濟年譜》，頁 406。
〔註65〕關於陳光甫的詳細資料可參閱：上海商業儲蓄銀行編，《陳光甫先生言論集》（上海：上海商業儲蓄銀行，1949）；姚崧齡，《陳光甫的一生》（臺北：傳記文學出版社，1984）；上海市檔案館編，《陳光甫日記》（上海：世紀出版集團、上海書店出版社，2002）等。

1933.6.17	東方圖書館復興委員會第二次會議，議決組織美、德、英、法四國贊助委員會，請四位外籍委員分任之。又議決在國內組織南京、杭州、北平、廣州、濟南、漢口、長沙七處贊助委員會，由羅家倫（1897～1969）〔註66〕、郭任遠（1898～1970）、袁同禮〔註67〕、全湘帆、何思源 1896～1982）〔註68〕、楊端六（885～1966）、曹典球（1877～1960）分別負責辦理。	1：297
1933.8.31	商務董事會 412 次會議，議決東方圖書館組織及捐款書籍保管原則。	2：383
1934.3.10	張元濟致函董事會，請查明東方圖書館現存款項明細。另告德籍委員歐特曼去世，茲照章程推定德人嘉璧羅為委員。	2：393
1934.3.24	商務董事會 415 次會議，議決 3.10 張元濟之提案。東方圖書館存款自本年一月起，按周年七厘計息。	2：394
1934.4.21	商務董事會 415 次會議，討論上年度乙種特別公積支配案。議定三分之一同仁福利用，三分之一東方圖書館恢復之用，三分之一保留。	2：396
1934.10.4	商務董事會 420 次會議，議決東方圖書館委員會提議贈《四庫珍本》予英、美、德、法四國，以資紀念。	2：400
1934.10.8	舉行德國捐贈東方圖書館書籍贈受典禮，張元濟發表演說。並從即日起公開展覽捐贈書籍，為期十天，以饗讀者。	3：470～474；5：241～242
1935.4.12	陳叔通致張元濟函，「近來黨部極窮，亟謀招地盤以養活黨員。……東方萌芽，人尚不覺，倘積之稍厚，彼有生心者，或市政府以振興新區域為名，迫令置館，或黨員借題加入，皆意中事。倘乘此先將地點及中外委員會定議，或竟立一基礎，則可免後患。彼輩還是怕壞外人，非中外合同組織不可。」	2：406～407
1935.5.27	蔡敬襄致張元濟函，擬贈《日俄戰記寫真》、《漢鏡拓本》。	2：408
1935.6.6	舉行法國捐贈東方圖書館法文名著 1500 冊書籍贈受典禮，張元濟發表演說。法國知名漢學家伯希和（Pelliot Paul，1878～1945）亦與會。	3：543～549；5：243～244
1935.7.18	汪詒年（1866～？）致張元濟函，告其藏書 149 件已送東方圖書館，近又擬送《渦陽靖亂紀要》抄本等七種予東方圖書館。	2：410

〔註66〕關於羅家倫的詳細資料請參閱：劉維開編著，《羅家倫先生年譜》（台北：中國國民黨中央委員會黨史委員會，1996）。

〔註67〕關於袁同禮的詳細資料請參閱：朱傳譽主編，《袁同禮傳記資料》（台北：天一出版社，1979）；林清華，〈袁同禮先生與近代中國的圖書館事業〉（文化大學圖書館資訊學研究所碩士論文，1983）。

〔註68〕關於何思源的詳細資料請參閱：馬亮寬、王強，《何思源：宦海沉浮一書生》（天津：天津人民出版社，1996）；另何氏各個時期代表性的論述文章詳見：馬亮寬、王強選編，《何思源選集》（北京：北京出版社，1996）；馬亮寬編，《何思源文集》（北京：北京出版社，2006）。

1936.5.19	商務董事會 430 次會議，討論東方圖書館法籍委員李榮去世，擬聘法工部局督學高博愛擔任案。	2：420
1937.3.31	商務董事會 425 次會議，議決連聘張元濟、蔡元培、胡適、陳光甫、王雲五、高博愛、張雪樓、蓋樂八人為新一屆東方圖書館復興委員。	2：437
1937.6.22	汪詒年致張元濟函，將《中外日報》、《時務報》捐贈東方圖書館。	2：444
1937.7.8	商務董事會 427 次會議，議決出售原東方圖書館地基連所蓋房屋。	2：445
1942.5.7	德國駐滬副領事來訪，云擬向東方圖書館贈書。	2：495
1944	東方圖書館重慶分館成立。〔註69〕	3：801
1946.10.26	張元濟致李澤彰函，「東方圖書館事現由何人擔任？前聞經農（朱經農，1887～1951）先生言有曾習圖書館學者效毛遂之自荐，後來不知見及否？能否有用？祈示及。」（李注：館事暫由楊靜盦君代理。齊魯大學前圖書館主任陳鴻飛君現在滬賦閒，朱經翁正在約談中。）	7：526
1949.2.10	張元濟致丁英桂（1901～1986）函，「擬將公司所予車馬費移購近時新出各種雜誌，贈與東方圖書館。」	2：541
1949.11.15	張元濟捐贈東方圖書館雜誌 53 種、359 冊，圖書 2 種、2 冊。	2：552
1951.4.16	張元濟致丁英桂函，「前將涵芬樓善本每種寫成卡片，有一大串。前日無意中查出有回單簿，係民國二十二年八月送東方圖書館寄存，由任心白兄簽收。前日已函請公司搜尋。如能覓得，擬與《燼餘錄》及附錄草目一對。倘有多出之書，仍擬補入草目。」	6：177
1951.10.4	張元濟復周恩來（1898～1976）函，「商務印書館舊藏《永樂大典》二十一冊，本係國家之典籍。前清不知寶重，散入民間。元濟為東方圖書館收存，幸未毀於兵燹，實不敢據為私有。公議捐獻，亦聊盡人民之職。」	7：799
1953.1.13	張元濟致請商務印書館總務處，將東方圖書館館藏盡移合眾圖書館。	2：567
1953.2	核定並簽署《上海市私立合眾圖書館捐獻書》，後更名為上海市歷史文獻圖書館。	2：568

本表參考資料：1.《王雲五先生年譜初稿》第一冊、2.《張元濟年譜》、3.《商務印書館與新教育年譜》、4.《張元濟傅增湘論書尺牘》、5.《張元濟詩文》、6.《張元濟書札》上冊、7.《張元濟書札》中冊

〔註69〕雖云成立東方圖書館重慶分館，但性質、規模早已今非昔比。東方圖書館重慶分館所藏大都為太平洋戰爭以來各地分支館送來之樣書暨在渝新版、重版書籍三千餘種，以此為基，創設一「小規模之閱覽室」，開放公眾閱覽。所以，東方圖書館重慶分館的成立實是「象徵」一種商務印書館專用圖書館的意義，實質上，對於東方圖書館的復興毫無意義。王雲五，《商務印書館與新教育年譜》，頁 801。

第二節　八年苦鬥的初期——「七七」到「八一三」

　　在老舍（1899～1966）那本長篇巨著《四世同堂》裡有著這麼一段對話：

> 「我就不明白日本鬼子要幹什麼！咱們管保誰也沒得罪過他們，大傢伙平
> 平安安的過日子，不比拿刀動杖的強？我猜呀，日本鬼子准是天生來的好
> 找彆扭，您說是不是？」老人想了一會兒才說：「自從我小時候，咱們就
> 受小日本的欺侮，我簡直想不出道理來！得啦，就盼著這一回別把事情鬧
> 大了！日本人愛小便宜，說不定這回是看上了蘆溝橋。」「幹嗎單看上了
> 蘆溝橋呢？」小順兒的媽納悶。「一座大橋既吃不得，又不能搬走！」「橋
> 上有獅子呀！這件事要擱著我辦，我就把那些獅子送給他們，反正擺在那
> 裡也沒什麼用！」「哼！我就不明白他們要那些獅子幹嗎？」她仍是納悶。
> 「要不怎麼是小日本呢！看什麼都愛！」老人很得意自己能這麼明白日本
> 人的心理。「庚子年的時候，日本兵進城，挨著家兒搜東西，先是要首飾，
> 要錶；後來，連銅鈕扣都拿走！」「大概拿銅當作了金子，不開眼的東西！」
> 小順兒的媽掛了點氣說。〔註70〕

對話雖然出自小說創作者的臆造，卻或多或少描繪出一般人民對蘆溝橋事件的看
法：區區細事，不足為患！

一、失之東隅，收之桑榆——王雲五遷廠的安排與成效

　　1937年，年屆「知天命」的王雲五，在商務印書館二十五年度股東常會中，表
示：

> 邇遭一二八之巨劫，彼時我既不避艱險，不願臨危規避，縱然未嘗表示何
> 時引退，但私心確曾於商務書館復興的後期歷程中，迭次考慮，我是否於
> 商務損失股本完全恢復後，即援引民國十九年秋間的表示，依約應於民國
> 二十三年春履行之引退條件，為重大意外損失，而延緩其實施三年。況此
> 時不僅商務的損失已經恢復，即我回國之初所強調科學管理『期以三年一
> 一實現』者，此時確已實現，是則我之援引舊案，尚非牽強。〔註71〕

力言其為公司謀劃承諾已償，乃鄭重考慮功成身退。經張元濟居中斡旋，於公導之
以理；於私動之以情，王氏遂暫時消弭辭職之念。〔註72〕後來的發展事實證明了王

〔註70〕老舍，《四世同堂》（北京：北京十月文藝出版社，1993），頁22～23。

〔註71〕王壽南編，《王雲五先生年譜初稿》第一冊（台北：臺灣商務印書館，1987），頁324。

〔註72〕張元濟於公說明公司關係文化之重大，切認王氏為商館最理想之主持人，若所託非
　　　　人，則王氏力挽之垂危機構，將陷萬劫不復之地；於私則說以王氏與高夢旦之情愫，

雲五這個決定的重要性，也契合了張元濟的高瞻遠矚。〔註73〕

　　不久，在是年7月16日，國民政府軍事委員會蔣委員長在廬山召集國是談話會，受戰爭氛圍的影響，與會的社會賢達、各界名流，咸認此次會議將有重大決策宣示，這個決定不但將影響國家未來的發展；亦攸關個人生命之所寄。17日，蔣委員長發表了〈對於蘆溝橋事件之嚴正表示〉，重申「和平未到根本絕望時期，決不放棄和平，犧牲未到最後關頭，決不輕言犧牲。」的對日侵華問題基本綱領，並以此說明中國政府端視蘆溝橋事件的解決與否，為其所謂「最後關頭」的境界。〔註74〕王雲五此時已深瞭政府決心實行全面抗戰，遂迅速返滬以謀因應之道。在此之前館方所討論通過的備戰方案，頗不符時局之變。

　　況且老董事長張元濟對時局的看法一直是較為保守溫吞。早在1935年，日軍自察哈爾事件後勢力席捲而下，華北幾為其囊中之物，上海局勢日益緊張，張元濟卻認為「目前不致遽有戰事」〔註75〕。這個想法一直到蘆溝橋事變發生後仍無改變。張元濟在1937年7月25日寫給其姪張樹源（1895～1949）的家書上再一次談到自己對時局的看法：「日本洶洶之勢，看甚凶惡。我料戰事尚不甚亟，此時家眷遽爾南行，未免近於張皇。我意非萬不得已時，不宜輕動。上海現尚安靖，倘萬一北方竟有戰事，則程度亦甚難預料也。」〔註76〕，甚至在國軍節節敗退時仍抱定「不擬遷避」〔註77〕之念。張元濟的「安土重遷」雖有其情感的因素所致，但更重要的是希望自己強做「羽扇綸巾」態能安定商務印書館員工們日漸浮動的心情。務實行動派的王雲五了解老董事長的心思，但局勢已非談笑間就能致強虜灰飛煙滅，遂提一具

蓋有「高氏一抔之土未乾，六尺之孤何託」之意，王雲五幾至無言以對，遂打消退意，應允留館視事應變。詳見：王雲五，《商務印書館與新教育年譜》，頁624～625。

〔註73〕 王蕾，〈慧眼識人 善於用人 致力出人：張元濟出版人才思想研究〉，《出版大家張元濟——張元濟研究論文集》，頁688～698。

〔註74〕 〈對於蘆溝橋事件之嚴正表示〉，26年7月16日出席廬山第二次談話會講，收入：中國國民黨黨史委員會編印，《先總統蔣公思想言論總集》（以下簡稱《蔣公總集》）卷14（台北：中國國民黨中央委員會黨史委員會，1984），頁582～585。蔣委員長此次演說後來經報紙披露，在全中國影起廣大的迴響與支持，連當時的毛澤東都予以極高的評價：「全國軍隊包括紅軍在內，擁護蔣介石先生的宣言，反對妥協退讓，實行堅決抗戰！共產黨人一心一德，忠實執行自己的宣言，同時堅決擁護蔣介石先生的宣言，願同國民黨人和全國同胞一道為保衛國土流最後一滴血，反對一切游移、動搖、妥協、退讓，實行堅決的抗戰。」詳見：〈反對日本進攻的方針、辦法和前途〉收入：中共中央毛澤東選集出版委員編輯，《毛澤東選集》第二卷第一分冊（北京：人民出版社，1965），頁8。

〔註75〕 《張元濟年譜》，頁426。

〔註76〕 張元濟致張樹源函（1937年7月25日），《張元濟書札（增訂本）》中冊，頁725。

〔註77〕 張元濟致張樹源函（1937年11月7日），《張元濟書札（增訂本）》中冊，頁725。

體應變計劃，徵詢其意見，經張氏首肯支持後旋即立馬造橋。

王雲五所擬定的應變計畫，主旨在於維持全體職工生計，其實施步驟有三：（一）對於因戰事停工者各給維持費；（二）在租界中區趕設臨時工場，盡量安插停工者，並擴充原有之香港工廠，盡量將停工者移調；（三）在內地分設若干工廠，將上海臨時工場與香港工廠之職工陸續移調內地。〔註78〕淞滬戰事甫起，王氏旋即照章辦事，首先除了維持費的發放外，另外在靜安寺路租借房舍權充臨時工場，承印政府救國公債券，方便安插失業職工。接著王雲五便啟程前往香港、長沙佈置一切，孰料此去經年，直到1946年才回到上海。

按照王雲五的計畫，整個計畫的重點是在內遷，而內遷的地點則是稍早在1936年10月30日經由董事會議議決備戰方案裡頭提到的長沙，且已說明即派員前往籌備一切相關事宜。〔註79〕可以確定的是商務印書館的確遵照了這個決議案在長沙購置了地產〔註80〕，但卻遲遲沒有建築廠房，以致王雲五到長沙時，舉目所及只是空蕩蕩的一塊「廠房預用地」，所以只好「租賃市房應用」〔註81〕。當時運赴長沙的機器、書籍等等物品，並不順暢，〔註82〕加上印刷用紙張與工人調派的問題〔註83〕，

〔註78〕《商務印書館與新教育年譜》，頁639。

〔註79〕根據商務董事會432次會議議決通過王雲五所提之備戰方案：「因時局關係，鑒於『一・二八』之難，特將閘北寶山路之製版廠及美安棧房保兵險。將總館存書除教科書外以百分之五十五派發至各分廠及香港分廠，但京、杭、平、津四分館不派，漢口分館及香港分廠特為多派。擬在長沙設一小規模之印刷場，以派人前往籌備。」詳見：北京商務印書館編，《商務印書館大事記》（北京：商務印書館，1987）。

〔註80〕商務印書館董事會第424次會議記錄，討論購進長沙地產及莫干山、北平兩處地基等事。詳見：《張元濟年譜》，頁436。

〔註81〕王雲五，《商務印書館與新教育年譜》，頁640。

〔註82〕關於遷運機器等物品至長沙的情形，存在著極大出入的說法。王雲五的說法是「運赴長沙之機器已於滬戰發生前起運，業已達到。」問題是，滬戰前上海總廠尚在營運，所能遷運的機器應相當有限，就算是滬戰已起，當時上海臨時工場亦還開工承印政府救國公債券，已內遷的機器，數量與質量上實為有限。值得注意的是1937年10月30日商務印書館董事會第430次會議記錄中李拔可的報告「運湘機器在黃渡白鶴港相近被日機炸沉，另裝書籍、文具儀器一般已安抵漢口。」另佐以張元濟於是年10月21日致李拔可函「昨承示本館運湘印機一架，在某處被日機炸沉，將來尚可打撈云云。此時唯有將沉失地段詳細記注，不可僅憑口說腦憶。如能派人履勘，將該處地形繪一略圖備考，尤為有用。是否可行，統乞裁酌。」還著意日後費貲打撈，可見丟失機器之重，影響之鉅。在10月20日，李拔可便將運湘機器被日機炸沉一事，告知張元濟，而該日又適值王雲五啟程去漢口等內地勘查。所以王記疑做過度樂觀之見。參閱：王雲五，《岫廬八十自述》，頁241；《張元濟年譜》，頁453；《張元濟書札（增訂本）》中冊，頁542。

〔註83〕王雲五雖然坦言因戰事已起紙張未及運出，但問題不大，蓋當時長沙尚有外國白報紙可供收購，足供全張紙印刷機器之用，遂購得數千令，解決印刷用紙問題。王氏認為

長沙建廠遂成一空中樓閣注定無疾而終了。

內地工廠的擴展既然荊棘重重，只好儘量維持上海臨時工場之運作不輟暨與未受戰禍影響的各地分廠互相支援調劑。宣佈「自十月一日起，每日暫出版新書一種，除將已排印者次第發行外，新編及新收稿件，特別注重非常時期之需要。」〔註84〕，王雲五為此特別修正了商務印書館自一二八復業後著重一般用書的出版方針，主張以出版教科書為第一考量，並在此前提下規範出編輯計畫的基本要求：「一是所謂教科書仍擴展到大學的範圍，二是對於適應戰時的一般用書，仍儘可能充分編印，三是在物力許可之下，較大部的出版物仍然繼續印行。」〔註85〕。

大體而言，戰時商務印書館的出版編輯計畫概不出此範疇。11 月 19 日，蔣委員長發表〈國府遷渝與抗戰前途〉演講，表示政府即將遷至重慶，繼續抗日〔註86〕，這個訊息使得王雲五加深了遷廠重慶的意念，但這個藍圖的完成，非頃刻可成，況且還有個失敗的陰影——長沙廠噩夢——揮之不去！當時惟有先在既有基礎的廠作發揮，並要求運輸交通便利以確保進出貨順暢，香港廠雀屏中選。

鑑於長沙建廠的鎩羽，長沙總管理處僅存空名，而無法實際運作管理戰時諸事宜，商務印書館董事會同意王雲五的要求，設總管理處駐港辦事處統馭各地機構〔註87〕，總經理亦因此長駐香港，商務印書館戰時體制於焉施行。其間最重要的工作便是紙張問題的解決與編輯計畫設計執行，前者是釜底抽薪之法；後者是館祚永存之方。

二、戰時出版物的改革暨其文化成果

出版是項極耗紙張的行業，中國出版業者歷來都是進口國外紙張來應用。中國的機器造紙工業起步的很晚，截至 1936 年亦不過達年產量 8.9 萬噸，而當時進口紙張量卻高達 30.6 萬噸〔註88〕，其懸殊比例代表了每年漏巵太甚亦瞥見中國機器造紙

最大的問題出在職工調派問題上，職工們「安土重遷，苟安懼危」難以調度。是以造成長沙建廠的失敗。王雲五事後回想起此事，仍介懷的說道：「言念及此，實最痛心。我在戰時苦鬥中最感困難者以此，商務資產損失較多者以此，而我的措施中自認為失敗者亦以此。」此外就紙張的問題而言，據楊揚的研究指出，長沙所收購的紙張，質與量均不荷需求，印刷用紙似不像王雲五所言問題不大。參閱：王雲五，《岫廬八十自述》，頁 241～243；楊揚，《商務印書館：民間出版業的興衰》，頁 133。

〔註84〕 〈商務印書館啓事〉，《東方雜誌》，34.16（1937），廣告頁。
〔註85〕 王雲五，《商務印書館與新教育年譜》，頁 647。
〔註86〕 〈國府遷渝與抗戰前途〉，26 年 11 月 19 日在南京國防最高會議講，《蔣公總集》卷 14，頁 652～658。
〔註87〕 商務印書館董事會第 431 次會議記錄，詳見：《張元濟年譜》，頁 455。
〔註88〕 張樹棟、龐多益、鄭如斯等著，《中華印刷通史》（北京：印刷工業，1999），頁 927。

業的幼稚。對日抗戰的來臨，更曝露了紙張仰賴外來的嚴重性，一但對外交通運輸受阻，則中國各出版業者皆食不遑味，惟有望洋興歎矣！

「撙節用紙」是當時業者們奉行不渝的準則，爲此王雲五試行了一些紙張節省辦法，成效頗著。（表 2-2-1）並在此基礎下落實了抗戰時期編輯出版計畫。其特色之一在於因應抗戰的特殊狀況，編印一系列標榜「灌輸抗戰知能、發揚抗戰情緒、充實抗戰力量」〔註89〕等出版品以臻明恥教戰的目的。例如：《抗戰小叢書》、《戰時常識叢書》、《戰時經濟叢書》、《戰時手冊及抗戰叢刊》與編印中學適用社會科自然科戰時補充教材等等。另外一個特點就是延續一二八復業以來的「平價叢書」策略，其中最著名的就是《大學叢書》、《中國文化史叢書》、《萬有文庫簡編》、《叢書集成》四部，不但造成當時的轟動，其餘響之深遠，斷非王氏當日所能逆料。〔註90〕

表 2-2-1　商務印書館戰時撙節用紙辦法

辦法	內　　容	成　　　　效	備　　　　註
節約版式	減少空白，增加行數，縮減天地。	新排或重排書籍可縮減紙張用量達五成；未重排書籍亦可達到縮減一至二成的紙張用量。	出版同業均陸續仿行。
輕磅紙張	試用礬紙印刷，取得成功。	礬紙極爲耐用與適合印刷；且礬紙每令（500 張）重20～24磅，僅普通報紙重量一半，故節省大半運費。	日後商務印書館出版品不致斷絕，且累積抗戰後期的營業資本，端賴礬紙之應用。
航空紙型	改革紙型重量，適合航空運送。	使紙型的厚薄重量與書稿相等，以利航空運送，解決海陸運受阻的問題，並節省運送時間與運費。	香港受戰事波及前，重要圖書紙型均靠此法運入內地，以爲大後方時期的基礎。

本表參考資料：王雲五，《岫廬八十自述》，頁 246～248。

上述四部叢書中以《大學叢書》最早開始。1932 年 8 月，商務印書館宣佈從一二八災難中重建起來，王雲五審度其中小學教科書業務一時之間似乎難與同業爭食，遂宣佈出版一般用書爲主，同時輔以大學用教科書之出版。歷來中國教科書的版圖僅達中小學領域，大學用書幾爲西人禁臠。〔註91〕王雲五在編印《三十五年之

〔註89〕《抗戰小叢書》廣告文字，《東方雜誌》，34.18、19（1937），廣告頁。

〔註90〕魯迅（1881～1936，名樹人，字豫才，筆名魯迅。）就極爲激賞此類小叢書，其嘗言：「把研究一種學問的書匯集在一起，能比一部一部自去尋求更省力；或者保存單本小種的著作在裡面，使它不易於滅亡」。詳見：魯迅，〈書的還魂和趕造〉，《魯迅全集》第 6 卷（北京：人民文學出版社，1981），頁 230。

〔註91〕蔡元培認爲中文教科書的缺乏問題十分嚴重，爲此曾大聲疾呼要大家注意「國化教科書問題」，他憂心的說道：「我以爲此刻吾人亟應有此憬覺，而積極的準備起來，如各科專門名詞之劃一規定，外國書籍之多量移譯，以及各項必需的教科書之編輯，均是應當加速進行的。務使高中以上各學校，除外國文學課程外，無論那一種學科，

中國教育》一書時即對此表達了意見：

> 國內各大學之不能不採用外國文圖書者，自以本國文無相當圖書可用；而其
> 弊凡任高等教育者皆能言之。本館見近年日本學術之能獨立，由於廣譯歐美
> 專門著作與鼓勵本國專門著作；竊不自量，願爲前驅，與國內各學術機關各
> 學者合作，從事於高深著作之譯撰，期次第供獻於國人。〔註92〕

以上簡扼數語即說明了大學叢書編輯之動機、宗旨與期望。是年 10 月將計畫付諸實
行，敦聘全國知名學者爲委員組成大學叢書委員會，至抗戰爆發之時，已出書超過
200 種。抗戰時在香港、重慶亦持續出版，雖然出版數量遠不如前，但平均每年新
出版數仍達十餘種。〔註93〕

　　約莫在《大學叢書》順利依序出版的同時，王雲五的另一項叢書編輯計畫亦
宣告完成，即《萬有文庫》第二集的推出。挾著第一集銷售八千部的佳績，第二
集之告罄指日可待。此時王雲五受張元濟的影響開始對古籍整理產生興趣，遂有
後來輯印《叢書集成》之計畫。〔註94〕從中國各部叢書中以實用、罕傳爲限嚴選
百部，按中外圖書館統一分類法，依內容性質分爲 541 類〔註95〕，採排印方式出
版。張元濟對此頗有看法〔註96〕，經與王氏討論後，礙於售價與世界圖書潮流趨
勢，仍維持王氏原主張，由此亦可稍窺張元濟之雅量豁然與王雲五求新求變的勇
氣。《叢書集成》於 1935 年 3 月開始預約，〔註97〕計畫自該年年底開始每半年出

都有中文本子，足供教員、學生們研究參考之用，不致動輒乞靈於外籍；更使學生
得移其耗費在工具上的腦力、時間與經濟，直接深入學術的寶庫。」詳見：蔡元培，
〈國化教科書問題——在大東書局新廈落成開幕禮演說詞〉，《蔡元培全集》第六卷，
頁 43。

〔註92〕王雲五，〈三十五年之中國教育導言〉，收入：《商務印書館與新教育年譜》，頁 305。

〔註93〕王雲五，《商務印書館與新教育年譜》，頁 366。

〔註94〕王雲五，〈輯印叢書集成序〉，收入：《岫廬序跋集編》（台北：臺灣商務印書館，1979），
頁 77～79。

〔註95〕《王雲五先生年譜初稿》第一冊，頁 313。

〔註96〕張元濟曾在寫給傅增湘的信中談到此事：「是書用排印本非弟始願所欲，然爲售價
計，乃降而出此。主者謂是書專備各圖書館之用，杜威十大類目世界已通行，吾國
新設圖書館不能不兼收外國書，將來排比勢不能分中外爲兩部，只得冶爲一爐。吾
國之舊分類法因此全廢，且《四庫》史部之別史、雜史，子部雜家之六類亦甚難分
辨，故不如全盤更換之爲愈。弟亦無以難之。今此書竟售至二千餘部，則其說勝矣。」，
張元濟致傅增湘函（1935 年 11 月 23 日），《張元濟傅增湘論書尺牘》，頁 336。

〔註97〕關於《叢書集成》發售預約的時間，本文採《王雲五先生年譜初稿》裡的說法。有
些研究者作 1935 年 5 月開始預約。詳見：唐錦泉，〈回憶王雲五在商務的二十五年〉，
《商務印書館九十年》（北京：商務印書館，1987），頁 263；王建輝，《文化的商務
——王雲五專題研究》（北京：商務印書館，2000），頁 125。

版一次，後因淞滬戰起，時局不靖，共出書 7 期 3062 種 3476 冊，尚有 1045 種 533 冊未出版，商務印書館爲此還登報道歉並籲請預約者前來辦理退費事宜，以示負責。〔註 98〕

　　1937 年，王雲五撰寫一篇名爲〈編纂中國文化史之研究〉文章，正式爲編纂《中國文化史叢書》投石問路。文中要言中國文化史料不論實物之發現或者是紙本之流傳均極爲豐富足堪成就此一研究工作，但其缺點亦在於此。實物之發現待考證者極多；歷代典籍經天災人禍致散亡更迭或者是僞作多有，更嚴重的問題是記載取度的不均，「皆偏於廟堂之制度，號爲高文大冊。其有關於閭閻之瑣屑，足以表見平民之文化者，皆不屑及焉」。接著比較外國學者編著之中國文化史與世界文化史作品，歸納出分科專題研究最能顯見中國文化的全豹，主張將中國文化劃分爲八十個科目，所謂「分之爲各科之專史，合之則爲文化之全史」。〔註 99〕《中國文化史叢書》預定分四輯出版。第一輯出版 20 種，第二輯在抗戰前出版了 10 種，至 1939 年 8 月再出版 11 種，總計共出版 41 種，還有 40 種未出。〔註 100〕（表 2-2-2）

表 2-2-2　《中國文化史叢書》書目

中　　國　　文　　化　　叢　　書		
第一輯	馬宗霍《中國經學史》	賈豐臻《中國理學史》	陳登原《中國田賦史》
	曾仰豐《中國鹽政史》	楊鴻烈《中國法律思想史》2	楊幼炯《中國政黨史》
	白壽彝《中國交通史》	馮承鈞《中國南洋交通史》	李長傅《中國殖民史》
	陳顧遠《中國婚姻史》	胡樸安《中國文字學史》2	李儼《中國算學史》
	吳承洛《中國度量衡史》	陳邦賢《中國醫學史》	王孝通《中國商業史》
	吳仁敬、辛安潮《中國陶瓷史》	俞劍華《中國繪畫史》2	劉麟生《中國駢文史》
	衛聚賢《中國考古學史》	林惠祥《中國民族史》2	小計 20 種

注：第一輯表格中「第一輯」為縱向合併標題。

〔註98〕唐錦泉，〈回憶王雲五在商務的二十五年〉，《商務印書館九十年》，頁 263。
〔註99〕王雲五，〈編纂中國文化史之研究〉，《東方雜誌》，34.7（1937），頁 195～221。
〔註100〕關於《中國文化史叢書》到底區分爲多少種類？王建輝在其書中指出《我的父親張元濟》與《張元濟年譜》二書中均作該叢書有四集八十種的說法有誤。王氏乃採用汪家熔的說法，第一輯出版 20 種；第二輯出版 20 種；第三輯出版 1 種，總共出版了 41 種，尚有 39 種未出。此說蓋按王雲五在〈編纂中國文化史之研究〉一文中所預告欲出版書目而做出的推論。但事實上核對《商務印書館圖書目錄》一書所載發現出版第二輯時增加了吳兆莘所著《中國稅制史》一書，使得總書目種類達 81 種，所以正確應該是共出版了 41 種，尚有 40 種未出版。參閱：王建輝，《文化的商務——王雲五專題研究》，註3，頁 120；汪家熔，〈抗日戰爭時期的商務印書館〉，《商務印書館史及其他》，頁 162；〈叢書目錄〉，收入：北京商務印書館編輯部編，《商務印書館圖書目錄（1897～1949）》（北京：商務印書館，1981），頁 111。

第二輯	姚名達《中國目錄學史》	蔡元培中國倫理學史》	傅勤家《中國道教史》
	吳兆莘《中國稅制史》2	楊幼炯《中國政治思想史》	鄭肇經《中國水利史》
	鄧雲特《中國救荒史》	任時先《中國教育思想史》	王輯五《中國日本交通史》
	陳東原《中國婦女生活史》	胡樸安《中國訓詁學史》	張世祿《中國音韻學史》2
	李士豪、區若搴《中國漁業史》	陳清泉譯補《中國建築史》	陳清泉譯述《中國音樂史》
	王鶴儀編譯《中國韻文史》2	陳柱《中國散文史》	鄭振鐸中國俗文學史》2
	王庸《中國地理學史》	顧頡剛《中國疆域沿革史》	小計 20 種
第三輯	郭箴一編《中國小說史》2		小計 1 種
未出版書籍	《中國圖書史》	《中國佛教史》	《中國回教史》
	《中國基督教史》	《中國社會史》	《中國風俗史》
	《中國革命史》	《中國外交史》	《中國藩屬史》
	《中國經濟思想史》	《中國經濟史》	《中國民食史》
	《中國財政學史》	《中國公債史》	《中國貨幣史》
	《中國法律史》	《中國中央政制史》	《中國地方政制史》
	《中國軍學史》	《中國教育史》	《中國西域交通史》
	《中國西洋交通史》	《中國禮儀史》	《中國天文學史》
	《中國曆法史》	《中國科學發達史》	《中國農業史》
	《中國畜牧史》	《中國工業史》	《中國鑛業史》
	《中國文具史》	《中國兵器史》	《中國印刷史》
	《中國食物史》	《中國金石史》	《中國書法史》
	《中國武術史》	《中國遊藝史》	《中國戲曲史》
	《中國史學史》		小計 40 種

本表參考資料：王雲五，〈編纂中國文化史之研究〉，《東方雜誌》，34.7（1937），頁 195～221；〈叢書目錄〉，《商務印書館圖書目錄（1897～1949）》，頁 111。

　　真正突顯王雲五輯印叢書事業的代表之作當推《萬有文庫》無疑。《萬有文庫》第一、二集締造了銷售佳績，從中實現了王氏「建無量數具體而微圖書館」[註101]理想，據王氏自言憑藉該文庫而成立之新圖書館數量在 2000 家以上，實始料未及。[註102] 按照計畫將續編第三集，後因抗戰爆發而代以重印一、二集。所謂重印並非是依樣畫葫蘆照單全印，而是擇最切時需者 500 種訂爲 1200 冊輯爲《萬有文庫簡編》標舉「拔取一二兩集之精萃！重爲體系完整之編制！針對非常時期之

[註101] 惠萍，〈王云五《萬有文庫》策劃簡論〉，《河南圖書館學刊》，26.5（2006），頁 124 ～139。
[註102] 王雲五，《岫廬八十自述》，頁 111。

需要！樹立新圖書館之基礎！」於 1939 年 10 月開始預約發售，並在預約簡則中提到已出書 300 冊，一經預約即可取書，其餘 900 冊將於四個月內出齊。〔註103〕1941 年 5 月宣告完成，並有發售特價活動。〔註104〕期間多次密集廣告宣傳，拉抬其聲勢。〔註105〕光在《東方雜誌》上刊登廣告就達 17 次之多，且廣告文案較多變化較諸商務印書館其他出版品的宣傳直不可同日而語，顯見該叢書受館方重視若此。〔註106〕

三、應知老去負壯心，戲遣窮途出豪語——抗戰初期的張元濟

在動亂的 1937 年，《百衲本二十四史》的校勘、描潤工作終於宣告竣工，張元濟得償夙願之餘也呼應了去年蔡元培（1868～1940）、胡適、王雲五所發起「徵集張菊生先生七十生日紀念論文啓」中所言：「這一件偉大的工作，在他七十年生日之前後，大致可以完成。這也是中國學術史上最可紀念的一件事。」〔註107〕。（表2-2-3）此時的張元濟因為戰爭的緣故，致使其他輯印古籍之計畫停頓下來，整個商務印書館戰時體制的運作又委以王雲五全權，張氏的日常生活倒出現了難得的輕鬆與愜意，儘管為時不長，但對一生「堅毅劬苦，迥越恆人」〔註108〕盡瘁事館的張元濟而言卻是不可多得的美好時光。

據其哲嗣張樹年所保存的 1937 年《張元濟日記》殘本記載，是年前半段時期張氏極為樂中參與藝術活動（多為聆賞昆曲）〔註109〕；後半段時期則是定期與友朋聚餐清談時事，〔註110〕是為「孤島雙周聚餐會」〔註111〕。與會者大都為社會各界名

〔註103〕《萬有文庫簡編》預約發售廣告文字，《東方雜誌》，36.24（1939），廣告頁。
〔註104〕特價活動僅限於香港、澳門、新加坡三地。詳見：《萬有文庫簡編》全部出齊廣告文字，《東方雜誌》，38.10（1941），廣告頁。
〔註105〕楊宜穎、陳信男，〈《萬有文庫》的廣告特色〉，《出版發行研究》，4（2004），頁78～80。
〔註106〕《東方雜誌》37.1～38.9（1940～1941），廣告頁。
〔註107〕胡適、蔡元培、王雲五編，《張菊生先生七十生日紀念論文集》收入：《民國叢書》第二編98【綜合類】（上海：上海書店據1937年上海商務印書館出版影印）。
〔註108〕傅增湘言見張氏校史手稿：「觀之朱墨爛然，盈闌溢幅，密若點蠅，縈如赤練，點畫纖細，勾勒不遺。」故知君堅毅劬苦，迥越恆人，遂能成茲偉著。傅增湘，〈校史隨筆序言〉，收入：張元濟，《校史隨筆》（上海：上海古籍出版社，1998），頁4。
〔註109〕張人鳳整理，《張元濟日記》下冊（石家莊：河北教育出版社，2001），頁1157～1191。
〔註110〕根據《顏惠慶日記》裡所載，這個聚餐會的討論主題大多圍繞在當前中國對日作戰的問題上，尤其是聚焦在外交問題上。蓋由黃炎培報告南京方面的相關訊息。黃氏時任南京國民政府所屬國防參議會參議員與國民參政會參政員，故得便熟稔南京政府方面的有關情況。從顏氏的日記中便常常見到黃炎培報告的記載，但寥寥數語不易端詳黃氏報告的内容暨其他與會者參與討論的記錄亦付之闕如，實在很難看出此

流，採輪流作東方式每周聚會一次，必要時則不在此限。（表2-2-4）

表2-2-3　《百衲本廿四史》出版時間一覽表

書　名	所　用　版　本	冊數	初版時間
漢書	借常熟瞿氏鐵琴銅劍樓藏北宋景祐刊本景印	32	1930.8
後漢書	涵芬樓藏宋紹興本。原闕5卷半，借北平圖書館藏本配補	40	1931.8
三國志	中華學藝社借照日本帝室圖書寮藏宋紹熙刊本。原闕魏志3卷，以涵芬樓藏宋紹興刊本配補	20	1931.8
五代史記	借江安傅氏雙鑑樓藏宋慶元本景印	14	1931.8
遼史	涵芬樓藏元刊本	16	1931.8
金史	借北平圖書館藏元至正刊本景印。闕卷以涵芬樓藏元覆本配補	32	1931.8
宋書	借北平圖書館、吳興劉氏嘉業堂藏宋蜀大字本景印。闕卷以涵芬樓藏元明遞修本配補	36	1933.12
南齊書	借江安傅氏雙鑑樓宋蜀大字本景印	14	1933.12
梁書	借北平圖書館藏宋蜀大字本景印。闕卷以涵芬樓藏元明遞修本配補	14	1933.12
陳書	北平圖書館藏及中華學藝社借照日本靜嘉文庫藏宋蜀大字本	8	1933.12
晉書	涵芬樓藏原海寧蔣氏衍芬草堂藏宋本。原闕載記30卷，以江蘇省立國學圖書館藏宋本配補	24	1934.12
魏書	北平圖書館、江安傅氏雙鑑樓、吳興劉氏嘉業堂及涵芬樓藏宋蜀大字本	50	1934.12
北齊書	借北平圖書館藏宋蜀大字本。闕卷以涵芬樓藏元明遞修本配補	10	1934.12
周書	吳縣潘氏范硯樓及涵芬樓藏宋蜀大字本配元明遞修本	12	1934.12
隋書	涵芬樓藏元大德刻本，並借北平圖書館、江蘇省立國學圖書館藏本配補	20	1935.12

間聚會所發揮的真正效能。詳見：顏惠慶著、上海市檔案館譯，《顏惠慶日記》下冊（北京：中國檔案出版社，1996），頁46、48、50、51、55、59、62。

〔註111〕張樹年，《我的父親張元濟》（上海：東方出版中心，1997），頁166～167。這裡稱上海為「孤島」，似與一般印象有所出入。通常稱上海為孤島蓋指1937年11月12日中國軍隊撤守上海，日軍大舉進入上海但又不能完全佔有整個上海，原因就在於「租界」的存在。有別於中國其他淪陷區域，上海租界區內仍行使著某種程度的主權，但僅止於列強保護其租界內經濟遂行的利益考量，租界內的中國人仍是日軍的俎上肉，人心惶惶，不可終日。八一三事變後，商務印書館遷入租界中區，所見所聞概與上述「孤島」時期別無二致，且當時國軍敗亡之速，上海居民咸認政府無意固守，「孤島」其實早已存在。

南　史	北平圖書館及涵芬樓藏元大德刊本	20	1935.12
北　史	北平圖書館及涵芬樓藏元大德刊本	32	1935.12
元　史	北平圖書館及涵芬樓藏明洪武刻本	60	1935.12
舊五代史	影印吳興劉氏嘉業堂原輯永樂大典有注本	24	1936.12
史　記	涵芬樓藏南宋黃善夫刻本	30	1936.12
舊唐書	借常熟瞿氏鐵琴銅劍樓藏宋刊本。闕卷以明聞人詮覆宋本配補	36	1936.12
新唐書	中華學藝社借照日本岩崎氏靜嘉文庫藏北宋嘉祐刊本。闕卷以北平圖書館、江安傅氏雙鑒樓藏宋本配補	40	1936.12
明　史	據清乾隆年武英殿原刊本影印。附王頌蔚編輯考證攟逸	100	1936.12
宋　史	借北平圖書館藏元至正刊本。闕卷以明成化刊本配補	136	1937.3

本表參考資料：張樹年主編，《張元濟年譜》，頁 593～594。

表 2-2-4　孤島雙周聚餐會

日　期	東道主	與　　會　　人　　士	地　　點
8.31	褚輔成	王志莘、張元濟、諸青來〔註112〕，餘如前（張樹年註：因日記殘闕，不可考）。	浦東同鄉會
9.3	陳陶遺〔註113〕	王造時、李肇甫、胡政之〔註114〕、張元濟、張鎔西〔註115〕、許克誠、陳瀾生、黃炎培〔註116〕、溫宗堯、葉恭綽、趙叔雍、諸青來、顏惠慶〔註117〕。	浦東同鄉會
9.9	胡政之	王志莘、張元濟、張耀曾、許克誠、陳陶遺、陳瀾生、趙叔雍、諸青來、顏惠慶。	浦東同鄉會
9.13	陳瀾生	王志莘、李肇甫、沈克誠、胡政之、張元濟、張耀曾、葉恭綽、褚輔成、趙叔雍、諸青來、顏惠慶。	浦東同鄉會

〔註112〕張樹年，《我的父親張元濟》一書中作諸青來，頁 167。諸青來曾任汪政權的交通部部長，詳見：《汪偽政府所屬各機關部隊學校團體重要人員名錄》。

〔註113〕關於 9 月 3 日的東道主有二種說法：《張元濟年譜》載李肇甫是主人；而《張元濟日記》下冊則記陳陶遺是主人，這裡採取《日記》的說法。

〔註114〕關於胡政之的相關研究可詳見：陳紀瀅，《胡政之與大公報》（香港：掌故月刊社，1974）。

〔註115〕張鎔西或張榕西均同指張耀曾一人，疑為張元濟手誤。

〔註116〕關於黃炎培的相關研究可詳見：許紀霖，《無窮的困惑——黃炎培、張君勱與現代中國》（上海：上海三聯書店，1998）；許紀霖、倪華強，《黃炎培——方圓人生》（上海：上海教育出版社，1999）。

〔註117〕關於顏惠慶的詳細資料可詳見：《顏惠慶日記》；顏惠慶著、吳建庸；李寶臣；葉鳳美譯，《顏惠慶自傳——一位民國元老的歷史記憶》（北京：商務印書館，2003）。

9.16	王志莘	李伯申〔註118〕、胡政之、張元濟、張耀曾、陳瀾生、葉恭綽、褚輔成、顏惠慶。	浦東同鄉會
9.21	顏惠慶	王造時、李肇甫、胡政之、張元濟、張耀曾、陳瀾生、黃炎培、溫宗堯、葉恭綽、褚輔成。	浦東同鄉會
9.24	張元濟	王造時、李肇甫、許克誠、陳瀾生、陶星如、黃炎培、溫宗堯、葉恭綽、顏惠慶。	浦東同鄉會
9.28	王造時	李肇甫、張元濟、陳陶遺、陳瀾生、溫宗堯、葉恭綽、趙叔雍、顏惠慶。	浦東同鄉會
9.30	趙叔雍	王造時、李肇甫、胡政之、張元濟、許克誠、陳銘樞、陳瀾生、黃炎培、楊德昭、溫宗堯、葉恭綽、褚輔成、蔣光鼐、顏惠慶。	浦東同鄉會
10.5	溫宗堯	李肇甫、胡政之、張元濟、張耀曾、陳瀾生、黃炎培、趙叔雍、諸青來、薛篤弼、顏惠慶。	浦東同鄉會
10.8	張耀曾	史家麟、李肇甫、胡政之、張元濟、許顯時、陳瀾生、葉恭綽、褚輔成、諸青來、薛篤弼、顏惠慶、薩鎮冰。	浦東同鄉會
10.12	葉恭綽	李肇甫、胡政之、張元濟、張耀曾、陳銘樞、陳瀾生、楊德昭、溫宗堯、褚輔成、趙叔雍、諸青來、薛篤弼。	浦東同鄉會
10.15	褚輔成	王造時、李肇甫、胡政之、張元濟、張耀曾、許克誠、陳瀾生、葉玉虎、趙叔雍、諸青來、薛篤弼、顏惠慶。	浦東同鄉會
10.19	諸青來	李公樸、李肇甫、沈鈞儒、胡政之、張元濟、張耀曾、陳瀾生、溫宗堯、葉恭綽、褚輔成、趙叔雍、薛篤弼。	浦東同鄉會
10.22	李肇甫	王志莘、胡政之、張元濟、張耀曾、許克誠、陳陶遺、陳蒲生、陳瀾生、黃炎培、溫宗堯、葉恭綽、褚輔成、趙叔雍、諸青來、顏惠慶。	浦東同鄉會
10.26	胡政之	王造時、李肇甫、沈鈞儒、張元濟、張耀曾、許克誠、陳陶遺、陳瀾生、黃炎培、溫宗堯、葉恭綽、褚輔成、趙叔雍、諸青來、薛篤弼。	浦東同鄉會
10.28	薛篤弼	王志莘、李肇甫、沈鈞儒、胡政之、張元濟、張耀曾、陳陶遺、陳瀾生、溫宗堯、葉恭綽、褚輔成、趙叔雍、諸青來、顏惠慶。	浦東同鄉會
11.2	張元濟	李肇甫、胡政之、張耀曾、許克誠、陳陶遺、溫宗堯、葉恭綽、褚輔成、趙叔雍、諸青來、薛篤弼、顏惠慶。	青年會
11.5	陳陶遺	李肇甫、沈鈞儒、胡政之、張元濟、張耀曾、陳瀾生、黃炎培、溫宗堯、葉恭綽、褚輔成、趙叔雍、諸青來、顏惠慶。	浦東同鄉會
11.8	許克誠	李肇甫、胡政之、張元濟、張耀曾、陳陶遺、葉恭綽、褚輔成、趙叔雍、諸青來。	浦東同鄉會

本表參考資料：《張元濟日記》下冊，頁 1194～1213

〔註118〕 李伯申就是李肇甫，張樹年在《我的父親張元濟》一書中誤分爲二人。據張樹年統計參加孤島雙周聚餐會的人士共 29 人，其中包括重複計算了李肇甫，所以實際與會者應是 28 人。另一項佐証乃根據《張元濟日記》下冊一書所載參與者人名而來，張樹年漏算了沈克誠與李申甫二人。筆者懷疑沈克誠爲許克誠之誤植（《張元濟年譜》記爲許克誠）；李申甫、李伯申、李肇甫應爲同一人，所以與會人數爲 28 人應較爲正確。

　　這種坐而論道的聚會與當時上海普遍高漲的愛國主義熱情活動十分扞格，與會人士亦各懷其志，其中更甚有後來投靠日本人者如趙叔庸（1897～？）、溫宗堯（1876～1946）、陳瀾生諸人〔註 119〕，張元濟身處其中到底受到多大的影響今天無從得知，連張氏日記所載亦僅止於與會人名，其他一概付之闕如。約莫定期聚餐會開始前後，張元濟開始關心政治良窳問題，認為「良心上覺得應該做的，照著去做，這便是仁」〔註 120〕。

　　1937 年 5 月張氏編著了一本小冊子題為《中華民族的人格》呼籲當道國難日深，欲挽民族於將傾必先提高其人格〔註 121〕，胡適亦深許「榜樣」的功效並予之作序〔註 122〕。接著張元濟以少有高分貝的音量在《大公報》上發出怒吼指摘官僚的腐敗：

> 敬啟者，近日政府撤查投機一案，獨貴報著為評論。義正詞嚴，欽佩無極。國家財政窮困，人民日被剝削，幾無生路。若輩把持政局，貪污至此，可謂全無心肝。吳盛亦不過竊鈎之徒。民眾若不嚴與監督，結果可以想見。聞諸銀行家言，法院果肯持正，將所有各項支票逐一根究，必可得其主名。敢請貴社將此層明白揭破，使法院不敢含糊了事，各銀行亦不敢代為隱藏，或者貪吏伏法，政局澄清，國家前途庶猶有望。貴報為民喉舌，責無旁貸，敢貢愚誠，伏祈垂詧。二十六年七月五日〔註 123〕

張元濟的針砭時政得到各界的熱烈迴響，其中又以蔡元培的說法最為精闢，首度將張氏此舉與編著《中華民族的人格》一書結合觀察：「《大公報》上載張菊生函，勉以徹查紗布投機事。此老久不干涉政治問題，近漸漸熱心。蘇州法院審沈鈞儒（1875～1963）七人案，張君特赴蘇旁聽，亦其一端。商務近印其所著《中華民族之人格》一書，亦其熱情所寄也。」〔註 124〕是年稍後張元濟在寫給黃魯連（1879～1946）的

〔註 119〕　張樹年，《我的父親張元濟》，頁 168。另外在《汪偽政府所屬各機關部隊學校團體重要人員名錄》一小冊中，亦赫然見到顏惠慶與諸青來之名。可見與日有關係者不似張樹年所記的那麼少有。

〔註 120〕　張元濟，〈編寫中華民族的人格的本意〉，《張元濟詩文》，頁 274。

〔註 121〕　張元濟致張中正函（1937 年 6 月 25 日），《張元濟書札（增訂本）》下冊，頁 1043。

〔註 122〕　傅安明，〈一篇從未發表過的胡適遺稿——紀念適之先生逝世廿五周年〉，收入：李又寧主編，《胡適與他的朋友》第二集（紐約：天外出版社，1991），頁 181～192。

〔註 123〕　張元濟致《大公報》記者函（1937 年 7 月 5 日），《張元濟書札（增訂本）》下冊，頁 1309。

〔註 124〕　高平叔，〈蔡元培與張元濟〉，《商務印書館九十五年》，頁 584。所謂徹查紗布投機一事，就是指上海「紗交風潮」之事。時財政部稅務署長吳啟鼎、蘇浙皖統稅局長盛昇頤以投機操縱紗布交易，從中謀獲暴利，同時帶動了其他物價的上漲，引起社會上巨大的恐慌。蔣中正遂令實業部長吳鼎昌（1884～1950）徹底查辦。經查實際

信中證明了蔡元培的知己甚深〔註125〕。

張元濟暮年「爲拯國危頻發憤」〔註126〕之舉在其一生中是極爲珍貴的紀錄。有些研究者便以張氏抨擊當道而做出其政治取向，似有不妥。〔註127〕審視張元濟一生的政治活動，眞正選擇某黨理念而投身支持者，只在戊戌年間的維新改革運動上，結果是令人不忍卒睹的「任株連」〔註128〕。張元濟自此對政治保持了相當程度的疏離，即便是蘆溝橋事變後上海戰氛濃郁，上海群眾不分黨派、團體成立「上海文化界救亡協會」號召抗戰救亡，並遴選出一批名聞遐邇的文化人爲理事，張元濟名列其中，張氏見報後，旋致函文協以年老體衰力辭。〔註129〕

蓋文協成立於 1937 年 7 月 28 日，正是張元濟指責權奸擅場誤國誤民之時，張氏加入文協應是頗合情理之事。然張氏卻令人難以逆料的予以婉拒，是「鉤黨」的沉重回憶？抑或是企業的保全之道？張元濟自己並未對此留下諸如日記、詩文般的

操作者爲孔祥熙（1880～1967）、宋靄齡（1890～1973）諸人，後以撤職查辦吳、盛二人了結此案。而蘇州法院審沈鈞儒七人案，即是指 1936 年 7 月 15 日，沈鈞儒、章乃器（1897～1977）、鄒韜奮（1895～1944）、陶行知（1891～1946）聯名發表《團結禦侮的基本條件與最低要求》，表示贊同中共停止內戰，組成抗日民族統一戰線的主張，要求國民政府停止「剿共」，一致對外。國民政府對救國會的活動十分惱火，在 1936 年 11 月 23 日，逮捕沈鈞儒、章乃器、鄒韜奮、史良（1900～1985）、李公樸（1902～1946）、王造時（1903～1971）、沙千里（1901～1982）七人。因爲這七人都是「全國各界救國聯合會」的領導人，所以時人把這個事件稱爲「七君子事件」。關於「七君子事件」之詳細始末可詳見：沈譜、沈人驊編，《沈鈞儒年譜》（北京：中國文史出版社，1992），頁 151～186。

〔註125〕 張元濟赤裸裸的批評當道之無能並疾呼國家興亡匹夫有責：「東氛甚惡，平津相繼又拱手讓人。若輩只知有身家，不知有國，亦其程度使然，可勝浩嘆。華北爲東四省之續，此後益難措手。然及此未亡，弟仍不信無可以圖存之術。此其責唯在吾民已。」參閱：張元濟致黃魯連函（1937 年 8 月 3 日），《張元濟書札（增訂本）》下冊，頁 998。

〔註126〕 張元濟，〈追述戊戌政變雜詠〉，《張元濟詩文》，頁 59。

〔註127〕 葉宋曼瑛認爲張元濟此時政治傾向於支持共產黨，其舉張氏挽陳伯巖（三立）詩爲證。在張元濟的詩後註解中說道：「公籍義寧，久爲紅軍所佔，自移軍陝北，其餘部尚有占據山鄉者，此亦輸誠請纓殺敵，而公已不及見矣。」說明張氏早在 1937 年即十分看重共產黨的抗日軍事活動，此據似乎缺乏說服力。張氏當時所攘臂振呼者，在於喚起全民抗戰之心，團結一致共禦外侮。所以當時所有承膺守土抗敵之責的軍隊，張元濟均予以高度的評價。Man-ying Ip., *The Life and Times of Zhang Yuanji 1867～1959.*（Beijing: The Commercial Press, 1985），pp. 270～275.另參閱：張元濟，〈挽陳伯巖〉，《張元濟詩文》，頁 39。

〔註128〕 張元濟，〈追述戊戌政變雜詠〉，《張元濟詩文》，頁 61。另參閱：張人鳳，〈戊戌到辛亥期間的張元濟〉，《出版大家張元濟——張元濟研究論文集》，頁 532～545。

〔註129〕 張元濟致文化界救亡協會函（1937 年 7 月 30 日），《張元濟書札》下冊，頁 1312。

資料供後人探索眞相。當時的中國，張氏目爲「瞎馬盲人夜半行」〔註 130〕險象環生，雖令人擔憂，並未到不可挽救之地步，「臥薪嚐膽猶非晚」〔註 131〕勉諸當道亦以共勉國人，其作爲政府的「諍友」應是較爲人能接受張元濟在此間所作所爲的合理解釋。所以任何團體、協會的職銜都終將使得張元濟喪失一獨立的說話地位，張氏在當時上海文化界的地位亦奠於此。

抗戰初期做爲上海商務印書館的領導人，張元濟的一言一行可謂牽一髮而動全身，所幸當時政府正忙於抗戰事宜，對於張氏的「芻蕘之言」亦樂於作爲政府開明形象的砌石。淞滬戰後，上海進入「孤島」時期，上海商務印書館已無負營運成敗之責，代之而起的是其企業精神的維繫，張元濟將再一次承受另一波災難的衝擊，冗長而苦悶的煎熬對年登耄耋的張元濟來說，畢竟過於殘忍。

附圖二　上海租界區域內商務印書館所在地

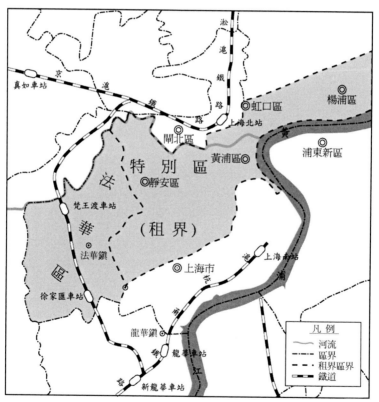

本圖依據：國家地圖集編纂委員會編輯，《中華人民共和國國家普通地圖集》（北京：中國地圖出版社，1995）重繪。

〔註 130〕 張元濟，〈任之自長沙以七律二首見寄依韻奉答〉，《張元濟詩文》，頁 26。
〔註 131〕 張元濟，同上註。

第三章　上海「孤島」時期的商務印書館

天寧許我長偷活。國豈容人做冗民。

莫負殘生任虛擲。試看世事正更新。

——張元濟，〈病榻俚句八首〉，1941。〔註1〕

　　1937 年 10 月 26 日，日軍攻陷國軍左翼陣線的據點大場，國軍被迫撤離江灣、閘北等陣地，退至蘇州河以南。此次陣地的轉移已是淞戰的最後一道防線，蔣委員長特別於 28 日親巡該區防務，並做出今後的作戰指示，內容涵蓋陣地工事、部隊管理、陣亡官兵之遺族撫恤，並曉諭各級官長應與部屬共患難同生死，尤其「要不怕陣地毀滅，不怕犧牲一切，時時須存最後必勝之心，時時須作轉敗爲勝之計，要以精神勝過物質，堅持到底，至死不屈，使敵人雖勝亦敗，則我軍最後必勝」。〔註2〕這些要求，在在顯示出部隊的狀況與問題連連，蔣委員長似乎對未來戰局的發展有所逆料，欲圖最後一搏。對於最高統帥的指示，落實程度如何？七天後終見分曉。

　　是年 11 月 5 日，日軍拂曉進襲杭州灣，兵分三路於乍浦東北之金山衛、全公亭、曹涇鎮三處登陸，攻擊箭頭直趨滬杭道上的重要據點松江。〔註3〕此一戰略之改變（日軍原意圖沿蘇州河推進其攻擊）可謂極其大膽且充滿自信。〔註4〕日軍如願地打破僵持的軍事局面，取得全面的勝利，上海幾爲其囊中之物。而滬上國軍倉皇撤退，散兵游勇在貧瘠的村莊間劫掠自己的同胞。〔註5〕撤退轉瞬間演變成失序的大

〔註1〕　張元濟，〈病榻俚句八首〉，《張元濟詩文》，頁42。

〔註2〕　〈以光榮的犧牲求最後的勝利〉，民國 26 年 10 月 28 日在蘇州淞滬前線召集第三戰區師長以上官長講，《蔣公總集》卷 14，頁 627～636。

〔註3〕　上海社會科學院歷史研究所編，《"八一三"抗戰史料選編》（上海：上海人民出版社，1986），頁 45～47。

〔註4〕　爲了達成這個計畫，日本分別從東北、華北、日本國內共動員了三個師團的兵力，致使日本本土只剩下兩個師團的武力，此舉不可不謂爲大膽行動，由此亦顯見日人之自信與卑視中國之甚。參閱：李君山，《爲政略殉——論抗戰初期京滬地區作戰》（台北：台灣大學文學院，1992），頁 94。

〔註5〕　蔣委員長不諱言的指陳：「軍紀蕩然，就是我們的致命傷。」詳見：〈抗戰檢討與必勝要訣（上）〉，27 年 1 月 11 日在開封對第一、第五兩戰區團長以上官長講，《蔣公總集》卷 15，頁 15～16。

潰退，對此蔣委員長下過如是的註腳：「我們在上海的失敗，不是作戰的失敗，乃是退卻的失敗。」〔註6〕毫無紀律的部隊上自統帥下自兵士「倉皇辭廟，報君以血」！只是血的付出過於輕率，模糊了其身上所背負神聖禦侮的使命，結果造成人民普遍的心理恐慌，使得國軍計畫性的撤退受到相當的阻礙，一位研究者指出「一旦國防線作戰失利，大局猝變，後方崩潰的比前方還快。」〔註7〕短短數語，說明當時整個中國雖然宣佈全面抗戰，然而全面抗戰的計畫卻受到多方牽制，淞滬戰役便暴露出這個弱點，絕大的傷亡與混亂實導源於此。〔註8〕

　　淞滬戰役的重點在於其所承載的「政略」意義，這是上海一地之攻防作殊死戰之動力，此次抵抗雖然在國際視聽上達到宣揚國軍作戰能力的效果，然而中國仍沒能獲得以英美為首「各國共同干涉日本的侵略暴行」〔註9〕之實質上幫助。1937年11月24日布魯塞爾會議（九國公約會議）閉幕，象徵著和平大門亦隨之永閉，腥風血雨傾刻間將完全壟罩全世界。正如同顧維鈞（1885～1985）在1937年9月26日從日內瓦對美國廣播演講上說道：

> 湯恩比教授在評論遠東局勢時，打了一個非常貼切的比喻。他說：日本虎在縱身作其久已料其必有的一躍時，決定跳過黃海，把爪子伸進中國血肉之軀。這對於太平洋其他尚未殃及的國家來說，是隱含危險的，並不能因為其禍不及己而以為可以自安。因為老虎一旦破籠而出，是無從限制它活動範圍的。假如它果是一隻食人之獸的話，則在初嚐人血之後的胃口，是會越吃越饞的。〔註10〕

果不其然，日本虎在連續噬人得逞之後，胃口益發增大，吞併中國已難填其欲壑，鷹瞵鴞視，欲飽啖全亞洲而垂涎世界任一有隙可乘之所，「食人獸」儼然茁壯，即將帶來空前的災難，任誰也躲避不了。

〔註6〕〈對日抗戰必能獲得最後勝利〉，27年3月8日對將校研究班學生講，《蔣公總集》卷15，頁149。

〔註7〕李君山，《為政略殉——論抗戰初期京滬地區作戰》，頁114。

〔註8〕張季鸞（1886～1941）就曾經針對此點作出觀察：「中國政府及一般有覺悟人民，本來早下了長期抗戰的決心。但是因為戰局的開展，犧牲的重大，自不免有悲觀憂慮者發生。加以國際間不斷的有調解之嘗試，中國為友誼計，亦不能拒絕不聽。所以決心雖定，而社會上傳播的空氣，則時有動搖。」詳見：張季鸞，〈置之死地而後生〉，《大公報》（1937年12月11日），收入：王芝琛、劉自立編，《1949年以前的大公報》（濟南：山東畫報出版社，2002），頁129。

〔註9〕〈對左翼軍各將領訓話〉，民國26年10月29日晚在蘇州崑山公園講，《蔣公總集》卷14，頁643。

〔註10〕〈顧維鈞博士從日內瓦對美國廣播演講〉，收入：董霖譯著，《顧維鈞與中國戰時外交》（台北：傳記文學出版社，1987），頁103。

本章將在上述的背景下，首先來探討「孤島」時期商務印書館的文化出版活動如何續存？從中引起文化界搶救古籍的行動，進而影響合眾圖書館的誕生，展現了另外一種「抗日救亡」的形式。接著討論抗戰期間商務印書館的最後兩次職工運動，王雲五皆明快斷然的處理，終至抗戰結束前，商務印書館不再受此「不定時炸彈」的威脅，對於抗戰後期文化出版活動的撐持有關鍵性的影響。另外，汪精衛與商務印書館的關係亦擬在此章作一初步爬梳，爾後汪氏建立的政權於教育方面與商務印書館多有接觸，而沒有發生激烈傾軋的情形，當有所關聯。一一釐清這些問題，方能正確評價這一時期的商務印書館。

第一節　「孤島」時期商務印書館的文化氛圍

一、《孤本元明雜劇》的出版

　　從 1937 年 11 月 12 日至 1941 年 12 月 8 日為止，上海公共租界與法租界被目為上海地區的「孤島」。此間有著極為溷穢汙濁的政治氛圍，表面上孤島時期的上海由獨立的三個區域所組成：法租界、公共租界、維新政府上海特別市。然而在這三個區域中，背後卻標誌著法租界當局、公共租界當局、維新政府、日本軍方、重慶政府等五種政治勢力在上海的競逐。〔註11〕商務印書館總館就在如斯的局勢中為文化「蘄續命」〔註12〕。較諸孤島上其他「奇特繁榮」〔註13〕的文化活動，商務印書館的文化作為顯得沉潛而低調，一如其主事者。1937 年 12 月 10 日，商務印書館召開第 431 次董事會議，議決「提議總管理處遷移長沙案」：

> 主席云：總經理王雲五先生自港來信，略謂現在上海實際上已與他處隔離，既不能印書，運輸又不便。本公司生產大部分均在香港，營業亦靠分館，長沙亦另設分廠；各分館與上海通信已有阻滯，總管理處在上海事實上不

〔註11〕甘慧杰，〈論孤島時期日本對上海公共租界行政權的爭奪〉，《檔案與史學》，6（2001），頁 41～46。

〔註12〕張元濟，〈贈傅沅叔〉，《張元濟詩文》，頁 35。

〔註13〕1938 年 2 月，由柯靈主編的《文匯報》之文藝副刊《世紀風》問世，一時文學活動蔚為風氣，從創作到理論的探討、外國文學的譯介等等不一而足。進而帶動上海其他藝文活動的蓬勃，有研究者指稱這種奇特繁榮的文化現象，正是上海文化人堅毅不屈的精神展示。從另外一個角度來觀察，亦由此顯見孤島上各種政治勢力傾軋之烈，而依違在此種前提下的抗日救亡活動，其收效可見一斑。參閱：齊衛平、黎見春，〈抗戰時期上海文化發展的脈絡〉，收入：齊衛平、朱敏彥、何繼良編著，《抗戰時期的上海文化》（上海：上海人民出版社，2001），頁 59～74。

能運用得宜。而香港爲英國屬地，遷港亦不可能。擬總管理處遷至長沙，在上海、香港各設辦事處，以期指揮得宜，適應現在之環境，俾得盡力維持，勉渡難關等語。鄙人接信之後，復與李、夏二經理一再磋商，僉認爲處此環境之下，只可如此辦理。但僅遷一小部份，並不全遷。〔註14〕

總管理處遷移長沙提案一經通過，無異使得上海總館方面情形益加窘迫，一句「既不能印書，運輸又不便」點明了上海總館已喪失經濟上的競爭力。總管理處和編審部內遷，上海設置總管理處駐滬辦事處，這些舉措意味著總館行政權力的逐漸流失，總館只剩下一塊「商務印書館」的招牌，孤懸在孤島上。

儘管如此，坐鎮於此的董事長張元濟仍然想方設法使其文化機能動起來。首先要考慮的是租界的政治特殊性——尤其是日人的態度。有一份名爲《中國文化情報》的日本內部機關刊物，詳載著中國文化界、教育界的所有相關消息，並設有一定期專欄，詳細調查中國各地教育、文化界知名人士的動靜，日人按圖索驥，拉攏打壓極度便利。〔註15〕商務印書館在日方極度關注下，動輒得咎，所以審愼行事有其必要。在衡量外在情勢與內部能力之後，張元濟選擇了老路子——整理古籍，一條極爲熟稔又合其脾性且可規避日人騷擾的法門。〔註16〕《孤本元明雜劇》一書從1938年開始醞釀至1941年成書出版爲止，時間橫跨了整個孤島時期，足爲觀察此一時期上海總館出版文化的窗口。

《孤本元明雜劇》的成書頗富戲劇性，嚴格說起來是書並非一既定編輯計畫執行之果；而是一無心插柳之作，這些都得從傅增湘致張元濟的一封信說起：

> 頃得守和來函，言滬肆有元曲六十四冊，約二百種。內有元明刊及明鈔

〔註14〕商務印書館董事會第431次會議記錄，詳見：汪家熔，〈抗日戰爭時期的商務印書館〉，《商務印書館史及其他》，頁135。另此次董事會議汪氏文章作第321次與《張元濟年譜》所載有出入，今從《年譜》之說。參閱：《張元濟年譜》，頁455。

〔註15〕此一定期專欄名爲「教育並に一般文化界知名の士の動靜」。此專欄內容分成三部份：一、在京津教育、文化界知名の士。二、在上海教育、文化界知名の士。三、在各地教育、文化界知名の士。詳列其姓名、職稱、重要經歷等等。該刊以昭和紀年，始於昭和十二年（1937），終於昭和十六年（1940）共出版了31號，筆者所參考者爲1994年的復刻版，分成六卷書冊。詳見：上海自然科學研究所編，《中國文化情報》（東京都：綠陰書房，1994），第一卷至第六卷。

〔註16〕從當初總管理處駐滬辦事處轄下的三個編輯組所司之事即可略見商務層峰趨吉避凶之遠見。據楊蔭深的回憶，當初留滬編輯人員分成三組：一組爲《辭源》增訂組；二組爲《清代人名大辭書》組；三組爲《叢書集成》組。各組所司之事蓋爲整理古籍爲主，除了班底的考量之外，另外一考慮因素應是整理古籍較不易受日人的干涉，且有工可做，不致受到日人的徵調做其文化之打手。參閱：楊蔭深，〈在商務印書館的十八年〉，《商務印書館九十年》，頁396。

本，皆元曲選所遺，索值三千元。不知守和有力收之否？祈公為探詢。
如守和不收，涵芬樓是否能收？（此書甚佳，館中如有力可收之。）鄙
意如皆不能收，最好勿令散去，侍可與二三友人合力舉之。即煩左右代
為諧價，（千餘元能得否？或多至二千元。）如能議定，乞以電告，當設
法兌款來南。〔註17〕

信中說明，傅氏從袁同禮（1895～1965，時任國立北平圖書館館長。）處得知上海
書肆中有一批《元曲選》佚書，（即是所謂的《脉望館抄校本古今雜劇》；一稱《也
是園古今雜劇》〔註18〕）函請張氏為其查訪，並力言其價值，希冀保存其完貌。此
事傅氏奔走極為熱絡，數日後傅氏函告張元濟已找好買主，書款亦已備妥，「務以必
得為幸」〔註19〕，並在是函未到滬時先發一電報至張氏處，祈張元濟全力玉成此事。

張氏幾天後捎來不甚樂觀的消息：

元曲六十四冊得電後即四下訪尋，始知一半為友人潘博山所有。博山電約
往觀，全書具存。據云一半為一古玩店主所得。……據云兩小時後即來取
書，不能詳細展閱。匆匆一見，不能不謂為奇書。博山自言得價甚廉。古
玩店主急欲售去，渠亦正在窘鄉，得此聊以療貧。詢以何價，則云非萬元
不售。弟聞之不免咋舌。如在平時，商館尚可商量，此時則無從說起。來
示所擬購價相距過遠，無可與之競爭，且云已有購主，即日付定。至購者
何人，則潘君亦不知悉。惟全價付清尚需時日。弟最慮其出國，因商請借
照，博山允為設法，但不知能否如願耳。〔註20〕

是信中言及元曲六十四冊盡數為古玩店主購得〔註21〕，侈言非萬元不售。事至此似
無轉圜之餘地，張氏惟有退而求其次，希望能即時攝照存真，略盡棉薄之力於保存
古籍文化上。

時任暨南大學文學院院長兼圖書館主任的鄭振鐸（1898～1958）有一次在《北平
圖書館月刊》中讀到丁芝孫〈也是園所藏元明雜劇跋〉一文，「驚喜得發狂！」。〔註

〔註17〕傅增湘致張元濟函（1938 年 5 月 28 日），《張元濟傅增湘論書尺牘》，頁 362。

〔註18〕關於《脉望館抄校本古今雜劇》一書相關的授受源流，可詳見：瞿鳳起，〈鐵琴銅劍
樓和商務印書館〉，《商務印書館九十年》，頁 325～327；黃國光，〈鐵琴銅劍樓藏書
活動繫年述要〉（下），《文獻季刊》，4（1999），頁 173～183；張人鳳，〈商務印書
館與鐵琴銅劍樓的合作——兼述張元濟與瞿啓甲、瞿熙邦父子的交往〉，《出版大家
張元濟——張元濟研究論文集》，頁 425～433。

〔註19〕傅增湘致張元濟函（1938 年 6 月 1 日），《張元濟傅增湘論書尺牘》，頁 363。

〔註20〕張元濟致傅增湘函（1938 年 6 月 9 日），《張元濟傅增湘論書尺牘》，頁 364。

〔註21〕此古玩店主即為集寶齋主人孫伯淵。參閱：《張元濟年譜》，頁 460。

〔註22〕韓文寧，〈鄭振鐸與《脉望館抄校本古今雜劇》〉，《江蘇圖書館學報》，1（1997），頁

22〕引得鄭氏喜而狂者乃是丁氏剛剛讀過《也是園古今雜劇》，這個訊息透露出這些劇本尚存人間，鄭氏旋即託人四處打聽，卻徒勞無功。正當鄭振鐸失望之餘，書賈楊壽祺捎來了好消息：有人在蘇州書肆發現了這些劇本。聞訊趕來的鄭振鐸亦礙於高價而無力問津。鄭氏不以為忤，除敦請教育部撥款購買外，另多方奔走籌款以為備案，後教育部允其所請，撥款全數購入。〔註23〕

鄭氏稱此文化上的勝利實遠較軍事上的攻城掠地更為重要〔註24〕，尤其是在這樣烽火連天的年代，益加突顯「我民族的蘊蓄的力量是無窮量的，即在被侵略的破壞過程中，對於文化的保存和建設還是無限的關心。」〔註25〕接著鄭氏意識到孤本如不流傳，終鮮能傳世久遠，遂致函張元濟商量由商務印書館影印之可能性，如一時未能承印，則希望能先用黑白紙曬印數份，分散數地保存，以防範兵燹之無情。〔註26〕後來商務印書館與教育部因出版與否而各持意見，此事遂遭延宕。〔註27〕五個月後，教育部終於做出決定，允許由商務印書館影印出版《也是園古今雜劇》，惟時局又變，商務印書館的工作力愈形縮小，承印與否？張元濟實在無把握，只允以：「容即轉達香港辦事處斟酌，俟得復後即行奉告。」〔註28〕1938 年 12 月 27 日，張元濟得到王雲五復函應允承印，並敦請張氏出面商談契約相關事宜。

1938 年 12 月，張元濟與鄭振鐸二人擬定《也是園古今雜劇》影印出版相關契約數條：

一、商務允出租金壹千元，印成之後另送全書十部與教育部。

36～38。

〔註23〕教育部雖然立刻電覆告知要全數購致，但書款卻遲遲沒有匯來。眼見交割期限將屆，鄭振鐸乃向其友程瑞霖告貸，程氏二話不說，慨允幫忙，此事之成，程氏居功厥偉。半年後，教育部的書款匯至，鄭氏方還清了這一筆欠款，期間程氏不曾催討過一次，其高風行誼令人感佩。詳見：鄭振鐸，〈求書日錄〉，收入：《鄭振鐸全集》第 17 卷（石家莊：花山文藝出版社，1998），頁 129～130。

〔註24〕鄭振鐸致張元濟函（1938 年 6 月 9 日），收入：《鄭振鐸全集》第 16 卷（石家莊：花山文藝出版社，1998），頁 199。

〔註25〕鄭振鐸，〈跋脉望館抄校本古今雜劇〉，收入：《鄭振鐸全集》第 6 卷（石家莊：花山文藝出版社，1998），頁 898。

〔註26〕鄭振鐸在信中表示希望能曬印三份，一份歸商務印書館保存，二份即送國家典藏。並希望能在是書移藏他地前，盡快進行。後因商務印書館的曬印機已毀於戰火，此議遂罷。詳見：鄭振鐸致張元濟函（1938 年 6 月 9 日），同上註，頁 200。

〔註27〕張元濟認為：「此種罕見之書，際此時艱，自宜藉流通為保存。敝公司仍照繳前允書主借版權費一千元，擬照出後即行出版。」張氏此意當與鄭振鐸極為契合。但教育部卻堅持不願出版，鄭氏一時亦無法解套，遂暫作罷。參閱：張元濟致鄭振鐸函（1938 年 7 月 2 日），《張元濟書札（增訂本）》中冊，頁 802；《張元濟年譜》，頁 461。

〔註28〕張元濟致鄭振鐸函（1938 年 11 月 4 日），《張元濟書札（增訂本）》中冊，頁 802。

二、教育部以全書移交商館，由商館出具收條，並保險壹萬元。保險費由
　　商館擔任。

三、商館將本書分期出版，其中若干種已有流行之本，印否由商館自行決
　　定。

四、商館允于一年以内出齊，出版後售價自定，教育部允以應收租金一千
　　元作爲購買本書之用，折扣照特價計算。

五、教育部允于十年内不收回自印，亦不另租他家印行，但收回自印或另
　　租時，應將商館印存之書照售價同時收回。〔註29〕

後張元濟將此契約内容函達李拔可參詳，並囑轉寄總經理王雲五核定。王氏對契約
内容只更動第二條保險一項，將保險費調高至二萬元，餘者完全同意，簽字回寄滬
上，至此《也是園古今雜劇》影印出版一事方正式排上編輯出版日程。

　　《也是園古今雜劇》的編校工作於焉開展，或許是此書名氣過於響亮，各界莫
不引頸企盼，「盛名」加重了編校相關工作的壓力，引發生了非編校人士預聞相關編
校事宜的問題，這是商務印書館出版工作上從來沒有發生過的事情。1939 年 6 月 27
日，張元濟致函鄭振鐸答覆其所提竭力保全原書面貌八個原則問題，信末張元濟不
無動氣的說道：「弟前此爲商務印書館校印古籍千數百冊，亦同此意。王君研究曲學
有素，當必不肯貿焉從事也。」〔註30〕甚至在 1940 年校勘工作進入峻工階段，張
元濟在面對袁同禮質疑是書採用排印出版，張氏舉出影印之窒礙處三點來回答，並
以「整理之功已費數月，亦甚不易。因專聘曲學名家王君九先生總司校勘，絕不肯
草率從事，而弟亦時時加以糾繩。現已發排。將來閣下定能鑒其不謬也。」〔註31〕
數語作結。

　　對諸上述張氏對鄭振鐸、袁守和之言，頗能嗅出張元濟一絲絲的不愉快氣息，
不過總的說來大家都是站在如何呈現古籍完貌的立場上而各抒己見，張氏的脾氣發
的不慍不火，剛柔並濟的性格展露無遺，正是因爲有這樣的砥柱，商務印書館方能
在孤島的惡風濁浪中撑起中國出版文化的一片天地。

〔註29〕張元濟致李拔可函附件（1938 年 12 月 29 日），《張元濟書札（增訂本）》中冊，頁
　　　　545。

〔註30〕對於鄭振鐸所提出的八個原則問題，張元濟逐一回答。除第一個問題：「原本不分折
　　　　者，不必分折」，張氏予以肯定之外（張氏在信中另言關於此一問題，王季烈在其校
　　　　本《東墻記》卷面上即寫到，全劇分爲楔子五折，待商榷。所以是書的編校人員早
　　　　已注意到此問題。）其餘七個問題，張元濟一概給鄭氏軟釘子碰，藉以婉拒其議。
　　　　詳見：張元濟致鄭振鐸函（1939 年 6 月 27 日），《張元濟書札（增訂本）》中冊，頁
　　　　803～804。

〔註31〕張元濟致袁同禮札（1940 年 3 月 14 日），《張元濟書札（增訂本）》下冊，頁 859。

　　張氏此間除忙碌斯事外，另因經濟拮据且所居之處日益淫汙穢臭，遂有鬻屋移居之舉。〔註32〕公、私事交雜遂過度勞頓，致「膀胱舊疾復作，殊形狼狽」〔註33〕，後雖痊癒，但自此身體更加孱弱，泌尿系統方面宿疾發作無時，張元濟苦言「水厄」纏身。〔註34〕在這種身體狀況下，張元濟仍勉力撐起《也是園古今雜劇》付印前的校勘工作。

　　按照張元濟的計畫，初校由姜殿揚（字佐禹，曾任職商務印書館校史處）、胡文楷（1901～1988）二君擔任；張氏本人予以複校，後來又請了王季烈（1873～1952）作最後的總校工作。王氏不愧為戲曲專家，手眼極高。張元濟在捧讀過《澠池會》、《東牆記》校本後，直稱：「精密整飭，欽佩無既。當交所派校員奉為圭臬。」〔註35〕，極其繁瑣的編校工作一直持續到1941年才告結束，是年秋季這部書以《孤本元明雜劇》為名出版，〔註36〕甫一問世，趙萬里（1905～1980）私人即購入七十餘部，亦有同行預為囤積居奇者，初版三百五十部〔註37〕，短期之內即告售罄，在當時孤島出版

〔註32〕據張樹年的回憶：「父親決定售屋，當然家境窘迫是主要因素，但政治和自然環境更促使他堅下決心。」其所謂政治環境乃指當時張宅附近為日偽軍警盤踞之地，漢奸特務要員吳四寶就住在其西面。就在此惡濁勢力的推波助瀾下，賭窟、燕子窩（煙館）、押頭店（小型典當鋪）、野雞堂子（妓院）四處林立，居住環境更形惡化。參閱：張樹年，《我的父親張元濟》，頁173。

〔註33〕張元濟致汪兆鏞函（1939年5月16日），《張元濟書札（增訂本）》中冊，頁612。

〔註34〕1941年，張元濟患癃閉入上海大華醫院療治。癃閉者即所謂攝護腺腫，嚴重時患者小溲阻塞需以外管導之，病苦殊甚。此乃因水而生的災厄，故張氏以「水厄」稱之，且當時其摯友陳三立、沈子培二人均在高年因此病棄世，張氏病榻有感，遂成俚句一首：「自昔文人多水厄，散原海日兩相仍。手揮目送渾無事，欲往從之病未能。」詳見：張元濟，〈病榻俚句八首〉，《張元濟詩文》，頁40～41。

〔註35〕張元濟致王季烈函（1939年6月15日），《張元濟書札（增訂本）》上冊，頁237。

〔註36〕《孤本元明雜劇》早在1941年4月，業已開印，並可望於4月底全數竣工。但此時張元濟卻收到孫楷第所寄贈之《述也是園舊藏古今雜劇》一冊（孫氏之文原於1940年12月在《北平圖書館季刊》連載）。張氏閱後，頗覺渠考訂翔實用力極勤，似有可補《孤本元明雜劇》未盡之處。張氏旋即函達王季烈，詢尋其意，王氏稍後復函請允以孫氏之考訂修改提要一文，名家風度可見一斑。真正延遲出版工作的原因是1941年為期87天的罷工風潮，此次罷工不但影響商務印書館的出版工作，更為有心者利用加深總館與總管理處之間的鴻溝。參閱：張元濟致王季烈函（1941年4月8日、16日、5月11日），《張元濟書札（增訂本）》上冊，頁239～240。

〔註37〕其實《孤本元明雜劇》一書共印製了400部，廣告所稱之特價者即是指350部採一般印刷紙印製而成，另外還有用手工連史紙印製了50部，屬非賣品。對於趙萬里一人即購去七十餘部之事，張元濟頗不以為然。古籍的開印原本就是希望達到流通的目的，雖布衣小民之家仍可一睹金匱石室的風采。是故任何的壟斷之象，皆是張元濟所不願樂見的。詳見：張元濟致王季烈函（1941年12月10日），《張元濟書札（增訂本）》上冊，頁241。

界而言，不得不謂爲異數。《孤本元明雜劇》的成功意涵不在於其銷售成績上，重要的是它作爲《也是園古今雜劇》的載體，使得古籍得以廣爲流傳功已不朽。

二、另一種抗日救亡的文化活動——搶救古籍運動

甲、合眾圖書館的籌設

約莫與《孤本元明雜劇》編校工作同時進行的另一項重要活動，就是搶救古籍的工作，一是合眾圖書館的籌設；一是文獻保存同志會的成立，一私一公殊途同歸。1939 年 4 月 3 日葉景葵（1874～1949）致函燕京大學圖書館採訪主任顧廷龍（1904～1998）擬邀請其南來襄助籌設圖書館，並約略說明創館緣由、經費、館藏等等問題：

> 弟因鑒於古籍淪亡，國內公立圖書館基本薄弱，政潮暗淡，將來必致有圖書而無館，私人更無論矣。是以發願建一合眾圖書館。弟自捐財產十萬已足，另募十萬已足（此爲常年費，動息不動本）。又得租借中心地二畝，惟尚無建築基金，擬先租屋一所，作籌備處，弟之書籍即捐入館中。蔣抑卮君書籍亦捐入之。發起人現只張菊生與弟二人，所以不多招徠，因恐名聲太大，求事者紛紛無以應之也。惟弟與菊生均垂暮之年，欲得一青年而有志節對於此事有興趣者任以永久之責，故弟囑意於兄，菊生亦極讚許。〔註38〕

顧廷龍之獲青睞除了其圖書館專業在「燕京研究有年，駕輕就熟」外，張元濟對其人品、書目文獻考訂之功力有著極高的評價，〔註39〕亦是其獲選之最大考量。是年七月，顧氏到滬不久旋即草擬創辦合眾圖書館意見書送呈葉景葵，意見書中爲合眾圖書館做出了定位：

> 爲保存固有文化而辦之圖書館，當以專門爲範圍，集中力量，成效易著。且葉先生首捐之書及蔣先生擬捐之書，多屬於人文科學，故可即從此基礎，而建設一專門國粹之圖書館（宗旨：一專取國粹之書，二不辦普通閱覽。宗旨既定，一切辦法便可依此決定。張），凡新出羽翼國粹之圖書附屬之（東西文之研究我國文化者，當與我國著述並重。葉）。至近代科學書籍以及西文書籍則均別存，以清眉目。否則各種書籍兼收並蓄，成普通

〔註38〕顧廷龍，〈張元濟與合眾圖書館〉，收入：《顧廷龍文集》（上海：上海科學技術文獻出版社，2002），頁 558。

〔註39〕「夙從博山昆仲飫聞行誼，久深企仰。先後獲誦鴻著《愙齋年譜》、《章氏四當齋藏書目》，尤欽淵雅。近復承寄《燕京大學圖書館報》第一三〇期一冊、大作嘉靖本《演繁露跋》，糾訛正謬，攻錯攸資，且感且佩。」參閱：張元濟致顧廷龍函（1939 年 5 月 25 日），《張元濟書札（增訂本）》下冊，頁 882。

　　　　　圖書館，卒至汗漫無歸。〔註40〕

將合眾圖書館的性質界定為一「專門國粹之圖書館」不但已有礎石——葉、蔣二氏所捐贈之藏書；且能適切運用當事者等人的能力，無怪乎張元濟看過意見書後致函葉景葵稱讚顧氏「持論名通，為館得人，前途可賀。」〔註41〕

　　另外一個極待釐清的重要問題就是如何編目？一個好的圖書館實奠基於此。在顧氏所擬的意見書中，剖析了當時全中國現有的圖書分類法，一一具言其中優劣，從中提出適於合眾圖書館館藏特性的分類方法：

　　　　現在全國各圖書館分類之法各自為政，約分新舊兩種：新法皆以美國杜威
　　　　十大類加以增損；舊法即四庫分類。兩者各有優劣，前者削華人之足以納
　　　　西人之屨；後者僅感類屬之不敷，未嘗無增減之餘地。至疑似之處，舊法
　　　　固有，新法亦何嘗無之。四庫分類曾經實驗，有《四庫總目》為其明證。
　　　　新法半出各專家之理想，室礙並不在舊法之下。至王雲五之中外圖書統一
　　　　分類法，似便於小型普通圖書館，而專門圖書館未必適用。倘本館以舊書
　　　　為專門，則似以四庫舊法為善（四庫子部分目最欠妥貼，史部亦有可議之
　　　　處，既以專收國粹書籍為限，則不妨悉仍舊貫，但遇有新出研究國粹之書
　　　　加入時，稍費斟酌可耳。張）。四庫之分，發源甚早，清代亦僅增損，吾
　　　　人亦不妨稍加修訂。若以為四庫之法不善，則不妨用四庫以前之法修改重
　　　　訂（鄙意宜仿四庫分類而修正之，最近人文科學研究所分類頗佳。此事請
　　　　與菊公討論規定。葉），總已不失中國固有分類法為原則，亦所以謀保存
　　　　中國舊時藏書之遺風。〔註42〕

綜上所述，顧廷龍擬採四庫全書分類編目，略予擴充、變通後作為合眾圖書館的圖書分類依據。此意嵌合「專門國粹之圖書館」之念，可謂名實相符。顧氏在意見書的最後語帶感性的說道：「關於日本京都東方文化研究所所編《漢籍目錄》一以四庫為準，美國哈佛大學漢和圖書館對於漢籍以不改動舊樣為原則，就此兩處情形觀之，本館略守舊法，未為不宜，否則不將發禮失求野之歎歟！」〔註43〕張元濟觀此數語，

〔註40〕括號中之批語，為張元濟與葉景葵所作。顧廷龍，〈創辦合眾圖書館意見書〉，收入：
　　　　《顧廷龍文集》（上海：上海科學技術文獻出版社，2002），頁604。
〔註41〕張元濟致葉景葵函（1939年8月1日），《張元濟書札（增訂本）》上冊，頁287。
〔註42〕顧廷龍，〈創辦合眾圖書館意見書〉，頁606～607。關於合眾圖書館的編目問題，另
　　　　可參閱：張元濟致葉景葵函（1939年8月16日），《張元濟書札（增訂本）》上冊，
　　　　頁287；張元濟致顧廷龍函（1939年8月30日），《張元濟書札（增訂本）》下冊，
　　　　頁883。
〔註43〕顧廷龍，〈創辦合眾圖書館意見書〉，頁608～609。

當有深深的感觸。〔註44〕所以，張氏與顧廷龍極爲投契，舉凡古籍整理、編目等等問題，顧廷龍均就教於張氏，而張氏亦傾囊相授，毫無私留。〔註45〕

1941 年 8 月，合眾圖書館成立董事會，除葉景葵、張元濟、陳陶遺三位發起人外，另增加陳叔通、李拔可二人爲董事。舉陳陶遺爲董事長，並藉陳叔通管理長才擬定圖書館組織大綱與董事會辦事規程。〔註46〕合眾圖書館於焉成立，董事會諸公更先後捐贈藏書來豐富館藏，並影響其身邊友朋，陸續捐贈珍藏（表 3-1-1），其中又以張元濟一人捐贈最多，共分三類：第一類，嘉興府前哲遺著 476 部 1822 冊。第二類，海鹽先哲遺徵 355 部 1115 冊。第三類，張氏先世著述、刊印評校、收藏之書 104 部 856 冊。

合眾圖書館成立時，張元濟即將第一類藏書贈與圖書館典藏，另分批將第二、三類藏書采寄存的方式暫存於合眾圖書館（表 3-1-2），待他日故鄉海鹽有圖書館之設，方將這兩批書移至海鹽典藏。後因戰禍綿延不知終日，文化建設之願無異癡人說夢，逐決定永久贈與合眾圖書館庋藏。

表 3-1-1　合眾圖書館初創時所收各界藏書一覽表

捐贈者	所　捐　贈　藏　書　類　別
葉景葵	捐贈其全部藏書含抄校本、先儒未刊稿本、近代考古報告、各種學術論文的學報期刊
蔣仰卮	多爲印本較早的四部書
李拔可	近時人的詩文別集
陳叔通	《多暄草堂師友手札》、清末新學書刊
葉恭綽	山水、寺廟、書院等志以及親朋書札
胡樸安	經學、文字學、佛學書籍以及親朋手札
顧頡剛	近代史料方面書刊
潘景鄭	清人傳記資料及大宗金石拓片
周志輔	幾禮居戲曲文獻
胡惠春	明代刊本及名家校本

本表參考資料：顧廷龍，〈張元濟與合眾圖書館〉，頁 561～562。

〔註44〕1928 年，張元濟至日入靜嘉堂觀書亦有斯歎。詳見：《張元濟詩文》，頁 9。
〔註45〕王京州、張永勝，〈顧廷龍與合眾圖書館〉，《圖書與情報》，3（2006），頁 112～117。
〔註46〕顧廷龍，〈張元濟與合眾圖書館〉，頁 561。

表 3-1-2　1941 年張元濟捐贈、寄存合眾圖書館書籍一覽表

日　期	捐　贈、寄　存　書　籍　類　別	備　　註
4 月 23 日	嘉郡先哲遺著《朴溪剩草・漱六軒詩抄》等 22 種 68 冊。	第一次捐贈
4 月 27 日	嘉郡先哲遺著《勺水集》等 4 種 19 冊。	第二次捐贈
6 月 28 日	嘉郡先哲遺著《竹雨吟草》等 26 種 67 冊。	第三次捐贈
6 月 30 日	嘉郡先哲遺著《養心光室詩稿》等 17 種 80 冊。	第四次捐贈
7 月 1 日	嘉郡先哲遺著《漱芳閣集》等 30 種 106 冊。	第五次捐贈
7 月 2 日	嘉郡先哲遺著《嬰樂園詩集》等 18 種 89 冊。	第六次捐贈
7 月 3 日	嘉郡先哲遺著《碑傳集》等 16 種 129 冊。	第七次捐贈
7 月 4 日	嘉郡先哲遺著《金匱要略論注》等 35 種 108 冊。	第八次捐贈
7 月 5 日	嘉郡先哲遺著《檇李遺書》等 60 種 205 冊。	第九、第十次捐贈
7 月 7 日	嘉郡先哲遺著《觀水唱和集》等 50 種 141 冊。	第十一次捐贈
7 月 8 日	嘉郡先哲遺著《華陔吟館詩鈔》等 66 種 251 冊。	第十二、第十三次捐贈
7 月 9 日	嘉郡先哲遺著《藝文備覽》1 種 48 冊。	第十四次捐贈
7 月 10 日	嘉郡先哲遺著《田硯齋文集》等 39 種 152 冊。	第十五次捐贈
7 月 11 日	嘉郡先哲遺著《牧庵雜記》等 26 種 165 冊。	第十六次捐贈
7 月 19 日	嘉郡先哲遺著 8 種 83 冊。	第十七次捐贈
7 月 21 日	海鹽先哲遺著《搜神記》、《唐音戊簽》、《淳村詩集》等 60 種 244 冊。〔註 47〕	第一、二、三次寄存
7 月 22 日	海鹽先哲遺著《西域考古錄》等 49 種 222 冊。	第四次寄存
7 月 23 日	嘉郡先哲遺著《遜國逸書正誤》1 種 1 冊。	第十八次捐贈
7 月 23 日	海鹽先哲遺著《聽秋館吟稿》等 7 種 26 冊。	第五次寄存
7 月 25 日	嘉郡先哲遺著《陳檢齋詩集》等 5 種 12 冊。	第十九次捐贈
7 月 25 日	海鹽先哲遺著《王氏家乘》等 6 種 16 冊。	第六次寄存
7 月 28 日	海鹽先哲遺著《餘庵雜錄》等 51 種 110 冊。	第七次寄存
7 月 29 日	海鹽先哲遺著《吉祥居存稿》等 72 種 204 冊。	第八次寄存
7 月 30 日	海鹽先哲遺著《笠漁偶吟》等 62 種 151 冊。	第九次寄存
7 月 31 日	嘉郡先哲遺著《芙蓉庵燹餘稿》等 23 種 47 冊。	第二十次捐贈
7 月 31 日	海鹽先哲遺著《澹慮堂遺稿》等 34 種 95 冊。	第十次寄存

〔註 47〕 張元濟於書目前注曰：「以下海鹽先哲遺著，擬先寄托貴館。盡可公開展閱，惟異日敝邑如有圖書館之設，仍乞許其收回，歸諸桑梓，以助鄉邦文獻之征。」，《張元濟年譜》，頁 490。

8月1日	嘉郡先哲遺著《童初公稿》等 26 種 91 冊。	第二十一次捐贈
	張氏先人著述及刊印之書《橫浦文集》、《貞居集》等 21 種 57 冊。〔註 48〕	寄存
8月2日	景印張氏先人著作《橫浦文集》、《涉園叢刻》等 5 種 46 冊。	捐贈
8月4日	張氏先人著述及刊印之書《帶經堂詩話》等 12 種 29 冊；涉園藏書 19 種 159 冊。	寄存
8月5日	涉園藏書 14 種 19 冊。	寄存
8月6日	張氏先人著述及刊印之書《才調集》等 7 種 51 冊；涉園藏書 15 種 92 冊。	寄存
8月8日	嘉郡先哲遺著《嘉興譚氏遺書》等 3 種 15 冊。	第二十二次捐贈
	海鹽先哲遺著《碧里鳴存》等 4 種 23 冊。	第十一次寄存
10月6日	海鹽先哲遺著《宮閨百咏》等 10 種 20 冊。	第十二次寄存
	張氏先人著述及刊印之書 5 種 10 冊。	寄存

本表參考資料：《張元濟年譜》，頁 488～492。

　　張元濟對於合眾圖書館有著特殊的感情。戰事的曠日持久使得國家千瘡百孔，復原尚不可期，遑論建設，私家窘況將不知伊于胡底。不意葉景葵有創文化建設之議且是非營利性質取向的圖書館，館名命曰「合眾」，葉氏謂：「圖書館當公諸社會，將賴眾力以求久遠，不宜視爲一家之物。」〔註 49〕斯言斯德，不異張元濟生平圖書館之念，遂甘爲馬前卒一報知者。〔註 50〕張氏對圖書館的情愫完全釋放於此，冀其能成爲「不亞於「東方」所藏」〔註 51〕的嬝嬛福地。合眾圖書館在眾人協力之下幾次遇險皆勉力維持，中華人民共和國成立之後，1953 年 6 月 18 日，合眾圖書館正式贈與國家，由上海市文化局接管，更名爲上海市歷史文獻圖書館，今已成爲上海圖書館的一部分，持續發揮著它的影響力。

乙、文獻保存同志會的成立

　　連年的戰火，燬燼江南藏書家樓多處，但更多的是迫於生計，出售累世所藏，致珍藏零落散失，欲求一完本，除了金錢外，更重要的是幸運之神的眷顧。上海書肆一

〔註 48〕 張元濟於書目前注曰：「以下爲先人著述及刊印評校藏棄之書，現亦援海鹽先哲遺著之例寄存貴館。請公開閱覽。唯異日宗祠書樓可望恢復或本縣有圖書館之設，仍請准其領回移貯。」，《張元濟年譜》，頁 491。

〔註 49〕 顧廷龍，〈葉公揆初行狀〉，《顧廷龍文集》，頁 545。

〔註 50〕 張樹年，〈先父張元濟與圖書館事業〉，《出版大家張元濟——張元濟研究論文集》，頁 529～531。

〔註 51〕 顧廷龍，〈張元濟與合眾圖書館〉，頁 566。

時之間熱鬧喧騰了起來，常熟瞿氏「鐵琴銅劍樓」〔註 52〕；趙氏「舊山樓」〔註 53〕、蘇州「滂喜齋」、南潯劉氏「嘉業堂」〔註 54〕、張氏「適園」、南陵徐氏藏書等等祕籍

〔註 52〕 江蘇常熟的鐵琴銅劍樓乃著名藏書家瞿紹基（1772～1836）藏書之所，更歷數代瞿氏家族的努力，使搏有"晚清四大藏書樓"之譽。時屆清末，動亂紛乘，四大藏書樓各遭困阨，較諸其餘三大藏書樓（山東楊氏海源閣、杭州丁氏八千卷樓、湖州陸氏皕宋樓），鐵琴銅劍樓尚能在鬻書一途上有所控制與取捨，並且在最大的程度上將所藏善本留在國內。1940 年起，鐵琴銅劍樓第五代樓主瞿鳳起分三次向文獻保存同志會售出包括《營造法式》、《元史》、《毛詩注疏》、《宋書》等善書佳本，這對於當時參與搶救古籍工作的鄭振鐸諸人不啻一強心劑。參閱：王海明，〈瞿氏鐵琴銅劍樓藏書散佚毀失初探〉，《中國典籍與文化》，1（2002），頁 81～85。另關於鐵琴銅劍樓藏書活動梗概，可詳閱：黃國光，〈鐵琴銅劍樓藏書活動繫年述要〉（上），《文獻季刊》，3（1999），頁 125～139、〈鐵琴銅劍樓藏書活動繫年述要〉（下），《文獻季刊》，4（1999），頁 163～191。

〔註 53〕 江蘇常熟的舊山樓爲清同治、光緒年間由趙宗建（1824～1900）所築之藏書樓。其雖非如瞿、楊、丁、陸四大藏書樓赫赫有名，但其所藏之精粹則毫不遜於四家度藏。而舊山樓之名始爲外界所知悉，是透過鄭振鐸在尋訪《脉望館抄校本古今雜劇》後，究考該書源流方知其購入書肆前乃典藏於舊山樓。於是多方打探，方瞭解舊山樓所藏古籍善本質量值得密切關注，爾後在收購、影印保存古籍工作上，舊山樓所藏亦襄助甚多。後舊山樓所藏盡毀於江浙顓頊軍閥混戰之中，文人與兵痞對待文化態度之別，何啻霄壤。參閱：韓文寧，〈"小藏家"中的佼佼者——常熟趙氏舊山樓〉，《中國典籍與文化》，2（2000），頁 32～35。

〔註 54〕 1920 至 1924 年間，劉承幹（1882～1963）挾其祖業（湖州烏程南潯劉氏的絲業）所積累的財富，靡金數十萬，構築一私家藏書樓，以爲其先前在上海所蒐購江南藏書諸家珍本的永存之地，樓成以「嘉業堂」名之。劉承幹後來便以嘉業堂爲基，開始其爲善本古籍續命的工作：巨金延聘著名的目錄、版本專家如繆荃蓀、葉昌熾、董康諸人爲顧問，編刻大型古籍；以所藏珍本與王國維、張元濟、吳昌碩、鄭孝胥、羅振玉等精擅古籍鑑定方家交流，並且以優厚的條件吸引刻書、鐫版、裝訂之良工爲其工作。先後刻印書籍流傳共有二百多種，嘉惠專家學者無數。由此可觀察出劉承幹之藏書異於一般藏書家之處——旨在刊佈公世，而非守藏傳家。最顯著的例子便是商務印書館在影印編校《四部叢刊》時，其中有十八種珍本皆商借於嘉業堂所藏，而在這之中的宋刻《監本纂圖重意互注點校尚書》、《重校鶴山先生大全集》更屬海內孤本的絕品，劉承幹竟能聽任商務印書館將其拆頁攝影翻印，其胸襟之闊，可見一斑。抗戰之前，劉承幹因家中開支浩繁，開始有鬻書之舉，大多售予國內藏書家或圖書館與研究單位（如手抄《明實錄》悉售中央研究院）。參閱：黃建國，〈嘉業堂藏書樓出現的歷史背景與社會原因〉，《杭州大學學報》，21.3（1991），頁 79～85。然而，抗戰期間，劉氏再度面臨生活的煎逼，再加上日本在華機構：大連滿鐵株式會社與上海同文書院均表態希望整批收購嘉業堂藏書，且許多中國知識份子爲其居中牽線，大有古籍珍本外流東瀛的態勢。詳見：張廷銀、劉應梅整理，〈嘉業堂藏書出售信函（上）〉，《文獻季刊》，4（2002），頁 234～251、〈嘉業堂藏書出售信函（中）〉，《文獻季刊》，1（2003），頁 257～268、〈嘉業堂藏書出售信函（下）〉，《文獻季刊》，2（2003），頁 230～250。因此文獻保存同志會便與之聯繫，希望盡最大的努力將嘉業堂所藏盡留國內，後來經由文獻保存同志會所購置的嘉業堂珍本於戰

均在書肆上「拋頭露臉」。書賈大多喜歡挾書北賣，因北方主顧多，出手亦較闊綽，遂致使南方本地人往往收其糟粕。

問題在於北方的兩大買主：一為美人主持的哈佛燕京學社（Harvard-Yenching Institute）〔註55〕；一為日人控制的華北交通公司，古籍善本嚴重外流，鄭振鐸憂心如焚的表示：「這些兵燹之餘的古籍如果全都落在美國人和日本人手裡去，將來總有一天，研究中國古學的人也要到外國去留學。」〔註56〕感念於此，鄭振鐸便聯絡滬上一些關心文獻的人士，研擬對策。後由鄭振鐸、張元濟、張壽鏞（1876～1945）、何炳松（1890～1946）、張鳳舉（1895～？）等聯名致電重慶政府相關部門要求撥款搶救流散圖籍。1940 年 1 月 10 日，重慶國民政府教育部覆來二電，一為國民黨中央宣傳部長兼中英庚款董事會董事長朱家驊（1893～1963）所拍；一為朱家驊與國民政府教育部長陳立夫（1900～2001）聯拍：

> 何張夏鄭　先生均鑒：歌電敬悉。關心文獻無任欽佩，現正遵囑籌商進行。
> 謹此奉覆。弟朱家驊叩
> 張何夏鄭六先生大鑒：歌電奉悉。諸先生關心文獻，創議在滬組織購書委員會，從事搜訪遺帙保存文獻，以免落入敵手流出海外，語重心長欽佩無既。惟值此抗戰時期，籌集巨款深感不易，而匯劃至滬尤屬困難。如由滬上熱心文化有力人士共同發起一會，籌募款項先行搜訪，以協助政府目前力所不及，將來當由中央償還本利收歸國有。未識尊見以為如何？謹此奉覆。佇候明教。弟朱家驊、陳立夫同叩〔註57〕

二封覆電無關痛癢，大意「如擬」云云，經費無著一切都是空談。鄭振鐸伏讀過後旋照抄一份函送張壽鏞處，信中寫道：「閱後付丙可也。」〔註58〕其失望可想而知。

蔣復璁（1898～1990，1933 年起，擔任中央圖書館館長一職直至 1949 年。）的

後由國民政府向日方索回，庋藏於中華民國中央圖書館。參閱：李性忠，〈鄭振鐸與嘉業堂〉，《圖書館工作與研究》，1（2001），頁 69～70。

〔註55〕關於哈佛燕京學社的中文紹介可詳閱：張鳳，〈哈佛燕京學社七十五年星霜〉，《漢學研究通訊》，22.4（2003），頁 23～34。另外相關的中文研究討論至為詳盡者為：張寄謙，〈哈佛燕京學社〉，《近代史研究》，5（1990），頁 149～173。該文後來收入：章開沅、林蔚主編，《中西文化與教會大學》（武漢：湖北教育出版社，1991），頁 138～163。而陶飛亞、梁元生則根據藏於香港中文大學宗教研究中心的美國亞洲基督教高等教育聯合董事會檔案（微卷）對張文提出討論與修正。詳見：陶飛亞、梁元生，《《哈佛燕京學社》補正〉，《歷史研究》，6（1999），頁 157～164。

〔註56〕鄭振鐸，〈求書日錄〉，頁 137。

〔註57〕鄭振鐸致張壽鏞函（1940 年 1 月 10 日）附件：〈朱家驊、陳立夫來電抄件〉，《鄭振鐸全集》第 16 卷，頁 4～5。

〔註58〕鄭振鐸致張壽鏞函（1940 年 1 月 10 日），同上註，頁 4。

到滬使得搶救古籍一事透出一線曙光。蔣氏明言教育部已決心搶救各藏書樓散出之古籍，經費概由「中英文教基金董事會」支付。〔註59〕至於主持者人選，蔣氏擬推張元濟擔任，惟張氏當時正忙於《也是園古今雜劇》的編校且又兼負合眾圖書館藏書版本鑒定工作，分身乏術遂力辭不就。〔註60〕於是另舉張壽鏞總理一切。時任光華大學校長的張壽鏞，本身亦是有名的藏書家，另外還具財經專才〔註61〕，身膺此任，遠較張元濟合適。1940年1月19日，諸人在張元濟宅邸研擬購書具體辦法〔註62〕，最後議決以整批搜購江南諸藏書家樓珍藏為主，旁及書肆上零星之孤本、善本等等。〔註63〕並依個人所長分別委以專責：鄭振鐸、張鳳舉負責采訪；張元濟負責鑒定宋元善本；何炳松、張壽鏞負責保管經費。至此，搶救古籍一事方塵埃落定。〔註64〕

搶救古籍的第一件工作就是收購「玉海堂」藏書。1940年1月24日，鄭振鐸、張元濟赴書賈孫伯淵處觀覽玉海堂藏書，張、鄭二人反應截然不同，一冷一熱，殊堪玩味。張氏「見多識廣，普通書甚難入眼。這批書似無甚足以使他留連驚喜者。」，而鄭氏確覺箇中有些善本「數數翻閱，未肯釋手」。〔註65〕張氏認為玉海堂藏書似

〔註59〕據蔣復璁自己事後回憶，他當時化名為蔣明叔從香港潛赴上海，與張壽鏞、何炳松密商收購善本事宜。按蔣氏原意，本欲將所收購之珍本全數運交香港馮平山圖書館，再轉美國國會圖書館暫存，俟抗戰勝利後再予以運回。但當時教育部命令需於每一本書內加蓋中央圖書館之印，遂因此誤了船期。香港淪陷後，此批書被日人劫掠置於東京帝國圖書館。抗戰勝利後，顧毓琇（1902～2002）至該處參觀，就因為書中所印記的圖章，認出是中央圖書館館藏物，遂由政府向日方索回。參見：蔣復璁等口述；黃克武編撰，《蔣復璁口述回憶錄》（臺北：中央研究院近代史研究所，2000），頁58～59。

〔註60〕當時蔣復璁仍然囑意由張元濟來主持搶救古籍的工作，多次勸進仍無法挽張氏辭退之心，他人來勸說亦無所獲，甚至於何炳松、鄭振鐸二人還吃了張元濟閉門羹，鄭氏事後在其日記上憤憤的寫道：「至菊生先生處，以病辭，未見。頗為不快。」鄭振鐸，〈求書日錄‧日記〉，頁151～152。

〔註61〕張壽鏞曾任北洋政府浙江省財政廳長、淞滬道尹、國民政府財政部政務次長、江蘇省財政廳長。俱見張氏財經專長且具實務經驗，理財募款自有其道。參閱：俞信芳，《張壽鏞先生傳》（北京：北京圖書館出版，2003），頁27～131；《鄭振鐸全集》第16卷，頁3。

〔註62〕張壽鏞因恙不克前往乃轉托鄭振鐸轉達其意見：（一）對外宜縝密，以暨大、光華、涵芬樓名義購書。（二）款宜存中央銀行。詳見：鄭振鐸，〈求書日錄‧日記〉，頁155。

〔註63〕原眾人議決以收購大藏書家之書為主，鄭振鐸獨排眾議，力言應該仿黃丕烈「千金買馬骨」的辦法，多端收書才能免顧此失彼之弊。最後經討論後決定，凡值得保存之書，悉為國家保留之。詳見：鄭振鐸，〈求書日錄〉，頁131；〈求書日錄‧日記〉，頁155。

〔註64〕關於文獻保存同志會與中央圖書館合作，協力搶救古籍之梗概可參閱：林清芬，〈國立中央圖書館與「文獻保存同志會」〉，《國家圖書館館刊》，1（1998），頁1～22；沈津整理，〈鄭振鐸致蔣復璁信札（上）〉，《文獻季刊》，3（2001），頁249～275、〈鄭振鐸致蔣復璁信札（下）〉，《文獻季刊》，1（2002），頁216～231。

〔註65〕鄭振鐸，〈求書日錄‧日記〉，頁157～158。

乎名過其實,無收購之價值;鄭氏卻認爲玉海堂藏書雖未臻上乘,但棄之可惜,仍擬整批收購。〔註66〕

張、鄭二人所負責之工作本有極高的同質性,且在「整批搶救」的原則上,鄭氏有意藉此打響名號致使「江南一帶所出古書,必須先經我輩閱過,然後再售。然做到此地步,所費時力,已是不少矣。一二月後必可辦到全部好書不致漏失,且使平賈問津無從也。」〔註67〕鄭氏的做法雖有可議之處,但非常時期不得不使非常之手段。既曰「搶救」,講究的就是時效性,「囫圇吞棗」終究還勝「精鑒詳賞」。

雖然與鄭振鐸頗有齟齬,但是僅止於做事方法的不同,愛護古籍之心實無二致,況且得便綜覽祕籍,對張元濟來說身外的毀譽誠不足論矣。而鄭振鐸亦非行事孟浪之人,書賈送來待沽的古籍皆能檢呈張元濟處,候張氏一一閱定,彙整張氏與自己的意見後即送呈張壽鏞作決。然鄭氏多端收書的辦法,雖然短時間內搶救了不少古籍,但時間一久,已現左支右絀之疲態,非至彈盡援絕不可。戰局的蹙迫使得書價日昂,鄭振鐸不得不開始有計畫的購書,並將經費作一計畫分配,使得有限經費做出最大的利用。(表3-1-3)

鄭振鐸並按時依工作日程撰寫第一至九號秘密工作報告書給蔣復璁,這些資料不但使後人一窺其間工作之梗概,也藉此留下了一份珍貴的版本目錄史料。〔註68〕(詳見附錄一)文獻保存同志會一直運作到太平洋戰爭爆發時才結束,短短的兩年內,搶救了無數的重要文獻,「我們創立了整個的國家圖書館」〔註69〕,一句話道

〔註66〕鄭振鐸,〈求書日錄・日記〉,頁160。
〔註67〕鄭振鐸致張壽鏞函(1940年2月23日),《鄭振鐸全集》第16卷,頁10。另有一事亦足資證明此種情形。有一次書肆送來《仁宗大事檔案》二十冊,索價三百元。張元濟閱後直覺「不過專記喪儀,無關他事。尊意還價貳百元,未免太貴。弟意可不購,即購,至多亦不過兩、三元一冊耳。(書太無用,鄙見仍請勿收爲是。)」;然鄭振鐸卻認爲「大事檔案並非無用之史料,還以二百,雖似昂,而實則在望其能有好書續來也。此人專走常熟一帶,常有好抄本書攜滬,均爲平賈所得。故此次擬以高價購之,俾其後所得書不致漏失。」參閱:張元濟致鄭振鐸函(1940年2月22日),《張元濟書札(增訂本)》中冊,頁805;鄭振鐸致壽鏞函(1940年2月23日),《鄭振鐸全集》第16卷,頁9。由此看來,〈文獻保存同志會辦事細則〉中第五條規定:「重要之宋元版及抄教本圖書在決定購買之前,應分別延請或送請各委員鑒定」解釋空間很大,鑒定的結果只是作爲購買的參考依據罷了。其餘相關規定詳見:鄭振鐸致張壽鏞函(1940年2月4日)附件:〈文獻保存同志會辦事細則〉,《鄭振鐸全集》第16卷,頁6～7。
〔註68〕詳見:陳福康整理,〈鄭振鐸等人致舊中央圖書館的祕密報告〉,《出版史料》,1(2001),頁87～100;〈鄭振鐸等人致舊中央圖館的祕密報告(續)〉,《出版史料》,1(2004),頁102～104。
〔註69〕鄭振鐸,〈求書日錄〉,頁135。

盡了文獻保存同志會的貢獻。然其間辛苦無以名狀，也許鄭振鐸一生中都在玩味的一句話頗能描繪一二：「狂臚文獻耗中年」〔註70〕讀來令人覺得悲壯。

表 3-1-3　文獻保存同志會購書、經費計劃一覽表

今後購書之目標	「四庫」著錄各書之乾隆以前刊本、抄校本，即乾嘉以來與「四庫」本不同之抄校本	
	「四庫」存目各書	
	「四庫」未收書	甲、乾隆以前著述
		乙、乾隆以後著述
	禁書目錄所著錄各書	
	前代及近代叢書	
	清末以來之報章、雜誌	
工作指示	已購各書，盡快編分類書目備查	
	未備各書，開單（分緩急二項）採購	
	盡快在一年以內設法多購（一）至（四）類各書	
	在半年以內設法全購（五）類各書，多購（六）類各書	
今後經費分配計畫	劉晦之藏宋本 9 種	約 55,000 元
	劉晦之藏其他重要宋元本及抄校本	約 50,000 元
	嘉業堂善本書一部分	約 200,000 元
	張芹伯藏宋元本及明刊善本、抄校本	約 300,000 元
	張蔥玉藏宋元本及明刊本、抄校本	約 40,000 元
	徐積餘藏抄校本	約 30,000 元
	平、滬各肆善本	約 50,000 元
	零購　　　　　　　　　每　月	約 5,000 至 10,000 元
	一　年	共約 100,000 元
	新　書	約 20,000 元
	臨時費、辦公費，包括薪金、木箱、紙張及其他購置零用。以每月八九百元計，一年共約 10,000 元。	約 10,000 元
	現存，約 40,000 元，續到 800,000 元，相差 10,000 元左右，有伸縮餘地。	

本表參考資料：鄭振鐸致張壽鏞函（1940 年 7 月 29 日），《鄭振鐸全集》第 16 卷，頁 86～87。

〔註70〕鄭振鐸，〈求書日錄〉，頁 131。

第二節　「孤島」時期商務印書館的勞資糾紛

一、怠工——一場寧靜的職工訴求

抗戰時期，百業蕭條，王雲五鑒於此時失業將不易再得業的環境，深恐「庸懦者無以為生，狡黠者或不免流入歧途」〔註71〕所以為了國家社會前途計，遂主張維持全體職工不使辭退一人。縱使無工可做，仍予以半薪，仍在工作的同仁包括王雲五本身則支領折扣後的薪餉，折減所得的金錢和公司節省耗廢所得均一並納入維持停工同仁生計所需經費。另一方面則積極復業採行以工代賑之策，希冀人人有工可做，不使職工們「全數虛糜」〔註72〕。至1939年7月，王雲五認為商務印書館復業有成，遂提議恢復全體人員薪水，經兩次董事會議議決通過。〔註73〕接著王雲五還建議按各地的物價情形，酌量加給津貼。話說的很含蓄，職工們反應如何？1939年8月的怠工活動，給了我們一個明確的答案。

儘管此時已恢復戰前的薪資，仍不荷物價飛漲之苦，職工生活無以為繼，紛紛要求館方改善工資待遇。幾次談判未果後，職工們於是決定採取進一步的行動，讓館方正視他們的訴求。1939年8月，由商務印書館發行所職工策動怠工活動，門市部照常開門但不對外營業，這些被目為商務印書館「會說話的活動櫃檯」〔註74〕決定善用自己對外的宣傳能力，店裡貼著何以要怠工的說明，遇有顧客上門，即鼓動如簧之舌說明原委爭取其同情與諒解。

影響所及包括威海衛路的辭源增訂處、九江路工場、石路工場三處的職工亦宣告全體加入怠工行列，一時聲勢浩大，館方不得不予以重視，擔心任由其發展下去一來會影響秋季熱銷的營業；再者會演變成罷工風潮幾至不可收拾的地步。館方遂派協理李澤彰、鮑慶林為資方代表與職工們協商，最後雙方達成協議，採用食糧貼補的辦法代以工資的調整，也就是說按照每位職工家屬的人數多寡給予米貼，最多的增加十二元，最少的不少於三元。〔註75〕是年9月4日職工們開始復工，為期14天的怠工宣告結束。

〔註71〕王雲五，〈幾個"專家"的頭銜〉，《王雲五先生年譜初稿》第一冊，頁361。

〔註72〕張元濟致王雲五函（1938年11月3日），《張元濟書札（增訂本）》上冊，頁207。

〔註73〕王雲五的這項提案經商務印書館董事會第435、436兩次會議討論後方才通過。且兩次會議僅間隔兩天，從時間上的緊迫度看來，王氏當予相當的壓力於董事會上。其希望能盡快通過付諸實行的真正原因，乃欲徹底解決1939年5月以來職工要求加薪的問題。詳見：《張元濟年譜》，頁469。

〔註74〕黃警頑，〈我在商務印書館的四十年〉，《商務印書館九十年》，頁91。

〔註75〕《上海商務印書館職工運動史》，頁113。

這次的怠工活動，有別於以往武鬥爲主的激烈抗爭手段，代之而起的是以文鬥爲軸的理智軟性訴求。從其一開始就決定採怠工而非是罷工的方式來進行抗爭，就可以鮮明的看出此中的差別，這種職工們爲達到某種目的或取得某項利益，在特定日期內，故意降低工作效率的行動，其高明之處就是不容易讓人抓住把柄以之要脅，所以資方不容易找到施力點予以運作。相對而言，這種抗爭方式畢竟過於溫和，收效難測，須適時適地隨時評估相關的有利因素使之成爲抗爭的動力，否則時間一久將流於懶散，不待外力即嘎然而止。這次商務印書館發行所職工們所策劃的怠工活動之所以成功，就是佔有多項有利因素所促成的。

二、戰時的營運方針

從 1937 年 10 月王雲五坐鎮香港運作商務印書館戰時體制至 1941 年底，商務印書館在香港、上海兩地開展了一個穩定生產的局面，期間兩地共出版新版新書 2352 種 3695 冊；新出大部書 9 部 3266 種 4698 冊；新出各類教科書 155 種 247 冊。（表 3-2-1）這個現象只能說明商務印書館的仍具出版能力，而非呈現其盈利事實。與此同時，同業中之大東、中華兩書局因承印鈔券而獲利倍蓰，更遠非商務印書館純粹出版所得蠅頭小利所能比擬，館中開始出現要求多爭取此種承印鈔券業務的聲音。

表 3-2-1　1937～1941 年商務印書館出版新書狀況

分　類		種數	冊數
新版新書		2352	3695
新出大部書	叢書集成第 3～6 期書	2311	2200
	萬有文庫第 5 期書	172	452
	萬有文庫簡編	500	1200
	縮本四部叢刊初編第 3 集書	105	200
	東方文庫續編	46	50
	國立北平圖書館善本叢書	12	70
	民眾基本叢書	64	80
	中學國文補充讀本	50	80
	百衲本二十四史第 6 期書	6	366
	小　計	3266	4698
新出教科書		155	247
5 年合計		5773	8640

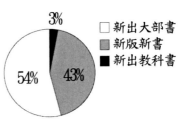

1. 新版新書是指刊登在《東方雜誌》「（每週）初版新書」廣告頁內的書籍。
2. 新出大部書是指預購的多冊大部書。《景印宋元善本叢書十種》冊數上雖歸類爲大部書，但因其價昂，鎖定對象銷售，特別在「（每週）初版新書」廣告，故列入新版新書計。

本表參考資料：汪家熔，〈抗日戰爭時期的商務印書館〉，《商務印書館史及其他》，頁 157。

代印業務商務印書館並不陌生，但始終有所控制，總以不逾出版本業爲主。〔註76〕甚至於在淞滬戰後，商務印書館爲彌補書籍業務之損失，積極爭取此等有價證券的印刷業務，其代印額度亦僅佔當年總營業額的百分之四弱，爾後隨著戰爭的持續擴大，代印量雖有逐年增加的趨勢，但至多不曾超過總營業額的百分之十六。（表 3-2-2）

究其原因「責任既重，競爭尤烈，設備需款亦多」，尤其受限於最後一個原因，商務印書館的因應是「盡量利用舊有者，務以不添購爲原則。」〔註77〕加上在復業之初，以重印被毀圖書爲急務，所以代印業務始終是處於見縫插針式的利用，較諸中華、大東等同業在代印上的專心一致，其收益自未可同日而語。在商言商，商務印書館畢竟是一個營利的私人企業，眾多股東們所關切的問題就是如何獲取更多的利潤？尤其是處在這樣一個戰氛熾烈的環境中，經濟大幅的衰敝，物價一日數漲，全國上下普遍求「財」若渴，要維繫商務印書館如此龐大的企業使得數千餘職工給養無虞，誠非易事。〔註78〕

表 3-2-2　戰時（1937～1940）商務印書館代印所占營業額比例表

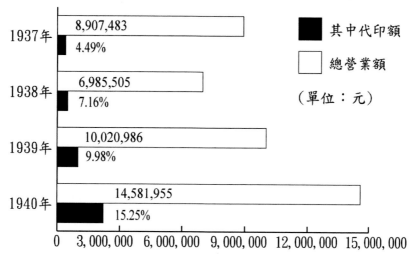

〔註76〕王雲五嘗言：「我對於商務印書館的業務，始終係持以出版爲主的方針，因此，在戰時許多出版家雖已改營印刷業，或以印刷業爲主者，商務獨不爲一時之利而變更其政策。」參閱：《王雲五先生年譜初稿》第一冊，頁333。

〔註77〕商務印書館董事會第 434 次會議記錄，詳見：汪家熔，〈抗日戰爭時期的商務印書館〉，《商務印書館史及其他》，頁144。

〔註78〕呂思勉就曾提出「已非大資本不能營書業」的說法。詳見：呂思勉，〈三十年來之出版界（1894～1923）〉，《呂思勉遺文集》上冊（上海：華東師範大學，1997），頁382。

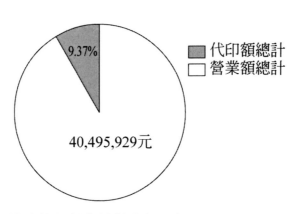

戰時代印額占總營業額比例圖
1937年~1940年

本表參考資料：汪家熔，〈抗日戰爭時期的商務印書館〉，《商務印書館史及其他》，頁 145。

　　1941 年，對日戰爭已滿四年，戰局的發展似乎與蔣委員長所宣稱的「敵人業已師老兵疲，而我們的戰鬥力量與攻擊精神，實方興未艾。」〔註79〕有些差距。但總觀戰事全局而言，中日雙方均深陷泥淖不可挽救，傷亡枕藉勉強堆砌出了勝與敗，只是「慘勝」、「慘敗」的結果徒具宣示的象徵作用，對於實質上的軍事行動而言則毫無意義，侵略與被侵略者同樣枷著崩潰的經濟桎梏。

　　上述的窘況在中國更為不堪，再加上人謀不臧，致使中國經濟隳壞殆盡，餘響所及甚而牽連至抗戰勝利後國共的內戰。1941 年夏初，戰情加劇，國軍的裝備、食糧等後勤補給作業因為整體經濟環境的困難而顯得蹇促。政府軍需孔急，遂議決提高鈔票印量，以解燃眉。此舉不異為飲酖止渴，一昧地增印鈔票的數量，而無準備金作其「質」的保證，日後無力稱提，嚴重的通貨膨脹問題將致使千瘡百孔的經濟環境益形惡化。

　　精明幹練如王雲五者，不會沒有看出這一點，從其總是克制商務印書館代印政府的有價證券一事，即可看出王氏對戰時經濟環境的瞭然於心。另外一個有力證明是王雲五在 1939 年國民參政會第一屆第四次大會中針對當時法幣一再貶值的情況籲請政府注意，提議「另定一種法價供給外匯於特定之工業」〔註80〕預防通貨膨脹

〔註79〕〈抗戰的新形勢與全國努力的方向〉，民國 30 年 3 月 1 日主持第二屆國民參政會第一次大會開會講，《蔣公總集》卷 18，頁 62。

〔註80〕王雲五提案另定一種法價供給外匯於特定之工業，俾其購買必要之外國機器與原料。其中關於享受此種優待廉價之工業種類概分為三類：（一）與國防有關之工業；（二）與文化教育有關之工業；（三）與西南西北各省建設有關之工業。並規定要符合「純粹國人所經營，並經我政府註冊之公司。」王雲五，《岫盧八十自述》，頁 264～265。

問題窒礙了國家工業的發展與建設。由此可見經濟問題的運籌一直是王雲五的強項。

那麼究竟是什麼原因使得王氏「知其不可為而為之」？王雲五本身並未對此做過任何說明，甚至關乎王氏的研究專著亦不述及此事，不過在其一次公開演講中，約略透露出一些端倪：「所謂科學管理，就是會打算盤，但是會打小算盤的，還須打大算盤。」〔註81〕一言以蔽之，就是大利與小利之拿捏。為了國家的大利計，縱虧損個人的小利亦在所不惜。這也就說明了1941年商務印書館承印政府鈔券一事的最終理由——適應國家的需求。在這個原則下，王氏修正其出版方針開始讓商務印書館承印大量的政府有價鈔券，投入大量的資金購買紙張原料、機器設備及添僱工人等等，幾耗罄公司存款。

按照王雲五自己的估算，此舉雖然極其冒險，然如能安然撐過一年，將有相當之盈餘，爾後則坐收奇贏，對於戰時商務印書館的維持當有相當之裨益，且此舉亦能稍紓解上海千餘職工無工可作之窘況。詎料自1939年以來上海總館方面勞資糾紛問題的積累，終至1941年4月爆發了罷工風潮，罷工持續了近三個月的時間，不但造成滬廠印刷出版的停頓，也使得港廠需加僱臨時工以應承印有價鈔券業務，這就造成後來所謂「太平洋戰事發生過早，商務因承印鈔票所投資本尚未收回，而所僱臨時工人多至千數，事起倉卒，遣散之費至巨，商務書館因此所受經濟上之損失不少。」的局面。〔註82〕

1939年商務印書館同人會散發《告股東及社會人士書》抨擊王雲五、李拔可、鮑慶林諸君，隱隱透著館中即將多事之兆，董事會旋致函王雲五籲請其「移駕范滬，就近指揮」。〔註83〕時王氏人在重慶參與國民參政會第一屆第四次會議，當然不克赴滬指揮，而且王氏估量當時孤島的政治現況，又怎是如其與國民政府關係深厚者所能安身其中。張元濟亦體察到這一點，遂有1940年隻身赴港與王雲五就館事互相交換意見的情事。〔註84〕從是年6月7日張元濟寫給王雲五的信中可知前述香港之行最大目的就是工潮的預防與措置：

> 此間尚未有何事件發生，然料恐難免。弟已告拔翁，萬一息工，只可聽其
> 自然，萬勿焦急。鄙意屆時擬請來電，照在港時所談步驟，通告息工期內，

〔註81〕王雲五，〈幾個"專家"的頭銜〉，《王雲五先生年譜初稿》第一冊，頁361。

〔註82〕王雲五，《商務印書館與新教育年譜》，頁750～751。

〔註83〕商務印書館董事會第437次會議記錄，詳見：《張元濟年譜》，頁470～471。

〔註84〕有研究者指出，要一位高齡的董事長隻身前往香港去找正值春秋鼎盛的下屬商量，此事實屬悖謬。然深究其實，商務印書館戰時體制中規定以總經理為最高統御者，公司概由總經理主持一切。硬要以此說成是王雲五的拿翹，似有欠周詳。參閱：汪家熔，〈抗日戰爭時期的商務印書館〉，《商務印書館史及其他》，頁137～138。

薪水照扣。如有被迫無法作工者，向指定律師處聲明，照給半薪。〔註85〕
由此可見，上海總館並不安寧，稍早張元濟在一封寫給李拔可的信中文末談到「請告文具櫃諸君，應將心思用在公事上。」〔註86〕似乎有感工潮將再起，遂未雨綢繆預作準備。果不其然，1941 年 4 月，職工們派代表向協理鮑慶林要求加薪，以付生活開銷。鮑氏答以此事需呈報王總經理作決，數日後，王雲五回覆道：「公司當局之困難，實無法增加待遇。」〔註87〕職工聞訊後，決定師前故智，採取怠工的方式來進行抗爭。

王雲五早在 1940 年就面授張元濟應付怠工的八字真言：「聽其自然，萬勿焦急！」所以館方的態度十分強硬，5 月 19 日商務印書館在上海各大報紙刊登啓事，大意如下：

一、留用同人，需另行簽訂契約。

二、移調分館、廠、棧同人，均要在五月底以前啓程，其不遵調者，解僱。

三、不續約的同人，其薪水結至五月底為止，並加發三個月薪水。〔註88〕
職工聞訊大譁，咸認館方無意談判，於是決定採取激烈抗爭的手段來擴大社會的影響力壓迫資方就範，一場標舉反解僱的鬥爭於焉展開。

整個事件中雙方僵持不下的就是對於「解僱」詮釋的不同。勞方堅持「公司於業務上需要添員時，應絕對選用此次被裁即被調不去同人。」；「俟戰事終了，絕對無條件恢復全體工作。」〔註89〕而資方則對解僱一事採取斷然處置，不容任何置喙。儘管工部局工業科介入調停，雙方仍堅持己見，調解幾瀕於破裂。後來至 6 月 19 日，在館方承允「公司業務上需要員工時，保證盡先錄用舊職工，惟公司不受任何條件的約束。」〔註90〕，雙方簽字達成協議，結束了近三個月的勞資對立。在這次鬥爭中，館方態度始終強硬，即使在簽字前所做的承諾亦只是口頭表示而無行諸文字契約，根本不具任何保證。尤其是那一句「惟公司不受任何條件的約束」頗顯霸氣，這在歷來商務印書館職工運動史中更屬罕見。揆度箇中原委，最大的因素就是抗戰徹底改變了商務印書館的企業體制。

首先是商務印書館戰時體制的運作。商務印書館自王雲五擔任總經理後，公司

〔註85〕 張元濟致王雲五函（1940 年 6 月 7 日），收入：王雲五輯印《岫廬已故知交百家手札》（台北：台灣商務印書館，1976），此書無頁碼。

〔註86〕 張元濟致李拔可函（1940 年 1 月 6 日），《張元濟書札（增訂本）》中冊，頁 546。

〔註87〕 《上海商務印書館職工運動史》，頁 117～118。

〔註88〕 《上海商務印書館職工運動史》，頁 121。

〔註89〕 《上海商務印書館職工運動史》，頁 125～126。

〔註90〕 《上海商務印書館職工運動史》，頁 127。

之行政已由會議制改爲獨任制，由總經理主持一切。抗戰爆發後，商務印書館之體制順勢改爲戰時之體制，更加強化了總經理的職權，再輔以王雲五個人旺盛的工作精力與強烈的企圖心，深具戰鬥力的總管理處應運而生。其次是孤島時期的滬上總館囿於租界一隅伸展有限，戰時體制下又淪爲駐滬辦事處受總管理處指揮，權力日益萎縮且度支端賴港廠補給，淞滬戰後滯滬職工不下千餘人食指浩繁，王雲五欲藉工廠內遷調動職工，一來使職工們有工可做不致閒散生事；二來紓解總館方面的經濟壓力，最終則期望有效分散上海職工不使其聚集一地醞釀工潮要挾館方。所以王氏對於拒不奉調之職工當有相當的警覺。

　　尤其是王雲五在 1941 年開始允諾讓商務印書館承攬大量的政府鈔券印件，職工之配合與否當直接影響此等業務之成敗，不得不慎行其事。王氏衡鑑單恃上海職工風險過高，於是在香港臨時僱工 1200 人，除包封工作外，另專責檢查套色是否準確和復點鈔票號碼。〔註91〕如此又大大降低了滬上職工的價值，所以 1941 年上海職工們所發動的抗爭活動，早已失卻其搏鬥籌碼，只能按照資方的劇碼來播演，資方解僱大鍘一揮，職工們工作尚不能保，更遑論做任何訴求。順利解決此次勞資糾紛問題後，王雲五式的強勢領導愈形成熟，處此非常時局中統御著商務印書館同人在文化出版的道途上繼續奮鬥。

第三節　汪精衛與商務印書館

一、汪精衛與張元濟的交誼

　　1940 年張元濟有感近來國人人格墮落日盛，欲重印其所著《中華民族的人格》一書來「發言警眾」。〔註92〕觀是書前言，其疾言厲色指摘漢奸無行說道：

> 爲什麼又會有求生害仁的人呢？爲的是見了富貴去營求它；處在貧賤去避免它；遇著威武去服從它。看得自己的身體越重，人們本來的良心就不免漸漸地消亡。貪贓枉法也不妨；犯上作亂也不妨；甚至於通敵賣國也可以掩住自己的良心做起來。只要搶得到富貴，免得掉貧賤，倘然再有些外來的威武加在他身上，那更什麼都可以不管了。〔註93〕

正如同張氏自己所言，是書之作實「鑒於當時殷汝耕之冀東獨立，痛吾國人格墮落，

〔註91〕汪家熔，〈抗日戰爭時期的商務印書館〉，《商務印書館史及其他》，頁 146。
〔註92〕張元濟致胡適函（1940 年 3 月 26 日），《張元濟書札（增訂本）》中冊，頁 834。
〔註93〕張元濟，〈編寫中華民族的人格的本意〉，《張元濟詩文》，頁 274。

正在校史，憤而作此。」〔註94〕該書於 1937 年 5 月由商務印書館出版，張元濟旋寄贈諸好友「務祈指斥紕繆」，〔註95〕甚至於 6 月 25 日隨《百衲本廿四史》敬呈蔣委員長，冀望為復興民族盡一份心力。〔註96〕雖然無資料能直接證明當時張元濟曾贈與汪精衛《中華民族的人格》一書，但度其彼此交情，贈書之舉似乎頗合情理，況汪氏是當時政界中少數為張元濟傾心之人物，張氏對其實有深望焉。〔註97〕

張、汪二人初識於 1922 年，是年張氏代表商務印書館至粵考察設置廣州印刷分廠一事，汪氏極表歡迎。張元濟抵達廣州的第二晚即由汪精衛設宴為他接風洗塵，座中陪客皆為廣州軍政學界要員，〔註98〕這樣高規格的接待，顯見汪氏欲牽成此事之心跡。隔天張元濟拜會汪精衛，晤商在廣州設印刷分廠情事，據張氏該日日記所載，兩人就此事交換許多意見，汪氏言資金、土地此間皆不成問題，惟欠一熟稔此業之專門人士為其擘劃。張氏則言股本一事尚難一人作決且廣州進出口釐稅頗雜，俟公司調查員到粵，與之協商後再與以答覆。張氏離開前，汪精衛仍企圖做最後的努力：「如商務資力充足，無須此間政府以財力相助，則僅以精神相助，一切由公司自為經營，尤為便利，可與政治完全脫離。」〔註99〕可謂牽就萬分。後經董事會議決，採張元濟之提議先行在廣州租屋開辦印刷廠業務，〔註100〕此事順利通過，與汪精衛之努力當有必然的關係。

張、汪二人交情雖稱不上莫逆，但總不負相知之名。1932 年，張元濟聞江浙沿海各縣苦於散兵游勇劫掠，遂為家鄉父老請命：「仰祈轉商軍事當局，申明紀律，嚴禁騷擾。并將軍隊集中要害，不必隨地散布，俾閭閻稍稍安定，得以從事耕桑，或於安內攘外少有裨益。」〔註101〕汪精衛四天後即函達張氏已著手處理此事，其處理

〔註94〕 張元濟在華東軍政委員會所填寫的委員履歷表中，以此語說明撰寫《中華民族的人格》一書的緣由。轉引自：高平叔，〈蔡元培與張元濟〉，《商務印書館九十五年》，頁 584。

〔註95〕 傅安明，〈一篇從未發表過的胡適遺稿──紀念適之先生逝世廿五周年〉，《胡適與他的朋友》第二集，頁 181。

〔註96〕 張元濟致蔣中正函（1937 年 6 月 25 日），《張元濟書札（增訂本）》下冊，頁 1043。

〔註97〕 張元濟於 1933 年 9 月 6 日致函汪精衛，該信篇幅極長，在張氏與友朋書札中極其罕見。通篇張氏就政治之敗壞、經濟之廢弛、人才之凋零、外交之困窘等等情形愷切分析，文末更以「興邦喪邦，不能不有賴於吾兄運籌帷幄矣！」概見張氏對其之深望。《張元濟書札（增訂本）》中冊，頁 593～598。

〔註98〕 參與此次晚宴之廣州軍政學界要員除汪精衛外計有：金湘帆、鄧鏗、古應芬、許崇清、陳伯華五人。《張元濟日記》下冊，頁 1075。

〔註99〕 《張元濟日記》下冊，頁 1076～1078。

〔註100〕 商務特別董事會會議記錄，詳見：《張元濟年譜》，頁 226。

〔註101〕 張元濟致汪精衛函（1932 年 4 月 14 日），《張元濟書札（增訂本）》中冊，頁 593。

之明快，印證二人絕非泛泛之交。

1937 年 3 月，《百衲本廿四史》最後一種元至正本《宋史》出版，張元濟即於 4 月 9 日寄贈汪精衛一部，並於信中提到「如能接見，頗思一談。乞電諭。當趨詣。」〔註 102〕這個要求似乎沒能實現。時汪精衛正在為其在南京的政治地位作最後的攻防戰，大聲疾呼對日政策唯有回到其一貫主張「一面抵抗，一面交涉」模式下方能有成，「和平運動」已呼之欲出。〔註 103〕張元濟是否已洞悉汪氏對日主和之謬妄而欲有千古一勸？命運之神似乎吝於給彼此一個機會，最後汪精衛落得腆顏事敵的千古惡名。1943 年，張元濟受其友所囑題黃花崗圖，意有所指的揮毫寫道：「我嘗瞻讀新阡表，臘臘西風留墓門。舉目山河渾不足，諸公何以慰英魂。」〔註 104〕時已窮途末路的汪精衛，若讀斯言，寧無羞愧哉。

1940 年汪精衛在南京成立親日政權，是年張元濟欲重印《中華民族的人格》一書並致函胡適「乞賜小序」，其意圖至為明顯。胡、汪二人私交甚篤，胡適最初對日的態度一度與汪氏頗為貼近，甚至因此被目為「漢奸」〔註 105〕後來經與蔣委員長談話後，方知「和比戰難百倍」〔註 106〕，胡適的和平之念從此與汪精衛分道揚鑣。1940 年 8 月 6 日，張元濟再次致函胡適談到乞序一事，距上封信的時間已隔五個月之久，時局又為之一變，胡適為無所感，援筆立就斐然成章，其中有一段話頗發人深省：

> 事蹟不限於殺身報仇，要注重一些有風骨、有肩膀，挑得起天下國家重擔子的人物。故選荊軻不如選張良，選張良又不如選張釋之、汲黯。何以呢？因為荊軻傳是小說，留侯世家是歷史夾雜著傳說，而張釋之、汲黯是真實的歷史人物。荊軻是封建時代的「死士」、「刺客」，張良是打倒秦帝國的成功革命家，而張釋之、汲黯是統一帝國建設時代的模範人物。張釋之、汲黯雖然不曾「殺身成仁」，他們都夠得上「富貴不能淫，貧賤不能移，威武不能屈」的風範。中華民族二千多年的統一建國事業所以能有些成就，所以能留下些積極規模，全靠每個時代有每個時代的張釋之、汲黯做

〔註 102〕 張元濟致汪精衛函（1937 年 4 月 9 日），《張元濟書札（增訂本）》中冊，頁 598。

〔註 103〕 王克文，〈西安事變前後之汪精衛〉，收入：氏著，《汪精衛‧國民黨‧南京政權》（台北：國史館，2001），頁 219～261。

〔註 104〕 張元濟在文末批注道：「壬戌之春余有事於粵東，精衛導余至其地一游。俯仰憑弔，且遍讀其所書銘碣。追思往事，回首黯然。」張元濟，〈陳廉齋囑題黃花崗圖〉，《張元濟詩文》，頁 45。

〔註 105〕 王世杰，《王世杰日記》1937 年 8 月 7 日（台北：中央研究院近代史研究所，1990），頁 84～85。

〔註 106〕 胡適致蔣廷黻（稿），1937.7.31。《胡適秘藏書信選》上冊，頁 149。

臺柱子。這裡面很少聶政、荊軻的貢獻。〔註107〕

這雖然是一段白話文字，但隱約可感受到胡適嚴同斧鉞般的史家筆法。「慷慨歌燕市，從容作楚囚；引刀成一快，不負少年頭。」〔註108〕的汪精衛只能是聶政、荊軻之流，甚至於連張良都說不上，更遑論張釋之、汲黯等人物。

有研究者指出，汪氏是樂於當「烈士」、「刺客」的，因為如此才能塑造出「英雄形象」並以此為其最大之政治資產。〔註109〕汪精衛聲望日隆蓋導源於此，然其失敗亦拜此所賜。「烈士情結」的作祟使其行事風格近乎偏執，直覺「我性命尚不顧，你們還不能相信我嗎？」胡適一語道破：「性命不顧是一件事，所主張的是與非，是另外一件事。」〔註110〕汪精衛參不透箇中道理，一昧走入死胡同中，儘管晚年有所悔悟，但回首已是百年身。

二、汪精衛與李聖五

1938 年 12 月 29 日汪精衛在河內發表艷電，主張中止抗戰，對日議和。中國國民黨旋即在 1939 年 1 月 1 日由中央常務委員會臨時會議做出決議：汪兆銘違法亂紀，永遠開除黨籍，撤除一切職務。〔註111〕約與其同時商務印書館亦因此上演了一場人事搬風——《東方雜誌》主編易人。原主編李聖五與汪精衛素為熟稔，甚至在商務印書館因一二八事變停工時，汪氏即延攬李聖五至外交部工作。後來商務印書館復業，李聖五旋辭去外交部工作，回到商務印書館主編《東方雜誌》。《東方雜誌》歷來即以外交與國際問題的討論為主，李氏憑藉其國際法的專業，在此間工作頗如魚得水；《東方雜誌》在其主編下，言論審慎，佳作更迭。

淞滬戰後，《東方雜誌》則移至香港繼續出版。及汪氏出亡河內，發表了千夫所指的「艷電」，李聖五旋撰〈無畏與怯懦〉一文為汪氏說項，該文擬刊載在《東方雜誌》上，後為王雲五所阻，李氏即辭去《東方雜誌》主編一職，改任館外編譯，從事純學術著作之譯述。〔註112〕不久，李聖五留函向王雲五辭職，來到了汪精衛的身

〔註107〕傅安明，〈一篇從未發表過的胡適遺稿——紀念適之先生逝世廿五周年〉，《胡適與他的朋友》第二集，頁 184。

〔註108〕汪精衛，《汪精衛詩存》（上海：光明書局，1933）。

〔註109〕王克文，〈不負少年頭——汪精衛與辛亥革命〉，《汪精衛·國民黨·南京政權》，頁 7～32。

〔註110〕王克文，〈最後之心情——汪精衛與南京政權〉，《汪精衛·國民黨·南京政權》，頁 410。

〔註111〕郭廷以編著，《中華民國史事日誌》（台北：中央研究院近代史研究所，1990），頁 81。

〔註112〕王雲五，《商務印書館與新教育年譜》，頁 714。

邊，預備勸諫汪氏「和平運動」需慎行其事，結果「非惟無效，幾遭呵斥」，後感教育文化不能淪陷，遂慨允襄助其事。〔註113〕

王雲五對於李氏的抉擇頗感惋惜。1930 年 3 月至 9 月，王雲五隻身前往日、美、英、法、德、比等國考察企業管理與勞資問題，順便探詢各地中國留學生之佼佼者為商務印書館工作的意願，欲藉此為公司網羅優秀人才。王雲五與李聖五的相識便是在上述的時空背景中，時李氏在英國牛津大學研習國際法，初次見面便予王雲五極佳印象，次年李聖五取得學位束裝返國即受聘於商務印書館編譯所。

李聖五的才華應頗為王雲五所賞識，1932 年 10 月，王雲五擬編印大學叢書，組織「大學叢書委員會」，其中委員會章程規定：「本委員會由本館聘請國內著名大學校及學術團體代表，協同本館編審委員會代表若干人組織之。」〔註114〕應聘之大學叢書委員會委員共有 55 人，皆是學有專精各在其領域馳騁之人物，後來更有 17 人當選為中央研究院院士，其水準之高更為當時僅見（表 3-3-1）。名單中赫見李聖五之名，頗值得注意。就學經歷而言，李氏之入選委員會非為上馴，儘管他符合「本館編審委員會代表」的規定，但是就館內資歷而言，李氏入館日淺未孚眾望，所以其雀屏中選實來自於層峰的意見，更直接的說是來自於王雲五的青睞。其恩遇之隆實屬罕見。

表 3-3-1　大學叢書委員會委員一覽表

姓　　名	生 卒 年	最　　高　　學　　歷	時　　任　　職　　位
丁西林☆	1893～1974	英國伯明罕大學理科碩士	中央研究院物理研究所研究員兼所長
王世杰☆	1891～1981	法國巴黎大學法學博士	武漢大學校長
王雲五	1888～1979	自學出身	商務印書館總經理
任鴻雋	1886～1961	美國哥倫比亞大學化學工程碩士	中華教育文化基金董事會幹事長
朱家驊☆	1893～1963	德國柏林大學哲學博士	國民政府教育部部長、交通部部長
朱經農	1887～1951	美國華盛頓大學碩士	湖南省教育廳廳長
何炳松	1890～1946	美國威斯康辛和普林斯敦大學專攻歷史學和政治學	商務印書館編輯
余青松	1897～1978	美國加利福尼亞大學哲學博士	中央研究院天文研究所所長
吳經熊	1899～1986	美國密西根大學法學博士	國民政府司法部參事
吳澤霖	1898～1990	美國俄亥俄州大學博士	大夏大學教授

〔註113〕李聖五致胡適函（1948 年 9 月 17 日），收入：梁錫華選註，《胡適秘藏書信選（上）》（台北：風雲時代出版公司，1990），頁 247～248。
〔註114〕王雲五，《岫廬八十自述》，頁 214。

李四光☆	1889～1971	英國伯明罕大學自然科學博士	中央研究院地質研究所所長
李建勛	1884～1976	美國哥倫比亞大學哲學博士	北京師範大學教授
李書田	1902～1989	美國康乃爾大學哲學博士	天津北洋工學院院長
李書華☆	1889～1979	法國國家理學博士	北京大學教授
李聖五	1900～1985	英國牛津大學畢業	商務印書館編輯
李權時	（缺）	（缺）	（缺）
辛樹幟	1894～1977	德國柏林大學專攻生物學	國民政府教育部編審處處長
周仁☆	1892～1973	美國康乃爾大學機械碩士	中央研究院工程研究所所長、研究員
周昌壽	1888～1950	日本東京帝國大學物理碩士	大夏大學教授
秉志☆	1886～1965	美國康乃爾大學哲學博士	中國科學社生物研究所；靜生生物調查所研究員兼所長
竺可楨☆	1890～1974	美國哈佛大學氣象學博士	中央研究院氣象研究所所長
姜立夫☆	1890～1978	美國哈佛大學哲學博士	南開大學教授
胡庶華	1886～1968	德國柏林工業大學鐵冶金博士	湖南大學校長
胡適☆	1891～1962	美國哥倫比亞大學哲學博士	北京大學教授
唐鉞	1891～1987	美國哈佛大學哲學博士	商務印書館編輯
孫貴定	（缺）	（缺）	（缺）
徐誦明	1890～1991	日本九州帝國大學醫學院	北平大學醫學院院長
翁之龍	1896～1963	德國法蘭克福大學醫學博士	同濟大學校長
翁文灝☆	1889～1971	比利時魯凡大學地質學博士	清華大學教授
馬君武	1881～1940	德國柏林工業大學工學博士	廣西大學校長
馬寅初☆	1882～1982	美國哥倫比亞大學經濟學博士	上海交通大學教授
張伯苓	1876～1951	上海聖約翰大學名譽文學博士	南開大學校長
曹惠群	（缺）	（缺）	上海大同大學校長
梅貽琦☆	1889～1962	美國吳士脫大學榮譽工學博士	清華大學校長
郭任遠	1898～1970	美國加利福尼亞大學哲學博士	浙江大學教授
陳裕光	1893～1989	美國哥倫比亞大學化學博士	金陵大學校長
陶孟和☆	1887～1960	英國倫敦大學經濟學博士	北平社會調查所所長
傅斯年☆	1896～1950	北京大學畢業，英國倫敦大學、德國柏林大學研究。	中央研究院歷史語言研究所研究員兼所長、北京大學教授
傅運森	1872～1946	（缺）	商務印書館編輯
程天放	1899～1967	加拿大多倫多大學政治學博士	浙江大學校長
程演生	1888～1955	法國考古研究院博士學位	安徽大學校長

馮友蘭☆	1895～1990	美國哥倫比亞大學哲學博士	清華大學文學院院長兼哲學系主任
鄒　魯	1885～1954	日本東京早稻田大學畢業	中山大學校長
劉秉麟	1891～1956	英國倫敦大學經濟學院研究生班、德國柏林大學經濟系研究員班畢業	武漢大學教授
劉湛恩	1895～1938	美國哥倫比亞大學哲學博士	滬江大學校長
歐元懷	1893～1978	美國西南大學榮譽博士	大夏大學校長
蔣夢麟	1886～1964	美國哥倫比亞大學哲學、教育學博士	北京大學校長
蔡元培	1868～1940	清末進士、法國里昂大學文學榮譽博士、美國紐約大學法學榮譽博士	中央研究院院長
鄭貞文	1891～1969	日本東北帝國大學畢業	福建省教育廳廳長
鄭振鐸	1898～1958	北京鐵路管理學校畢業	燕京大學教授
黎照寰	1898～1968	美國賓夕法尼亞大學碩士	上海交通大學校長
顏任光	1888～1968	美國芝加哥大學哲學博士	海南大學校長、光華大學副校長
顏福慶	1882～1970	美國耶魯大學醫學博士	上海醫學院院長
羅家倫	1897～1969	北京大學畢業，美國普林斯頓、哥倫比亞大學研究，英國倫敦，德國柏林，法國巴黎諸大學深造	中央大學校長
顧頡剛☆	1893～1980	北京大學哲學系畢業	燕京大學教授

本表參考資料：傳記文學資料庫；吳相湘，《民國百人傳》（台北：傳記文學出版社，1982）；國史館編，《國史館現藏民國人物傳記史料彙編》（台北：國史館，1988）；徐友春主編，《民國人物大辭典》（石家莊：河北人民出版社，1991）；邵延淼等編，《辛亥以來人物年里錄》（南京：江蘇教育出版社，1994）；陳玉堂編著，《中國近現代人物名號大辭典》（杭州：浙江古籍出版社，1996）。加☆號者爲中央研究院院士。

　　今天我們無法看到李聖五所撰的〈無畏與怯懦〉一文，對於李氏此文之見解實難以捉摸。只能從王雲五的一席話：「雖措詞委婉，亦未明指汪氏之名；然字裡行間，實寓有爲汪辯護之意。」〔註115〕約略揣摹此文面貌一二。從上述王氏的話語中可知李聖五此文用字遣詞非常隱晦，亦由此可見李氏不是沒有考慮到商務印書館的立場，所以王雲五知悉後僅予建議李氏抽換此文收場。

　　觀察李氏抗戰期間在《東方雜誌》上刊載之文章，脈絡清晰組織能力又強，據題申論，夾議夾敘，實爲不可多得的政論性文章（表3-3-2）。是故據而推之，〈無畏

〔註115〕王雲五，《商務印書館與新教育年譜》，頁714。

與怯懦〉一文應能承襲其一貫的文章風格，雖然刻意隱匿了某些表面上的東西，但不因此模糊其文章所欲表達之焦點。汪精衛的干冒天下之大不諱的舉措鼓動了李聖五從龍之心，李氏後來在汪政權下，雖歷居顯職（表 3-3-3）但從未深入其權力核心，也因此未捲入激烈的派系鬥爭間。〔註116〕李聖五在汪政權激烈傾軋中是否找到其生命之所寄？1940 年高宗武（1905～1994）〔註117〕、陶希聖（1899～1988）兩大文士的盜約出走，〔註118〕難道沒有影響同爲文人氣息濃厚的李聖五嗎？

　　書生救國以其文爲投槍、匕首，其影響力雖然可大可久，但在失序的環境中，仍不足與槍砲相抗衡，對此當年革命青年汪精衛即說過：「濡筆之際，不敢忘執戈。欲其言之不濫，必自言者之能踐其實始。」〔註119〕亟言書生救國需知行合一，方能發揮最大力量。然而知行合一在汪政權投機政客撒潑無賴橫行的情況下談何容易，李聖五最終還是撐持了下來，無畏乎？怯懦乎？只有李氏自己能回答這個問題。

表 3-3-2　抗戰期間李聖五在《東方雜誌》上所刊載之文章

文　章　名　稱	摘　　　要	卷　期
續開之中日局部戰☆	由日軍攻擊盧溝橋事件可看出日本全面進攻中國之野心，由此中國亦不需再遵守塘沽協定，爲求生存，中國唯有訴諸戰爭。	34：14
保全九國公約之效力☆	九國公約會議之一切決議均需符合正義與保全中國領土、杜絕侵略，否則中國只應抗戰到底。	34：18～19
歐洲角逐與吾國抗戰	中國應堅持持久抗戰的方針，不應玄虛妄想外來援助，並在有利我國抗戰之原則下與日本以外國家進行外交工作，增進友好關係。	34：18～19
英國的和平策略☆	英國爲延緩世界和平破裂時間，並避免自己牽入戰爭漩渦，以及阻止全面大戰在歐洲爆發，不惜與獨裁國安協。	34：22～24
抗戰中的國際關係	抗戰期間我們要嚴密注意國際變化，認清抗戰的目的，凡能達到目的之手段，都應盡力施展。	34：22～24

〔註116〕汪政權自成立以來，除了確立汪精衛爲最高領導位置外，其餘諸公誰也不服誰。例如：周佛海與李士群的傾軋；丁默村與林柏生的矛盾；顧寶衡與梅思平的衝突等等。相互暗中較勁甚而公開衝突，即便汪精衛本身對此等情形亦束手無策。內部亂象頻生，外部又受日掣肘，汪政權之瓦解早已是逆料之事。詳見：王克文，〈汪政權黨政軍結構初探〉，《汪精衛‧國民黨‧南京政權》，頁 305～338。

〔註117〕王克文，〈高宗武「身入虎穴」──一份有關汪精衛謀和的珍貴史料〉，《汪精衛‧國民黨‧南京政權》，頁 292～294。

〔註118〕趙金康、張殿興，〈高宗武和陶希聖叛汪原因探析〉，《河南大學學報（社會科學版）》，2（1994），頁 76～82。

〔註119〕王克文，〈不負少年頭──汪精衛與辛亥革命〉，《汪精衛‧國民黨‧南京政權》，頁 15。

奧國兼併後的捷克☆	奧地利被德國兼併後，捷克之命運維繫於世界和平破裂之延緩。	35：01
抗戰建國綱領中之外交條款☆	抗戰建國綱領中有五項外交條款，皆以維護正義和平爲本，政府應盡力於外交機能、組織、經費及人才之培養，以期能貫徹實行外交政策。	35：04
英法與德意誰是和平的柱石☆	近兩三年來國際上所有重大變化，都只能延緩歐洲之全面戰爭，絕非豎立永久和平。	35：06
國聯行政院決議援華案☆	國聯此次援華案空洞無用，唯有中國集中全國力量抗戰到底，不妄圖外援，才是唯一出路。	35：08
第二次世界大戰之推測☆	第二次世界大戰之延緩，得力於被侵略之弱小國家的犧牲，一旦列強軍事準備充實、切身利益受打擊，就可能是大戰爆發之時。	35：10
不自主的西班牙☆	以西班牙戰爭爲例，闡述內戰之悲慘與愚蠢。	35：12
關於節約問題☆	節約之基礎在奢侈風氣與之改變，這一筆不應當消費的數量對於抗戰用途將有無限量的幫助，而生活的改善亦有助於民族之復興。	35：14
中德中意邦交的前途☆	堅持抗戰到底並佐以靈活的外交工作，方能獲得抗戰之最後勝利。	35：16
這一次的日蘇糾紛	此次日蘇糾紛，證明中國長期抗戰下，嚴重打擊日本經濟、軍事實力，使其決策多方掣肘。	35：16
懲治貪污問題☆	懲治貪污乃是一時治標之法，根本解決之道在於防止貪污行爲的發生。	35：18
肅清貪污運動☆	貪污不但是政治問題，也是社會問題，肅清貪污的程序，應當先大後小，循序漸進。	35：20
歐洲外交的眞相	英法德俄外交上對和平之訴求，並非全面性之世界和平，而是列強本身和平之維持，爲此不惜犧牲利益外之弱小國家。	35：20
明興會議的延續	明興會議在表面上解決了捷克問題，簽定了英德非戰宣言，實際上揭開了歐洲外交之內幕，顯示出歐洲外交之複雜與險惡。	35：24

本表參考資料：《東方雜誌》，34.14（1937）～35.24（1938）。文章末加☆號者爲「東方論壇」
　　欄內之文。

表 3-3-3　李聖五在汪精衛南京政權歷任職稱

機　構　名　稱	職　　稱	任職或機構成立
中國國民黨中央執行委員會	常務委員	1940 年 3 月 19 日〔註 120〕
司法行政部	部長	1940 年 3 月 22 日
中國國民黨中央政治委員會	指定委員	1940 年 3 月 24 日
中國教育建設協會	名譽理事長	1940 年 6 月 9 日
憲政實施委員會	常務委員、祕書長	1940 年 6 月 27 日
中日文化協會總會	理事	1940 年 7 年 28 日
中華留日同學會	監事	1940 年 11 月
東亞聯盟中國總會	理事	1941 年 2 月 1 日
清鄉委員會	兼委員	1941 年 3 月 24 日
教育部	部長	1941 年 8 月 16 日
社會行動指導委員會	常務委員	1941 年 8 月 16 日
外交部	駐德大使	1941 年 9 月 11 日
行政院文物保管委員會	委員兼圖書專門委員會主任委員	1941 年 11 月 11 日
外交部	兼駐丹麥特命全權公使	1942 年 2 月 24 日
新國民運動促進委員會	常務委員	1942 年 6 月 2 日
中日文化協會上海分會〔註 121〕	顧問	1943 年 10 月 4 日

本表參考資料：《汪偽政府所屬各機關部隊學校團體重要人員名錄》；蔡德金、李惠賢編，《汪精衛偽國民政府紀事》（宜昌：中國社會科學出版社，1982）。

〔註 120〕 此日期來源爲汪精衛所公佈，參與中央政治會議人員名單，該會於 3 月 20 日於南京舉行，決定 3 月 30 日正式成立南京國民政府。名單中李聖五歸類爲國民黨中央執監委員，可知其任職中央執行委員應不晚於此時。（《汪精衛偽國民政府紀事》，頁 50。）
〔註 121〕 上海分會成立於 1941 年 1 月 29 日，成立時李聖五並無任職，因此其任職上海分會顧問應是 1943 年 10 月 4 日改組時。

第四章　蟄居與待曉——抗戰後期的商務印書館

> 終覺未能忘物我。故應多事判恩仇。
>
> 有薪不盡爭傳火。無米還量慣唱籌。
>
> 填海倘窮炎女力。崩天寧釋杞人憂。
>
> 只今一發中原望。任潰吾癰且抉疣。
>
> ——張元濟，1943。〔註1〕

　　1941 年 12 月 8 日清晨，日軍突襲珍珠港，同日其空軍、陸軍兩相呼應，協同作戰逕取香港。十天後日軍登陸香港，當晚即派員至北角商務印書館工廠緝拿王雲五，〔註2〕幸王氏赴渝出席參政會議，得便於會議閉幕後至成都省親、公幹，〔註3〕遂將日期延至 12 月 8 日離渝赴港，孰料陰錯陽差下竟避此大禍。自 1932 年一二八事變以來，日人對王雲五的「興趣」就從未稍減過，當年曾遣便衣隊多人搜捕王氏而不可得。〔註4〕所以王雲五對此等情事應有相當的嗅覺與敏感性。此次能避禍於未然，雖有幾分幸運可言，實歸因於王氏早已訓練多時的高度警覺性與正確的判斷力。

　　太平洋戰事發生當日王雲五估量今後上海、香港兩地已不能發生指揮作用，遂分電各商務印書館分館告知即日起在渝成立總管理處，籲各分館聽其號令配合調度，並在該電文中要求各分館立即辦理兩事：「一為估計一星期內及本月可以盡量解交重慶總管理處之款項。一為各該館現存圖書，各保留兩部，限期開單報告總管理處，以備調充重版用之樣書」。〔註5〕資金與樣書的緊急徵調均顯示出了商務印書館此間不甚樂觀的情況。

〔註1〕張元濟，《張元濟詩文》，頁 27。

〔註2〕日人佔領全港後仍不忘處處搜捕王雲五，甚至還打聽到王雲五因購書關係與上海內山書店主人內山完造（1885～1959，魯迅、郭沫若等人摯友。太平洋戰爭爆發後，奉命管理美商的中美圖書公司。其間曾秘密營救許廣平、夏丏尊、章錫琛等人。）有舊，遂利用其具名登報對王氏巧言相誘。王雲五，《岫廬八十自述》，頁 273。

〔註3〕當時王雲五的兒子王學農、王學哲二人均在成都華西大學求學，王氏欲趁便前往探視，並順道至成都商務印書館視察業務。王雲五，《岫廬八十自述》，頁 326。

〔註4〕詳見：王雲五，《岫廬八十自述》，頁 103。

〔註5〕王雲五，《岫廬八十自述》，頁 328。

此時資金週轉不靈，肇因於港廠錯估時局致使承印巨量的政府鈔券造成血本無歸，加上往來銀行的脅制，使得無現款可用以發放遣散費，工人們怨聲四起，群聚韶關商務印書館分館要求救濟，暴動大有一觸即發之勢。王雲五派協理史久芸（1896～1961）前往應付，並指示工作要點：「一、臨時短工，發放救濟費若干；二、常用職工，願赴重慶、贛縣工廠工作而爲商務可以容納者，茲送至該地繼續工作；超過商務所能容納者，則分薦於韶關省立企業公司附設印刷工廠及重慶中央印製廠。另無意願於上述者，概予解僱費及回籍川資」。〔註6〕

商務印書館耗費了極大一筆金錢，方解決上述問題，對於商務印書館的財務狀況無異是火上澆油。至於樣書的徵集，則是賦予希望的一件工作，未來復業有成與否端賴於此，換句話說，文化命脈的傳承亦繫於此。王雲五對此早有體認，相對的，日人「最忌我國文化工作者」，〔註7〕對於上述道理不會不明白，於是一場風聲鶴唳的圖書檢查行動於焉展開。

第一節　上海商務印書館的文化窘境

一、日人的圖書檢查與拉攏合作

1941年12月19日，上海日本憲兵部會同工部局先後至商務印書館、中華書局、世界書局、大東書局、開明書店等實施圖書檢查，並宣佈：「一、重慶政府發行之教科書要沒收。二、英美出版之關於反日反滿等書要沒收。三、其他出版物關涉反日及宣傳共產等書要沒收」。〔註8〕事實上，檢查條件因爲檢查方法的粗糙而嚴苛許多，致使發生在檢查圖書時祇要看見書內印有「日本」、「蘇聯」、「國難」等字，不管上下文義如何，就一律沒收的情況。所以各書局被沒收的書籍數量很大，單就商務印書館一家而言，被沒收的圖書約高達四百六十二萬餘冊。〔註9〕

然而這僅只是災難的序曲！12月26日，日軍以「商務印書館和重慶政府有關係，宣傳抗日」爲名查封商務印書館。〔註10〕後來又煞有介事的找來了商務、中華、

〔註6〕 王雲五，《商務印書館與新教育年譜》，頁763～764。

〔註7〕 王雲五，，《岫廬八十自述》，頁327。

〔註8〕 曹冰嚴，〈抗日戰爭期間日本帝國主義在上海統制中國出版事業的企圖和暴行〉，收入：張靜廬輯註，《中國出版史料補編》（北京：中華書局，1957），頁401。

〔註9〕 曹冰嚴，前引文，頁401～402。

〔註10〕 同日遭查封者除12月19日遭圖書檢查的各家書店外，另加上兄弟雜誌公司（生活書店）、光明書局、良友圖書公司共計八家。參閱：曹冰嚴，前引文，頁402～403。

世界三家代表說明圖書檢查與查封一事，並暗示欲恢復原企業之不可行，唯一出路即是與日方合作籌組類「日本出版配給會社」的發行統制機關，中方代表則諉以「組織配給會社因制度情況不甚瞭解」且各家書局都是華商股份公司，純粹商業機構，希望能保全原企業面貌並要求啓封繼續營業。日方對此要求一概拒絕態度相當強硬。〔註11〕

　　僵持的狀況沒有維持多久，滬上日軍內部對於如何處置各書局的想法有著不小的歧見，為避免自亂陣腳，於是決定改變做法。1942年1月18日，日本上海憲兵隊本部發函至各書局及印刷工廠通知其準備於1月25日前復業，函文共有9條玆錄如下：

　　　　一、現下存在各書局及印刷工廠之抗日與其他有害治安之圖書及紙型，今
　　　　　　後應由其各負責人嚴重檢查後交出與日本軍。

　　　　二、應交出與日本軍之圖書每種一百本、紙型全部、須交與日本憲兵隊，
　　　　　　其他則須從憲兵之指示而搬出之；為此應預先準備妥於一月二十四日
　　　　　　前搬出。

　　　　三、各書局及印刷工廠須著手整頓內部，俾於一月二十五日前復業。

　　　　四、將來需要出版之圖書，須事前受工部局之檢閱，並得其准許。

　　　　五、如有將有害之圖書及紙型隱藏，或故意販賣，或擅自搬出，或秘密出
　　　　　　版翻刻等事發生直接行為者，則當然即其他之管理負責人亦嚴厲處
　　　　　　罰。

　　　　六、須供充分之便利與赴檢查圖書之憲兵及軍圖書調查班員。

　　　　七、對於憲兵及圖書調查員之行動，如有可疑之點時，當索閱身份証明書，
　　　　　　並應將不明之處通報憲兵隊本部特高內勤。

　　　　八、須遵照興亞院之指示，將上海市書業同業公會改組。

　　　　九、關於印刷工廠復業後之運營當另指示。〔註12〕

此次復業直可視為日軍另一次更大規模的文化掃蕩工作，嚴懲恫嚇、威脅利誘手段不一而足。〔註13〕觀其復業條件，極為苛刻，不但要沒收圖書還要繳銷紙型，日軍欲斬草除根的意圖至為明顯。其中最為關鍵的就是第八條的規定，擬一舉解決之前懸而未決的籌組發行統制機關問題，所以此次啓封的最大原因即是在此，欲藉恢復營業在前；計畫吸納統籌在後，達成控制中國出版界的目的。

〔註11〕曹冰嚴，前引文，頁404。
〔註12〕曹冰嚴，前引文，頁405。
〔註13〕郭太風，〈日本的"文化侵略"與中國出版業的命運——以商務印書館為例〉，《史林》，6，2004，頁30～37。

　　更有甚者在復業前三天，日憲兵部還派上海同文書院的日本學生至各書局做最後全面地毯式的檢查，務必達到除「惡」務盡。稍後日方還宣佈之前遭查禁的圖書可部份發還，但實際的情況卻是各家遭扣押的圖書早已送往各造紙廠的廢料倉庫，揀選費力耗時往往不敷成本，各書局收回之圖書屈指可數，例如商務印書館僅僅收回了廿六萬冊，只及被沒收圖書量的 5.6%。〔註14〕經過這些醞釀，第八條規約已然發酵並慢慢地發揮其影響。

　　根據復業第八條規約，日本興亞院〔註15〕要求商務、中華、世界、大東、開明等五家書局共同發起並聯合上海各書店與日人合作成立「中國出版配給會社」，預定資本額二百萬元，中方股本佔 51%，日方股本佔 49%，其主要業務為：「統制中國一切出版物；輔佐關係官廳之統制而與各學術文化團體聯絡，計劃並指導一切出版事業；統制出版物之一元的檢查；國定教科書之一元的配給；與出版用紙統制機關連絡而組織出版用紙之一元的配給」，〔註16〕一言以蔽之，就是建立一個統制滬上地區，具出版力書局的機關。商務印書館等五家代表聞訊均咋舌不敢言，在半推半就下，先行成立「中國出版配給公司籌備委員會」以為敷衍並私下議決「以拖為拒，籌而不辦」。〔註17〕

〔註14〕　此數據是參考商務印書館董事會第 448 次會議記錄資料所演算得出，與曹冰嚴所記有些許出入。根據曹冰嚴的記載當時商務印書館收回廿一萬三千餘冊，約佔當時被沒收圖書量的 4.6%。參閱：《張元濟年譜》，頁 496；曹冰嚴，前引文，頁 408。

〔註15〕　所謂“興亞院”（1938.12.16～1942.10.31）即指中日戰爭時期，日本政府為統籌處理相關中國的一切事宜，所設立直屬於內閣的特別機構，亦藉此機關從事販毒，以所得的秘密資金從事各種特務活動。對於“興亞院”蔣委員長曾對此發表過一針見血的論述，直指其真正目的：「所謂「興亞院」，這是承接著敵國開了許久的對華機關而產生的，過去曾經一度計劃設立「對支院」，最近乃改為興亞院，對支院已經是夠侮辱夠可怕的一個名稱了，改稱了興亞院，簡直是給全亞洲人以一個重大的侮辱。他這種做法，是要使整個中國支離滅裂，不止亡中國，也要危及整個的亞洲。」詳見：〈揭發敵國陰謀闡明抗戰國策〉，27 年 12 月 26 日在重慶出席中央黨部 總理紀念週講，《蔣公總集》卷 15，頁 573。另外關於“興亞院” 的相關研究可參閱：蕭李居，〈日本的戰爭體制──以興亞院為例的探討（1938～1942）〉（政治大學歷史學系碩士論文，2002）。

〔註16〕　曹冰嚴，前引文，頁 410。

〔註17〕　該籌備委員會委員席次計：中國方面十席（商務、中華、世界、大東、開明、廣益、華成、會文堂【以上民營書店】、中央書報社【南京偽方辦的一個書店】、書業同業公會代表）；日本方面五席（東京弘文堂、東京三省堂【代表八坂淺太郎和河野孝、坂田武夫都是東京遣派來的】、上海日本書店【代表出光衛】、華中印書局、三通書局【經理已改調名倉健雄】）。表面上看來，雖然中方代表在席次數勝於日方，但其力決不足與日方分庭抗禮，且其中更有日本國內的代表，顯見日人對此之重視。參閱：曹冰嚴，前引文，頁 410。

　　上海商務印書館此時的處境極為困頓，外來的些微給養亦因香港的淪陷而變為奢求。儘管此時整個商務印書館的營運收入仍有盈餘，但只是表面帳上的幻影，對照通貨膨脹的速度，往往是虧錢的（表4-1-1）。

表4-1-1　商務印書館1941～1945年現金收支剩餘一覽表

年度	收入金額	支出總額	剩餘總額	剩餘占收入%
1941	19,176,885	15,775,281	3,401,604	17.74%
1942	33,255,976	11,253,595	22,002,381	66.16%
1943	64,373,799	28,095,575	36,278,224	56.36%
1944	190,673,183	67,399,828	123,273,355	64.65%
1945	717,968,682	329,437,408	388,531,454	54.12%

此表格轉引自：汪家熔，〈抗日戰爭時期的商務印書館〉，《商務印書館史及其他》，頁156。

上表中所述，其收支動輒以千萬計1944年甚至達到「億」單位，通貨膨漲的情形逐年加重。即如1941年商務印書館最艱困的時期，其盈餘仍達百萬元之譜，所以從中很難看出商務印書館這一年亟需外資紓困的實情。另將數據繪成橫條圖表示，可更清楚看出其間變化（表4-1-2）。

表4-1-2　商務印書館1941～1945年現金收支剩餘橫條圖

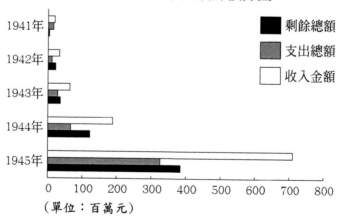

（單位：百萬元）

　　對此張元濟在寫給一位朋友的信中提起此事不免語帶悲戚的說道：「聞香港已受攻擊，港廠能否免為覆巢之卵，殊難預料。然又豈獨一港廠而已哉！」〔註18〕時駐滬辦事處主持者為代經理鮑慶林，然一切之重大情事仍仰賴張元濟作決。面對當時日人

〔註18〕張元濟致王季烈函（1941年12月10日），《張元濟書札（增訂本）》上冊，頁241。

亟亟染指中國出版界的問題，張氏認為第一要務是解決自身經濟上的問題，才不致處處受日方要脅箝制。既然開店營業無端招惹是非，且所得有限對此間困頓情況無以為濟，遂決定出售涵芬樓部分藏書，張氏旋即致函傅增湘說明此間情形請其幫忙：

> 館中情形日趨窘迫，現需急籌巨款，以為解救之策。個中詳情可詢伯恆便知。迫不得已，擬將涵芬藏本售去若干，以解燃眉之急。故都人士當有識者，且聯銀素在滬幣之上，較易集事。擬乞我兄代為設法。可以任意選擇欲得之者，并須每種示價，但必須湊合整數，得滬幣四、五十萬，於事方可有濟。若零星沽售，無裨大局，殊不願為。此事務祈慎密，勿輕為外人道也。〔註19〕

信中言明希望能採整批售出方式，得價至少需滬幣四、五十萬方能解決問題。文末囑咐請暗中進行，切勿張揚以防日人耳目。張元濟的想法不是沒有道理，其收書一輩子，與日人在此領域數度交鋒，悉其對此物貪婪無極且財力之雄非一般藏書家可比擬，往往不惜萬金非購得不可，是故書賈們亦極愛與之作生意。顧慮及此，張氏一開始就不擬在滬上進行售書，方託傅增湘在北平代為設法，楚弓楚得張元濟並不遺憾。換個角度來看，張元濟在日人眼中一向文化地位崇高，其一言一行均甚受關注，日人想方設法亟欲拉攏援為己用卻苦無機會，所以售書一事若為日方所悉，則阻撓事小，日人從此揪擾不休，如何善終？

　　是年5月7日，傅增湘覆函張氏告知此間售書稍有困難：「一則任人選擇，恐選出而館中暫不欲售。一則無價而令人還價，其出價必不高，或者無從定價。又所要是何種鈔幣？價格固相差太甚，又匯兌亦是問題。」乃建議「只讓抄校本」似較易出售，並請張氏與商務印書館諸同人酌定大旨，便利援引與人議價。〔註20〕傅氏的一連串問題顯示其確為此事費盡心機，張元濟至深感荷，於5月15日函告傅氏其與同人商定售書之法有四：「一不躉售，二用拍賣法，三任憑挑選，得價即售，但須能集成整數，足以濟急，四悉售京市通用聯幣，在上海錢貨兩交」。〔註21〕此事後來因故作罷，當為消息走漏，日人知悉後進行阻撓有關，且當時「中國出版配給公司案」懸而未決，為迫商務印書館就範，逢此千載之機，日人當然大加利用。

　　1942年10月5日，中國出版配給公司章程草案，經汪政權與日本大使館數度協商，修正條例如下：

　　一、關於原則方面，圖書審查是國家行政，應由政府主持。將來中配成立

〔註19〕張元濟致傅增湘函（1942年4月10日），《張元濟傅增湘論書尺牘》，頁384。

〔註20〕傅增湘致張元濟函（1942年5月7日），《張元濟傅增湘論書尺牘》，頁384。

〔註21〕張元濟致傅增湘函（1942年5月15日），《張元濟傅增湘論書尺牘》，頁384。

時當另設一圖書審查委員會辦理審查事宜。圖書評議員改由政府官吏、學術界聞人擔任。

二、關於出資方面，中日出資比例雖有條約規定爲五十一與四十九，但其原意爲中國方面不得少於五十一，日本方面不得多於四十九，並非一定爲五十一與四十九。關於此點現正與大使館商洽中，希望中配中國股東出資比日本股東出資略多，成爲六對四之比。

三、關於出資單位，中國方面決定以上海商務、中華、世界、大東、開明五家及上海書業公會會員書店與南京中央書報社爲中心，日方以三通書局（經辦國定教科書有經驗）華中印書局（本身調整後得以印刷界之資格而參加）日本出版配給會社及上海日本書業公會會員書店爲中心。

四、中配公司係代表政府施行國策，與一般書店性質不同。故其設立必須慎重考慮，所有籌備委員均須經由政府任命，將來正式任命之。籌備會地址可仍在上海，但南京最好派一駐守代表。

五、宣傳部原有一書報配給機關中央書報社，中配成立後該機關無存在必要，擬歸併於中配。至如何歸併辦法正在考慮。〔註22〕

從上述五項修正條例來看，汪政權對中國出版配給公司有極強烈的企圖心。首先強調圖書審查是國家行政，應由南京政府主持；中央書報社擬歸併於中配，顯示宣傳部即將插手中配；所有籌備委員均須經由政府任命，無異宣告政府要全面掌控的決心。由此亦可約略看出南京政府與日方對於中國出版配給公司看法有所歧異，也可能是因爲這個原因，中國出版配給公司案終在 1943 年 5 月宣告結束。代之而起的是中國聯合出版公司的出現。

中國聯合出版公司係以商務、中華、世界、開明、大東等五大書局爲主幹，於 1943 年 6 月 1 日成立，五大書局各派代表一名爲常委，所以別稱五聯。經理一職由商務印書館發行所所長曹冰嚴擔任。主要業務爲繼續中國出版配給公司籌備委員會的「臨時國定教科書總配給處」的南京政府國定教科書的編印與出版工作。另外還出版了《學術界》月刊；劉大白的《中詩外形律詳論》；田山花袋著、查士元譯的《小說作法》、《戲劇作法》；傅東華譯的《神曲的故事》等書。〔註23〕

〔註22〕曹冰嚴，前引文，頁 411～412。

〔註23〕楊壽清，〈上海淪陷後兩年來的出版界：1942～1944 年〉，收入：張靜廬輯註，《中國出版史料補編》（北京：中華書局，1957），頁 395。另據汪家熔研究，《學術界》月刊爲倪文宙主編，從 1943 年 8 月創刊至 1944 年 6 月，共出版 11 期。詳見：汪家

　　中國聯合出版公司相較於中國出版配給公司最大的不同之處在於：（一）以出版、印刷、發行各種圖書雜誌為業務，為一純粹營業機構。（二）公司股東以中華民國國民為限，杜絕一切日股。〔註24〕由此觀之，五聯在業務性質、股份上均無政治問題，唯一要說有政治關聯的活動，就是為南京政府編印發行國定教科書，沒有任何能證明這些教科書確實親日的證據。〔註25〕

　　然而王雲五卻認為偽組織之害更勝於日敵。早在1942年4月，王氏派員傳達無論如何必須堅守國家立場，嚴拒與敵偽合作的指示：

> 第一不可參入敵偽資本，第二不可以任何方式與敵偽合作，出版方面寧可停止一切，必不得已為維持職工生活計，或僅印舊版之古書或科學書，或變更業務方針，側重文具甚至百貨之販賣，萬萬不可有違反國策之出版物，以維正義，而保令名。將來如有辦法，我仍可自後方劃款至滬，以維持職工生計，萬一無法劃款，此外亦別無他法可以維持職工生計，即變賣資產亦所不惜。〔註26〕

王雲五的考量自有其道理且合於其國民參政員身分，但若嵌合時局來看，則不免過於苛刻。當時的上海商務印書館圖書、紙型遭日方沒收極多，即如鉛字亦遭日軍徵用五十餘噸，〔註27〕開版印刷談何容易。又改販他物在資金無著下，不異空話一句。甚至王氏所謂最後底線——變賣資產，亦誠屬不易，稍有不慎則益加陷商務印書館於萬劫不復之境。〔註28〕

　　戰時出版的相關費用急速飛脹，「白報紙的價格，在戰前是每令三元，目前已漲至萬元，合到三千餘倍；排工在戰前是每千字五、六角，目前已漲至三百五、六十元，合到六百餘倍」。〔註29〕另外據一份資料顯示，此時的出版業正遭受著惡性通貨膨脹，使得中國出版業面臨崩潰的危機，「排工較戰前漲二千倍，印工漲三千倍，紙型五千倍，裝釘三千倍，澆版八千倍，以熟料土紙與報紙比較漲三千倍，而書籍定價與戰前相較約只漲七八百倍」。〔註30〕

熔，〈抗日戰爭時期的商務印書館〉，《商務印書館史及其他》，頁151。

〔註24〕 曹冰嚴，前引文，頁413～414。

〔註25〕 Man-ying Ip., *The Life and Times of Zhang Yuanji 1867～1959.*（Beijing: The Commercial Press, 1985），p. 282.

〔註26〕 王雲五，《商務印書館與新教育年譜》，頁764。

〔註27〕 曹冰嚴，前引文，頁409。

〔註28〕 此時上海商務印書館所保有之最大有價資產就是館中所庋藏的善本古籍。在不欲日人染指之下，戰時中國人購買力極低，求溫飽尚不可得遑論購古董書籍。

〔註29〕 楊壽清，前引文，頁397。

〔註30〕 〈出版業緊急呼籲〉，收入：張靜廬輯註，《中國出版史料丙編》（北京：中華書局，

　　這些資料在在顯示出戰時出版業維持之不易，尤其是上海這一特殊地區，生活物價指數一向高於其他地區，此間經營更加困難。所以在觀察五聯的時候，這些經濟因素都需予以納進考量，而非一昧按「通敵」看待。況且五聯共編印發行了七期教科書時間長達三年半，是流佈毒素？還是功在維持汪精衛南京政府教科書供給無虞致此間教育得以延續？五聯之功與過實難以二分法確分。五聯的問題一直牽扯到抗戰勝利後，引起許多糾紛。

二、士為有品乃能貧──張元濟此間的生活

　　惡性通貨膨脹加上自 1940 年年底的一場大病所耗去的龐大醫藥費，張元濟此間的生活是更加困難了。1941 年，張氏先後售予文獻保存同志會多種珍藏善本古籍，共得款三萬六千元。〔註31〕杯水車薪，仍無法解決其沉痾的經濟問題，張元濟早已不從商務印書館裡支薪，有限的股息又因戰爭而多年未發，唯一所得董事會開會的車馬費僅夠買幾副大餅油條而已。〔註32〕1942 年在為館方籌措財源與傅增湘商量售書一事亦曾請託玉成私人售書之願，其謂：「弟私藏弘治本《宛陵集》，欲得聯銀千番，不過易米六、七石耳」。〔註33〕更有甚者，連幾錠古墨亦悉換米易糧，雖然張氏輕鬆以「效東坡之在海南，盡賣酒器以資衣食」〔註34〕自解，其艱苦之狀無法想像。

　　典當有時盡，張元濟聽取了謝觀（1880～1950）的建議，開始了文人鬻字的生活。〔註35〕張元濟首先致定潤格並函請友人代為招徠寫件，南方托顧廷龍為之介紹「蘇垣之箋扇店」〔註36〕；北方則由孫乾三洽夢花室、文源閣、九芝堂等店代理〔註37〕，另外再函請商務印書館各地分館分發潤例和代收寫件。〔註38〕一時寫件紛來，

1956），頁 60。
〔註31〕詳見：鄭振鐸致張壽鏞函（1941 年 3 月 25 日；4 月 8 日、12 日、22 日；5 月 20 日），《鄭振鐸全集》第 16 卷，頁 142；146、147、150～151；155。
〔註32〕張樹年，《我的父親張元濟》，頁 190。
〔註33〕張元濟致傅增湘函（1942 年 5 月 15 日），《張元濟傅增湘論書尺牘》，頁 384。
〔註34〕張元濟致陳叔通函（1942 年 7 月 27 日），《張元濟書札（增訂本）》中冊，頁 744。
〔註35〕張人鳳，《智民之師‧張元濟》，頁 215～216。
〔註36〕張元濟致顧廷龍函（1943 年 1 月 18 日），《張元濟書札（增訂本）》下冊，頁 890。
〔註37〕《張元濟年譜》，頁 497～498。
〔註38〕在《張元濟書札》一書中，收錄了一封張氏致丁英桂的信札，其中詳細的說到漢口分館為張氏招徠寫件的詳細始末，巨細靡遺，一分一毫皆有規例，絕不妄取。該信謂：「前月十五日收到漢口分館第十六次寫件通知單，并由總館劃付五百元。現在寫件已經寄出，除去寫件潤資聯一，計一百八十元，立軸一幅，亦一百八十元，又代買紙張共三十六元，共三百九十六元。餘一百另四元，今送上。請代收漢館帳內。中有墨費三十六元，應歸漢館所有（弟亦已函告漢館矣）。餘應退還主顧」張元濟致丁英桂函（1943 年 3 月 3 日），《張元濟書札（增訂本）》上冊，頁 155。

據其哲嗣張樹年的回憶：

> 父親在大圓桌上，站著寫對聯、堂幅、屏條；小件如扇面、冊頁則坐著在
> 書桌寫。曾寫過幾堂壽屏，每堂八幅，一般用泥金或大紅灑金紙，畫好方
> 格，費時傷目。〔註39〕

「費時傷目」道盡了張元濟鬻字的辛勞，其辛苦所得又常常因為幣值日落而仿如泥牛
入海。傅增湘知道張元濟在鬻字後即告知其「倚之為生，亦未易言」並以過來人的經
驗告訴張氏：「一年有六七千金，惟物價大昂，字價亦應增加耳」。〔註40〕隨著物價的
飛漲，潤例一再增加，直到抗戰結束前，張元濟制定的潤例共加價四次，〔註41〕足見
日子愈來愈難過了。儘管如此，張元濟仍能堅守貧賤不能移的原則，不因環境的艱苦
而有所移志。

發生在 1945 年的一件事，適足以說明其同仇敵愾的脾性。有一次漢奸傅式說
（1891～1947）暗託張元濟的親戚夏敬觀（1875～1953）送來一幅畫卷，請張氏在
畫卷上題寫引首「菉竹軒聯吟圖」，上款「筑隱先生、菉君夫人」字樣，並支付了一
張面額 11 萬元的支票。張元濟覺得事有蹊蹺，經查後發現支票上蓋有傅式說的圖章
印記，張氏極為光火，旋即將圖卷、支票原封退回，直稱：「是君為浙江省長，禍浙
甚深，即寒家宗祠亦毀於其所委門徒縣長，以是未敢從命」。〔註42〕足見張元濟能
清貧自守，不因需財若渴，而做出違悖義理之事。

第二節　貢獻於大後方的文化活動

一、重慶商務印書館復興活動

1941 年 12 月 8 日，王雲五宣佈在重慶成立總管理處，並設駐渝辦事處統轄後
方所有館廠。兩者均附設在重慶分館館屋之內，其簡陋狹小可想而知，期間最重要
的工作便是整理重慶分館與分廠所存留的樣書。王雲五親自參與了這件事，分類編
目妥當，以備將來與各館陸續寄到的保留書目單進行核對，「擇其為此間所無者，令
即寄來；其已為此間所有者，即解除保留之令，仍聽各該分館出售」。〔註43〕這些
動作無異是為了將來順利復業做準備，剩下就是復興資金籌措的問題了。當時由各

〔註39〕張樹年，《我的父親張元濟》，頁 190。
〔註40〕傅增湘致張元濟函（1943 年 3 月 31 日），《張元濟傅增湘論書尺牘》，頁 386。
〔註41〕關於四次調高潤例的詳情參見：《張元濟年譜》，頁 499、501、503、504。
〔註42〕《張元濟年譜》，頁 508。
〔註43〕王雲五，《岫廬八十自述》，頁 329。

地分館匯解之款項，經王雲五估算，雖為數不多，但足應支付一個月開銷，至於爾後生產所需之款，則可仰營業所得供之。然此舉所冒風險極大，即便如此構想的創造者王雲五亦只是含蓄的表示：「原則上度有可能」。〔註44〕

蔣委員長的關切使得商務印書館的復興重燃一線希望。1942年1月，國民參政會秘書長王世杰（1891～1981）、軍事委員會侍從室第二處主任陳布雷（1890～1948）先後銜命至商務印書館進行了解，表達政府竭力協助之意。陳布雷甚至向王雲五明言復興商務印書館需款若干？儘可提出，蔣委員長將極力成全。王雲五感念之餘，一方面思及抗戰以來國家財政已極度困難，實不能增其負荷；另一方面，商務印書館有其一套臨難應變的方法，應能自立更生無虞。所以王雲五謝絕政府補助款項，另提議：

> 擬按商務印書館原有資本五百萬元之限度以內，向四聯總處貸款法幣三百萬元。惟擔保品恐難提供，一因不動產多在淪陷區，殊不可靠，二因後方所有之動產如書籍等，均須隨時出售，無法提供擔保。〔註45〕

蔣委員長完全同意，並手令四聯總處照辦。此提案在四聯總處討論時對於無擔保品一事，意見最多，有人提議是否商請教育部以主管機關為商務印書館做保，此舉在爭取時間上已不荷要求，遂罷。後財政部長孔祥熙（1880～1967）提議改用法人或自然人做保，即以王雲五個人名義擔保商務印書館的貸款，紛爭遂絕。後來王雲五又商請撥款方式改做「透支方式」，即用度多少支領多少，四聯總處欣然同意。訂約之後，四聯總處為其經濟後盾，使得王雲五在復興商務印書館業務的推動上，裨益不少。

其實這個貸款案最大的意義在於其「信用」效果，與商務印書館往來之商家、工廠均知悉其取得四聯總處貸款資格，除款項無虞外，更象徵商務印書館信用卓著，王氏亦是預料有此影響，才有前述更改撥款方式的情事。後來王雲五謀畫的生產營業和調劑貨物的措施都落實執行，使得商務印書館的營運漸上軌道，約定期滿時，商務印書館並未向四聯總處支領任何款項，〔註46〕爾後旋即不再續約。商務印書館堅持自立更生的做法，呈現了其獨立自主的一面，在爾後的發展上有著重要的影響。

王雲五鑑於商務印書館數以萬種的出版物要如何在此間調配得當使之產生最大

〔註44〕王雲五，《岫廬八十自述》，頁330。

〔註45〕王雲五，《岫廬八十自述》，頁331。

〔註46〕據楊揚的研究指稱商務印書館復業有成後，「當初向國民政府四聯總處借的貸款全部還清」一語似有錯誤。考諸其參考資料為《商務印書館與新教育年譜》一書，該書記載中並無還清貸款一事。且商務印書館雖然貸得了款項，卻從未支領過，所以應無貸款清償的問題。詳見：楊揚，《商務印書館：民間出版業的興衰》，頁139。

利益，遂提出三項調劑措施：

一、各分館歷年積存書籍，種類頗多，有在甲地嫌過剩，或不易銷售，而在乙地則深感缺乏，甚易銷售者，使能移甲就乙，則立時可以化無用為有用。

二、戰時運輸困難，往往有在一年以前自產生重心之香港內運，而迄仍滯留途中，或以運費無著原擬運赴甲館，但甫到乙館，即暫擱置，致甲乙兩館均不能利用。

三、由於戰事迫近，貨物由分館疏散至較安全之地點，暫行存儲，及分館所在地淪陷，原分館遷往他地，或因環境不宜，或因運費無著，仍就疏散地存儲不動。〔註47〕

其所依據的就是行之有年的年終盤查辦法，遂令各地分館盡快處理 1941 年年終所有存貨盤查，逐一切實填單交寄至駐渝辦事處。王雲五親自審查並依其所制定的存貨標準，高低互相調劑，雖然運費增加，不及重新印製所需費用的十分之一，仍較有利可圖。另外再配合學校遷徙與文化動向，適時適地的供應所需書籍，不使有滯銷的情況產生，貨暢其流則資金亦能靈活運用調度，如此便堅實了加強生產的基礎。

接著便是對商務印書館的生產方式進行改革，重點在於印刷及製版兩方面。就印刷方面而言，最嚴重的問題就是印刷機器的毀損，毀於戰火；損於遷徙，致 1941 年後，能利用者實在少之又少。所以一開始不得不委以外間代印，此乃急就章法斷不能持久利用，為長久計還是得謀劃一自設工廠不可。礙於資金短絀，實無力大量購置機器，唯有提高各機器的工作效率來彌補不足，這就牽涉到如何提高工人工作效率的問題，王氏乃訂定獎勵辦法，希望以此來拉抬工作意願，生產自然能盡速步上常軌。

至於製版方面，受到紙型缺乏的挾制，待排版之新舊書籍數量極大，除發包給外間代辦外，乃就排字與翻印兩方面進行研究改革。其中牽引出了王雲五從事中文排字改革的研究，不但縮短排字工人的訓練期，另外亦意外的縮減每人所需的鉛料，鉛為戰時最重要物資之一，價格奇昂，此法影響所及將不限於印刷出版界。〔註48〕就在上述的情形下，商務印書館的營運漸入佳境，王雲五遂於 1942 年 3 月宣佈商務印書館恢復日出新書一種，〔註49〕是故稱王氏為「一個積極的文化企業家」〔註50〕

〔註47〕 王雲五，《岫廬八十自述》，頁 332。

〔註48〕 關於王雲五中文排字改革的研究，詳見：王雲五，〈中文排字改革的報道〉，《東方雜誌》，39.11（1943），頁 39～42。

〔註49〕 有研究者指出所謂的「日出新書」是商務印書館自 1932 年 10 月開始於館內所用的

實在是實至名歸。

　　1942 年 4 月，王雲五滯留香港的家人們安抵重慶，寄居於南岸汪山之商務印書館疏散房屋。雖然此間國事蜩螗，王雲五卻得享天倫之樂，精神十分愉快。戰時物質生活清苦異常，王氏一家自不例外，且王雲五子女眾多，食指浩繁，端賴其一人之力給養，負擔十分沉重。微薄的商務印書館薪水實不足濟事，不同於張元濟鬻字補貼，王雲五是「靠嘴」掙錢——四處講演。（表 4-2-1）

表 4-2-1　王雲五講演活動一覽表（1942～1945 年）

日　　　期	演講題目	地　　　點	發表、集結出版
1942.4.13	業餘時間的利用	中國農民銀行總管理處	《岫廬論為人》
1942.5.24	我的修養	郵政儲金匯業局總局	《做人做事及其他》
1942.6.1	戰時出版界的環境適應	中央圖書館	《做人做事及其他》
1942.6.6	舊學新探	中央大學	《岫廬論學》
1942.6.17	當前的工商管理問題	中央銀行經濟研究處	《做人做事及其他》
1942.7.24	青年成功之路	三青團中央團部	《做人做事及其他》
1942.8.11	理想的警察	中央警官學校	《做人做事及其他》
1942.9.11	出版物的國際關係	外交部使領館	《做人做事及其他》
1942.9.20	行政效率	中央訓練團	《做人做事及其他》
1942.10.2	工廠管理的基本問題	社會部	《做人做事及其他》
1942.10.21	中小學教科書與補充讀物問題	中央訓練團	《岫廬論教育》
1942.11	戰時我國文化之動向	中央文化運動委員會	《做人做事及其他》
1942.12.29	事務管理	中央訓練團	《做人做事及其他》
1943.2	業務管理的原則	中華職業教育社	《旅渝心聲》
1943.3.25	科學方法與工商管理	黨政軍人事管理人員訓練班	《岫廬論管理》、《工商管理一瞥》

一個統計名詞，意指「一般圖書」，所以王氏所云恢復日出新書一種，應解讀為恢復一般圖書之印行。詳見：汪家熔，〈抗日戰爭時期的商務印書館〉，《商務印書館史及其他》，頁 167。

〔註50〕景人，〈記王雲五〉，收入：朱傳譽主編，《王雲五傳記資料》第 2 冊（台北：天一出版社，1979），頁 46。

1943.3.29	戰後國際和平問題	國立社會學院	發表於《東方雜誌》第卅九卷第四號，收入《旅渝心聲》
1943.4.9	工商管理之人事、財務、物料、設計及其他	社會部	《工商管理一瞥》
1943.5.13	科學管理與國防	國防研究院	發表於《東方雜誌》第卅九卷第六號，收入《旅渝心聲》
1943.6	軍中文化之重要性	中央廣播電台	《旅渝心聲》
1943.6	青年訓練之目標	三青團中央團部	《旅渝心聲》
1944.3.27	實施憲政的先決條件	憲政實施協進會	《旅渝心聲》
1944.6.2	工程師與工業管理	中央大學	《旅渝心聲》
1944.6	業餘無線電的效用	業餘無線電協會	《旅渝心聲》
1944.7	戰時美國工業	中美文化協會	發表於《東方雜誌》第四十卷第十五號
1945.8.5	召集國民大會以前應有之準備	重慶衛戍司令總部	《旅渝心聲》

本表參考資料：《王雲五先生年譜初稿》第一冊，頁397～462。

　　講演有些微的車馬費收入，然最重要的是歷次講演紀錄可集結成書冊出版發行，不但可賺取稿費，還可視該書之暢銷與否領取版稅。例如王雲五之《做人做事及其他》一書，備受歡迎，銷路極廣，一年之內重版多次，王氏版稅拿的殷實，於生活所需頗能撐持一二。其次，從邀請王氏講演的各單位來看，亦頗能看出王氏此間的知名度，從私人團體到公家機關（黨、政、軍、學）均對王雲五的講演極為重視。另外，無一重複的講演題目，又展現了王氏淵博學識的一面；而面對不同的場面與不同的聽眾，王雲五豐富的閱歷經驗又為講演增色不少。大體說來王雲五的講演十分受歡迎，王氏亦藉著構思講詞而溺於腦力激盪的樂趣，〔註51〕所以講演活動在此間王雲五的生活中佔著非常重要的地位。

二、商務印書館在重慶的經營

　　1943年至1945年日本投降為止，是為商務印書館在重慶的「小康時期」。對此間情形，據王雲五回憶：

　　　此時期商務書館的財政已漸寬裕，生產能力與自設工廠方面，已數倍於

〔註51〕王雲五，《岫廬八十自述》，頁337。

一年之前，而其工作效率經過全市的工作競賽結果，名列最前。每日出版新書一種，自去年三月一日開始，迄無間斷。營業方面後方各館一律都有起色，對於營業解款之標準完全達到者，幾達百分之九十。文化界與出版界殆無不贊揚商務復興之速。同時商務駐港辦事處之主要人員，亦陸續來渝，總管理處及駐渝辦事處之人員也漸充實。分工合作，布置井然。〔註52〕

綜觀王氏所述，頗為滿意重慶商務印書館的表現。另外一個明顯證據就是王雲五此時政治活動的頻繁，說明了他對此時商務印書館不需事必躬親，原因就在於商務印書館已逐漸恢復昔日光彩。

1943 年，王雲五應國民參政會經濟建設策進會之聘，暫代滇黔辦事處主任，〔註53〕至昆明協助雲南政府策進限價工作。王氏此行以說明為主，一方面赴西南聯合大學訪問多位專家學者徵詢其意見；另一方面揉合中央方針與此地專家學者的意見，〔註54〕如此容易為當地執政所接受，且能弭紛爭於無形。王雲五回渝後，就滇省觀察平抑物價問題與辦法之研究心得，提出其個人意見，撰文發表在《東方雜誌》上，希望限價問題能得到大家的重視。〔註55〕

自政府遷渝以來，國民政府教育部即在積極推動編印國定本教科書的工作，最初只由國民黨辦的正中書局一家承印。〔註56〕隨著上海、香港的淪陷，國內幾家出名的大出版社紛紛遷來重慶討生活。政府鑒於商務、中華等出版社龐大的生產力與多年編印出版教科書的經驗，於是決定由當時較大的六間出版社加上正中書局合組一聯合出版機構，即是所謂的「七聯」。其中商務印書館、中華書局、正

〔註52〕王雲五，《商務印書館與新教育年譜》，頁 782～783。

〔註53〕滇黔辦事處主任原為褚輔成，因懼雲南省政府主席龍雲（1887～1962，字志舟，彝族。雲南省政府主席。）難以應付，遂以年老體衰為由，堅辭不就。後經經濟建設策進會會長蔣中正准予給假暫休，改以王雲五暫往代理，王氏以負有商務印書館全責說明長期留滇之難處，後以代理一個月為限。詳見：《王雲五先生年譜初稿》第一冊，頁 403。

〔註54〕王雲五，《紀舊遊》（台北：自由談雜誌社，1964），頁 51～52。

〔註55〕王雲五，〈從限價到平價〉，《東方雜誌》，39.1（1943），頁 58～61。

〔註56〕王雲五，在抗戰期間，與國民黨關係密切的出版社其出版量是異常活躍的。尤其是較諸全國受戰爭因素影響而日益緊縮的其他出版機構，之間的差別何啻霄壤。就正中書局一家而言，其在 1938～1945 年期間所出版的圖書種類，遠比 1928～1937 的時期為多。抗戰勝利後，全國復員之際，正中書局又肩負起編印國定本教科書的重任，出版量更在教科書出版的加持上，歷久不衰。王巧燕、孫宏仁，〈正中書局與其他國民黨系出版機構之比較：1949 年以前〉，收入：王綱領等主編，《史學研究與中西文化：程光裕教授九秩壽慶論文集》（台北：臺灣學生書局，2007），頁 190～191。

中書局三家各佔 23%印額；世界書局佔 12%；大東書局佔 8%；開明書店佔 7%；文通書局佔 4%，〔註57〕從此教科書的市場進入一種穩定的局面——印額確定，各家不用競爭；穩賺不賠，專責編印無負擔造貨成本。這對戰時的各家出版社而言無疑是樂而為之的，況且當時國民黨查禁圖書的動作一直持續進行，圖書出版動輒得咎。〔註58〕

所以在商言商——任何企業遵循的生存不二法則，商務印書館自然也不例外。更有甚者，商務印書館還承攬部定大學用書（文、理、醫、商四學院）業務，其印額更高達 50%。〔註59〕不過，商務印書館仍不忘在教科書以外的出版領域上耕耘，這也就造就了商務印書館在中國出版文化版圖上無以取代的地位。〔註60〕

就專門著作方面而言，商務印書館自 1942 年 3 月宣佈恢復日出新書一種後，即注意專門著作之持續出版。重慶商務印書館所出版的第一本新書就是羅家倫（1897～1969）的《新人生觀》，出版後極其暢銷，未及兩個月即已重版，一年之內重版達三、四次之多，〔註61〕可見非教科書在當時仍有一定的賣點。這時的商務印書館著實出版了一些傳之久遠的名作，如錢穆（1895～1990）的《國史大綱》、陳寅恪（1890～1969）的《隋唐制度淵源略論稿》、全漢昇（1912～2001）的《唐宋帝國與運河》等等（表 4-2-2），這些學術名著的出版，多年以後的人們，踏進其專業領域時，仍繞不過這些著作，它們仍是後代子孫援引立據的重要參考指標，其影響之深遠，實無以形容。

表 4-2-2 　商務印書館 1942～1945 年間所出版專業著作選一覽表

作　　　者	書　　　名	出 版 年
呂叔湘（1904～1998）	中國文法要略（上卷）	1942
蕭一山（1902～1978）	清代學者著述表	1943

〔註57〕汪家熔，〈抗日戰爭時期的商務印書館〉，《商務印書館史及其他》，頁 170。
〔註58〕關於國民黨此間查禁圖書的研究可詳見：倪墨炎，〈圖書雜誌審查委員會從產生到消亡〉，《出版史料》，1（1989），頁 91～98；張釗，〈抗戰期間國民黨政府圖書審查機關簡介〉，《出版史料》，4（1985），頁 134～137。從 1940～1944 年間，圖書檢查相關律條極多如：〈戰時圖書雜誌原稿審查辦法〉（1940）、〈圖書送審須知〉（1942）、〈書店印刷店管理規劃〉（1943）、〈出版品審查法規與禁載標準〉（1944）。詳見：張靜廬輯註，《中國出版史料丙編》，頁 497～520。
〔註59〕王雲五，《商務印書館與新教育年譜》，頁 785。
〔註60〕宋軍令，〈近代商務印書館教科書出版研究〉（四川大學歷史文化學院碩士論文，2004），頁 34～38。
〔註61〕王雲五，《商務印書館與新教育年譜》，頁 771。

王　力（1900～1986）	中國現代語法	1943
錢　穆（1895～1990）	國史大綱	1943
馮友蘭（1895～1990）	新原人	1943
呂叔湘（1904～1998）	中國文法要略（下卷）	1944
王世杰（1891～1981） 錢端升（1900～1990）	比較憲法	1944
熊十力（1885～1968）	新唯識論	1944
金毓黼（1887～1962）	中國史學史	1944
洪　謙（1909～1992）	維也納學派哲學	1944
羅爾綱（1901～1997）	綠營兵志	1944
張含英（1900～2002）	歷代治河方略述要	1944
馮友蘭（1895～1990）	新理學	1944
陳寅恪（1890～1969）	隋唐制度淵源略論稿	1945
蕭一山（1902～1978）	清代史	1945
全漢昇（1913～2001）	唐宋帝國與運河	1945
馮友蘭（1895～1990）	新原道	1945
林語堂（1895～1976）	啼笑皆非	1945

本表參考資料：《商務印書館大事記》，1942～1945 年紀事。

　　1944 年，王雲五計畫在大後方印行一大規模叢書，即是後來的《中學文庫》，〔註62〕其編印的原因是以此為中學生補充讀物藉以提振中國的中等教育。王雲五嘗言：「自主持商務印書館編譯以來，二十年間，對於中小學生的補充讀物，出版特多」〔註63〕可見其對此用力之深，最有名者莫過於是《萬有文庫》第一、二集的編輯出版，由此充實學校圖書館之藏，便利學生補充課外知識。抗戰以還，學校一路內徙，藏書零散。太平洋戰爭爆發後，滬、港淪陷，《萬有文庫》單行本多來不及運出。商務印書館遷渝後，教育部曾商請重印各種中等學生補充讀物，然

〔註62〕早在《萬有文庫》出版後，因其取材較廣，其中一部份程度較深，非適於一般中學生閱讀理解，於是王雲五就有別編中學文庫的想法，後因一二八事變商務印書館損失慘重，此念遂絕。詳見：《王雲五先生年譜初稿》第一冊，頁 407。

〔註63〕王雲五，〈印行中學文庫緣起〉，《商務印書館與新教育年譜》，頁 788。

以當時商務印書館的情況實力有未逮。待 1943 年以來，復業有成，方有編輯《中學文庫》的想法。《中學文庫》取材來源有四：

一、教育部就《萬有文庫》第一集原選之第一輯中學生參考用書。

二、《萬有文庫》第二集中適於中學生之讀物。

三、抗戰來以出版適於中學生之其他書籍。

四、最近三年間在陪都出版有關抗戰及國際新形勢，而為中學生所當讀之書籍。〔註 64〕

全套書籍共 400 冊，其中採自第一、二條件者 117 冊；第三條件者 105 冊；第四條件者 178 冊。就比例上看來，「無異嶄新編著之一文庫」。〔註 65〕《中學文庫》的出版造就了重慶商務印書館的營業最高峰，銷售長紅，也意外的解決了戰後存書的問題。〔註 66〕

第三節　復員後的商務印書館

一、五聯的遺響

1945 年 8 月 14 日，日本宣佈無條件投降。數日後，王雲五即分遣要員至滬、港籌辦善後事宜，旋致函張元濟除就館中公事相叮囑外，重點在於「查詢淪陷期內商務印書館參加五聯承印偽組織核定之教科書事項」，〔註 67〕後經證實，彼時負責人鮑慶林已逝，此事應已作罷。孰料王雲五堅決要處置鮑氏之後繼人員，爭執遂起。是年 8 月 29 日，王雲五開始有所動作，一方面派李澤彰代表自己到滬參與董事會的召開並於會後留在滬館主持相關事宜；一方面致函張元濟告知須在董事會上提出討論的幾項事宜，其中一項便是：

> 鮑慶林兄去世後，聞董事會為應付非常，推舉公司襄理韋傅卿君暫代本公司經理，現在李經理伯嘉業已回滬主持，韋君暫代經理已無其必要，且就當前局勢觀察，為公為私，韋君亦以交卸其所代理之職為宜。〔註 68〕

王雲五的目標至為明顯，矛頭指向滬館代經理韋傅卿。另外就王雲五所擬之「駐滬

〔註 64〕王雲五，前引文，頁 788～789。

〔註 65〕王雲五，前引文，頁 789。

〔註 66〕《中學文庫》除新印者外，餘皆搭配原印存書銷售。因此，後方所印之土報紙本中學用書，幾乎悉數售罄。詳見：王雲五，《商務印書館與新教育年譜》，頁 787。

〔註 67〕《王雲五先生年譜初稿》第一冊，頁 465。

〔註 68〕《王雲五先生年譜初稿》第一冊，頁 467。

辦事處辦事大綱」，其中關於人事者一項，第二款規定：「有附逆嫌疑者勿庇護，一律令其脫離公司」。〔註69〕當時商務印書館以附逆爲名開除的職工有三人：周越然（1885～1962）、黃警頑（1894～？）〔註70〕、周昌壽（1888～1950）。

　　王氏處理明快，頗有殺雞儆猴之意。〔註71〕9月23日，王雲五接獲李澤彰來電，告知董事會議決「免除韋傅卿經理職一事」暫緩辦理。王氏覺得茲事體大，即函達張元濟告知此事之嚴重性：「按國家政策，加以嫉忌本公司者之傾陷，局勢時至嚴重，幸以公司在後方之貢獻及弟個人之關係，經弟在此分頭解釋之後，風波漸息，惟以主持人更換爲條件，故不得不暫屈傅卿以維持公司」，接著不無動氣的說道：「一年之後，盡可隨意酬庸……弟尤無把持公司之意」，並聲明自己「至多再以一年爲公司謀復興後，即行脫離（此爲多年夙志，決不變更）」。王氏此封信到末尾還忿忿地加了一句「鄙意無不可告人者，倘公認爲必要，請出示翰翁、拔翁，甚或董會全體，均無不可」。〔註72〕王氏決絕之心，表露無疑。

　　五天後，王雲五再度致函張元濟，信寫的非常長，其中費了極大的篇幅，一一詳陳其定要處置韋傅卿之原因，此信終於使我們了解到王雲五爲何要斷然處置韋傅卿了，「五聯」只是一條引線，韋傅卿早在太平洋戰爭初發時，就爲自己種下了去職的惡果：

> 自港戰發生後，弟即迭電其經廣州灣來渝相助。然傅卿以省視家人爲重，堅持須經滬來渝，函電久芸向弟懇求，實際上已置私事於公事之上，使此間同人咸發生不良之印象。及抵滬後，雖因慶林挽留，不復來渝，然公司最高當局之再三命令，置諸不顧，而聽命於慶林。以情節言，實等於抗命，以心跡言，亦由於畏難。〔註73〕

上述情形可知，韋傅卿早與王雲五有心結。員工不聽令調遣，這在王雲五來說是一

〔註69〕《王雲五先生年譜初稿》第一冊，頁468。
〔註70〕黃警頑有"交際博士"之稱。他嘗言：「我在店堂裏從1913年一直奔走到1946年前後三十三年，變成一張會說話的活動櫃台，一本沒有字的人名大字典，一具商務印書館的活廣告。」詳見：黃警頑，〈我在商務印書館的四十年〉，《商務印書館九十年》，頁91。
〔註71〕根據汪家熔的研究，周越然、黃警頑二人確有附逆之實，但周昌壽就有一點被羅織入罪的味道。周氏爲留日學生，因爲有此背景在租界淪陷時受董事會之託，負責與日人交涉相關圖書檢查、資產啓封等諸事宜。並未參與僞組織，未查明眞相而遽付開除，引起同人的不滿。詳見：汪家熔，〈抗戰勝利後的商務印書館〉，《商務印書館史及其他》，頁179。
〔註72〕《王雲五先生年譜初稿》第一冊，頁472～473。
〔註73〕《王雲五先生年譜初稿》第一冊，頁474。

大忌諱，之前的工廠內遷時，王氏吃足了調不動人的痛楚。「言念及此，實最痛心」，
〔註74〕所以，王雲五絕不再重蹈覆轍，態度乃極為強硬。

是年9月30日，張元濟致函王雲五就王氏前述所言韋傅卿一事發表了自己的看
法：「聯合出版，本係慶林任內之事，傅卿不過繼承。慶林確曾報告董事會，具載議
案。此時若由董事會開除傅卿代理經理，明是委過於人，弟於心殊覺不安」。〔註75〕
但考慮到王雲五的堅決態度，最後只能應允「傅事照辦」並在信中說明自己在此事
的立場與做法，並無意偏袒某方。韋傅卿終於去職，改調駐渝辦事處協理職，一場
因為「五聯」而引起的總管理處與董事會的對立紛爭終於結束。

二、教科書利益的維持

1946年春季開學在即，所需教科書須於1945年年底備齊。商務印書館因為王
雲五著意必先解決「五聯」的人事糾葛，才能正式開展其復員工作，事情至九月下
旬後方獲解決，到是年年底只餘三個月時間，對於教科書之編印出版來說為期甚促，
加上需印製的數量又巨，所以因應各廠情形之不同而想方設法調配使其達到預期目
標：上海工廠方面，加緊擴充裝備並配合外間代印；香港工廠方面，設法收回機器
暨整理廠房，俾重新開工，期能供給華南各地春季用書無虞；重慶工廠方面，則須
解決用紙問題；北平工廠方面，派員接收京華印書局處理善後，趕緊利用以供華北
及東北各省所需要之教科書，就連贛縣小型工廠亦加緊重建，希望能在趕印教科書
上分擔工作。

王雲五對上述工作用力甚深，慎選各方面主持人依其手訂復興計畫，加緊進行，
並對於任何需用款項均一一撥給，俾使工作順利進行，儘管因為如此，商務印書館
驟然增加了許多負擔，所幸這些工廠都能如期地投入生產行列，使得復員工作得以
倚靠不間斷的生產而持續進行終至成功。如此1946年春季開學，各地所需用之教科
書便得以供應不輟。王雲五此舉的成功實寓有深意焉。

首先，再次向商務印書館董事會證明王氏的價值。前次王雲五因為執拗「五聯」
的問題幾與商務印書館董事會決裂，後來董事會順從王氏之決，「五聯」所引發的紛
爭遂告一段落，但王雲五與董事會間嫌隙已生，且王氏一直留渝不歸，更加深了彼
端的猜疑。此次教科書的成功，王雲五就是要一掃董事會對自己的疑慮，證明自身
的能力實為商務印書館屹立不倒的最大保障。

其次，此次各廠復員費用共耗去法幣四、五億元，幾耗盡重慶後方四年間的盈

〔註74〕王雲五，《岫廬八十自述》，頁243。
〔註75〕張元濟致王雲五函（1945年9月30日），《張元濟書札（增訂本）》上冊，頁211。

餘。〔註76〕不過這個做法仍是利多於弊，因為時局的不穩實在無法正確逆料通貨膨脹的問題何時趨緩，先就目前所值，盡數投資，避免在下一波物價波動時，受到幣值大貶影響資金的數值。且這些錢財又多為王雲五在渝時期調度有方行事有節所打拼積累下來的成果，全數用於商務印書館的復員工作上，不但令館中員工感恩戴德，更能打破關於王氏欲要把持公司的謠傳。

三、王雲五的去留

抗戰勝利後，王雲五委以李澤彰全權代表自己至滬總理一切，已顯示王氏執意「擺脫商務責任」〔註77〕的決心。日後面對滬館方面多次的敦請蒞滬指揮，王雲五概以書信、電報等方式回應，對於此種情形王雲五解釋道：

> 其主要理由有二。一是政治協商會議，正在醞釀，此一著之成功失敗，與抗戰之成果有重大關係；……二是上海的商務書館館廠，經過了長期的淪陷，其人事與工作均與戰前迥不相同，我如果親自返滬，不從事根本上的整頓，勢將因循下去，如從事整頓，則斷非短時期所能收效，且非以全副精神親自留滬監督進行不為功。如此，則參加政治協商會議殊不可能。〔註78〕

王雲五所言留渝的兩個理由，其為「政治謀」的意圖至為明顯，說其「在商務印書館與現實政治之間，已然選擇了政治」〔註79〕並非誣言。

從1945年8月16日王氏致函商務印書館董事會主席張元濟商量復員相關事宜開始，至1946年9月24日新任總經理朱經農（1887～1951）到館視事為止，王雲五躬身到滬館只有唯一的一次——1946年4月的辭職之行。

1946年5月2日，商務印書館董事會會議對於王雲五擬辭總經理職事詳加討論，最後議決「王總經理辭職關係重大，萬難照允，惟為顧念其目前參與國政，本公司業務不克親自主持，特推請李拔可經理暫行代理總經理職務」。〔註80〕滬館方面仍然對王氏有所期待，希冀其能打消辭職的念頭，繼續領導商務印書館成就中國出版界第一的名號。但是期待畢竟是單方面的想法，王雲五的態度早已堅定不移：「我的最大決心，就是等到抗戰勝利，把商務書館的責任交還董事會，我斷斷不再留戀」。〔註81〕

〔註76〕王雲五，《商務印書館與新教育年譜》，頁832。
〔註77〕王雲五，《岫廬八十自述》，頁344。
〔註78〕王雲五，《商務印書館與新教育年譜》，頁833。
〔註79〕王建輝，《文化的商務——王雲五專題研究》，頁249。
〔註80〕商務印書館董事會第462次會議記錄，詳見：《張元濟年譜》，頁514。
〔註81〕王雲五，《岫廬八十自述》，頁348。另外，王雲五在數年前訪英時曾會晤過該國糧

再加上在 1946 年 5 月 5 日，王雲五參加國民政府舉行還都南京大典後，即由蔣中正夫婦邀其單獨一人餐敘，席間堅邀王氏出掌經濟部，王雲五慨允出任。這又使得王氏辭職更是「師出有名」。

是年 5 月 15 日，國防最高委員會決議特任王雲五為經濟部長，同日由國民政府發表任命。事至此已無轉圜之餘地，王氏之辭商務印書館總經理職已成定局。5 月 20 日，商務印書館董事會終於做出議決通過王雲五的辭職案。〔註 82〕1946 年 5 月 16 日，王雲五以新科經濟部長之尊在上海接受中央社記者訪問，表示「余不是來做官，是來做事，做事則必絕對負責」。〔註 83〕咫尺之距的商務印書館正在為王氏的堅辭而在焦頭爛額，聞「做事則必絕對負責」之語，想必感觸良多。1948 年 11 月，王雲五因為「金圓券」〔註 84〕事件辭職蟄居廣州從事著述。12 月 24 日王雲五接獲張元濟來信云：「商務印書館本屆股東年會甫於本月十九日舉行，與同人相酌，謂公此時正宜韜晦，不敢復以董事相溷」〔註 85〕，王氏只是商務印書館的一名股東，毫無任何預聞館事的權力，自此王雲五真正離開了奉獻廿五年歲月的上海商務印書館。

食部兼建設部部長烏爾頓勳爵（Lord Woolton），對於烏氏乃一無黨無派的工商界人物，而被英政府擢任政府要職，王氏在日記中寫道，「烏氏憑其在工商界之心得與經驗，推及其新膺之政務，而克收大效焉」。字裡行間頗有大丈夫當如是也的感慨。詳見：王壽南編，《王雲五先生年譜初稿》第二冊（台北：臺灣商務印書館，1987），頁 544。

〔註 82〕 商務印書館董事會第 463 次會議記錄，詳見：《張元濟年譜》，頁 514。

〔註 83〕 《王雲五先生年譜初稿》第二冊，頁 526。

〔註 84〕 關於金圓券的施行到底是否為王雲五的決策，存在著相當多的看法。王雲五的自述與邵德潤的研究，均顯示金圓券的政策確為王氏所主導。詳見：王雲五，《岫廬八十自述》，頁 494～547；邵德潤，〈發行金圓券的真實情況——讀王雲五自述與徐柏園遺稿而得的結論〉，《傳記文學》，44.4（1984），頁 23～25。而沈雲龍卻認為：「此項改革原案，非王氏本意，而謂勇於代人受過所致」。詳見：吳相湘，〈王雲五與金圓券的發行〉，《民國史縱橫談》（台北：時報文化出版公司，1980），頁 227～252；吳相湘，〈王雲五與金圓券的發行〉，《傳記文學》，36.2（1980），頁 44～52。

〔註 85〕 張元濟致王雲五函（1948 年 12 月 24 日），收入：王雲五輯印《岫廬已故知交百家手札》，此書無頁碼。

第五章　結　論

> 昌明教育平生願，故向書林努力來。
>
> 此是良田好耕植，有秋收獲仗群才。
>
> ——張元濟，〈別商務印書館同人〉1952。〔註 1〕

　　1897 年四位印刷職工所開設的印刷手工作坊——商務印書館，當時任誰也無法逆料此舉的文化價值與歷史意義。張元濟的加入象徵著此印刷作坊走向出版專業的重要里程碑〔註 2〕，「標誌著中國近現代出版業的誕生」〔註 3〕；王雲五的到來則標誌此出版企業新紀元的開始。

　　1918 年張元濟因感「公司範圍日廣，罅隙日多。吾輩均年逾始衰，即勉竭能力，亦為時幾何？且時勢變遷，吾輩腦筋陳腐，亦應歸於淘汰。瞻望前途，亟宜為永久之根本計劃。若苟且內循，僅求維持現狀，甚非計也」，〔註 4〕呼籲改革求變的重要性。在另一封信中更赤裸裸的直陳：「五年前之人才未必宜於今日，則十年前之人才更不宜於今日。……事實如此，無可抗違。此人物之所以有生死，而時代之所以有新舊也」。〔註 5〕在如述的想法下，開展了一場「商務內部的矛盾」的激爭。〔註 6〕

　　張元濟率先於 1920 年辭去經理一職改任監理，希望能為商務印書館覓得一位兼具新學薰陶與管理長才的領導人物，〔註 7〕張氏的眼光投注到了胡適身上。〔註 8〕

〔註 1〕　張元濟，《張元濟詩文》，頁 52。

〔註 2〕　王雲五，《商務印書館與新教育年譜》，頁 3。

〔註 3〕　楊揚，《商務印書館：民間出版業的興衰》，頁 28。

〔註 4〕　張元濟致高鳳池函（1918 年 5 月 29 日），《張元濟書札（增訂本）》下冊，頁 942。

〔註 5〕　張元濟致高鳳池函（1919 年 10 月 8 日），《張元濟書札（增訂本）》下冊，頁 944。

〔註 6〕　即是所謂保守派的高鳳池與改革派的張元濟因經營管理、人才進用等觀念的不同，相互抵制進而影響商務印書館的運作，後因陳叔通居間調停，建議設置總務處來處理此間問題，爭端遂弭。詳見：陳叔通，〈回憶商務印書館〉，《商務印書館九十年》，頁 136～139；周武，《書卷人生：張元濟》（上海：上海教育出版社，1999），頁 147～166。但張元濟並不主張作全盤改弦易轍式的激烈改革，他強調的是一種漸進式的改良。參閱：周武，前引書，頁 3。

〔註 7〕　張元濟曾囑託黃警頑找來陳獨秀、吳稚暉、汪精衛等人在上海的住址並與之連絡約定會面時間，計畫一一親自訪晤，探詢來商務印書館服務的意願。詳見：柳和城，〈從

時胡適剛回國任教於北京大學學術生涯伊始，雖言「一個支配幾千萬兒童的知識思想的機關，當然比北京大學重要多了」。〔註9〕胡適仍婉拒了商務印書館的聘請，只答應趁暑假時至滬館充當他們的「眼睛」〔註10〕，提一提自己的意見。胡適到上海時，幾乎所有商務印書館的重要職員均到車站迎接，其受歡迎的程度直逼京劇名角梅蘭芳受邀初登天蟾舞台的仗陣。〔註11〕1921 年 9 月胡適草成一份〈關於商務印書館改革的報告〉敬呈張元濟、高夢旦審閱。胡適「針對事實，處處求其易行」所以提議都是很切實可行，無大難行者。〔註12〕這一份改革報告，亦為其薦代者王雲五提供一堅實的踏腳石。

王雲五同胡適一樣先行在商務印書館觀察三個月，末了擬了一份〈改進編譯所意見書〉提請張元濟、高夢旦考慮是否妥當，如蒙允支持則當勉留任職。經張、高二人與董事會交換意見後，由衷表示將全力支持王氏的改革意見。〔註13〕王雲五旋走馬上任，任商務印書館編譯所所長職，擬就〈改進編譯所意見書〉進行改革。王氏的〈改進編譯所意見書〉乃是就之前胡適所提〈關於商務印書館改革的報告〉計畫的原案加以演繹，所以得到胡適的大力支持與襄助，尤其是在新式人才的舉薦上，胡適更是不遺餘力。〔註14〕

換句話說，王雲五當時未孚人望而驟予改革，最大的保證應該就是來自於胡適的背書。王雲五的改革中影響最為深遠的就是「新式人才的聘用」，如朱經農（1887～1951）、唐鉞（1891～1987）、竺可楨（1890～1974）、段育華、秉志（1886～1965）、任鴻雋（1886～1961）、周鯁生（1889～1971）、陶孟和（1887～1960）等等一流人

一份地址看張元濟與民國風雲人物的交往〉《出版史料》，1（1990），頁 39～41。
〔註 8〕當時對胡適感興趣的不只張元濟一人，上海《時報》負責人狄葆賢（字楚青，1904
年在上海創辦《時報》，以陳冷為主筆，宣傳保皇立憲，是二十世紀初中國最有影響
的報紙之一。1911 年在北京發刊京津版《時報》。後來專攻佛學。）亦向胡適頻送
秋波，擬以月薪 200 元聘請胡適撰稿，題目、內容等毫無限制隨胡適自由發揮。詳
見：《胡適的日記》上冊（北京：中華書局，1985），頁 107；159。
〔註 9〕胡適，〈高夢旦先生小傳〉，《東方雜誌》，34.1（1937），頁 37。
〔註10〕《胡適的日記》上冊，頁 24。
〔註11〕《胡適的日記》上冊，頁 147。亦有人認為胡適此行是藉機到上海遊玩，到商務印
書館只是虛應一下事故。詳見：陳原，《陳原出版文集》（北京：中國書籍出版社，
1995），頁 396。
〔註12〕《胡適的日記》上冊，頁 233。
〔註13〕王雲五，《岫廬八十自述》，頁 78。
〔註14〕王雲五當時寫信給胡適，請其推薦適合商務印書館編譯所新設史地部主事的人才，
胡適舉任鴻雋與王氏，後來任氏不但就任史地部主任職，還成為王雲五的得力助手。
詳見：耿雲志主編，《胡適遺稿及秘藏書信》第 24 冊（合肥：黃山書社，1994），頁
280～283。

才。〔註15〕（各人詳細學經歷資料請參閱附錄二）

　　從 1922 年至 1924 年，編譯所進用之新人共達 266 人，爲商務印書館編譯所成立以來聘用新人的最高紀錄。〔註16〕這些人才奠定了日後商務印書館優質出版品的基礎，〔註17〕後來多數成爲傑出學者，對中國學術文化做出卓越的貢獻。有研究者從五四的文化角度去剖析王雲五此次的改革，儘管有其道理，但卻模糊了改革所帶來的眞正影響。〔註18〕

　　除了前述「人才頗充實」〔註19〕外，另外一深重的影響就是王雲五自身自信心的養成與贏得張元濟鼎力的支持。爾後商務印書館度過幾次深重災難的危機，端賴二者之間的合作無間。王雲五對此嘗言道：「菊老支持之功於我大有補助。假使沒有他的全力支持，在效果未顯明的過渡時日，恐怕我的成就不免要打個折扣」。〔註20〕兩者之間的關係在一二八事變商務印書館復興後，達到極爲契合的地步，「菊老知我益深，不僅在公務上無事不尊重余意，力爲支持；即私交上亦無話不說」。〔註21〕一連串的災難試驗即將來臨，焦煉著兩人。

　　1932 年 1 月 28 日，一場考驗商務印書館領導階層者意志、毅力與應付突變能力的重大災難從天而降，〔註22〕災難之鉅超乎想像，「可謂百不存一」〔註23〕，復興工作因此顯得困難重重。雖然如此，商務印書館層峰仍勉力爲之。張元濟在寫給胡適的信中表明道：「商務印書館誠如來書，未必不可恢復。平地尚可爲山，況所覆者猶不止於一簣。設竟從此澌滅，未免太爲日本人所輕」〔註24〕，相同的想法亦見諸於王雲五：「敵人把我打倒，我不力圖再起；這是一個怯懦者。……一倒便不會翻身，適足以暴露民族的弱點，自命爲文化事業的機構尚且如此，更足爲民族之恥。……這個機構三十幾年來對於文化教育的貢獻不爲不大；如果一旦消

〔註15〕　據陶希聖的回憶，當時這批編譯所的新進人員待遇主要參照學歷高低而定並輔以經歷考量，連辦公用的桌椅亦是按照學歷來區分大小。詳見：陶希聖，《潮流與點滴》，頁 64；74。
〔註16〕　唐錦泉，〈回憶王雲五在商務的二十五年〉，《商務印書館九十年》，頁 255～256。
〔註17〕　編輯人員乃是作者與讀者的中介，一個優秀的編輯人員足使出版品更加精益求精。參閱：李海崑，《出版編輯散論》（濟南：山東教育出版社，1993），頁 183～184。
〔註18〕　王建輝，《文化的商務——王雲五專題研究》，頁 46～47。
〔註19〕　王雲五，《岫廬八十自述》，頁 79。
〔註20〕　王雲五，〈張菊老與商務印書館〉，《舊學新探》（上海：學林出版社，1998），頁 170。
〔註21〕　王雲五，《商務印書館與新教育年譜》，頁 624。
〔註22〕　張人鳳，〈爲國難而犧牲　爲文化而奮鬥——抗日時期的商務印書館〉，《商務印書館一百年》，頁 503。
〔註23〕　張元濟致傅增湘函（1932 年 3 月 17 日），《張元濟傅增湘論書尺牘》，頁 283。
〔註24〕　張元濟致胡適函（1932 年 2 月 13 日），《張元濟書札（增訂本）》中冊，頁 830。

滅，而且繼起無人，將陷讀書界於飢饉」。﹝註25﹞正是這種民族精神的激越化為一股重建的動力，使商務印書館得以浴火重生，並藉此向日人宣示中國抗戰的決心和不屈不撓的民族精神。

商務印書館從一二八事變所造成的重創中復原過來且創造了商務印書館史上出版、營運的輝煌期。風光不逾五年，淞滬戰起，日本帝國主義再次挾災難而來，商務印書館遭受更為慘痛的傷害。儘管有了之前處理一二八事變的經驗，商務印書館領導階層亦早有戰事蔓延至滬的準備，此間最為重要的決定就是香港分廠的把握。1937 年 10 月，王雲五到港指揮一切，駐港辦事處儼然是總管理處，從此這裡就成為商務印書館編輯、出版、印刷的重心，一直到 1941 年太平洋戰爭爆發為止，香港分廠給養了戰時商務印書館的生存所需。但戰爭畢竟難以真正逆料，苦難不知將伊于胡底。王雲五對此有一段極為傳神的描述，足見此間復興之勞：

> 我這兩年的苦真非「一・二八」時所能比擬，那時候痛定便可復興，這時
> 期則一面破壞一面復興，一面復興又是一面破壞，加以疆土日縮，工農業
> 日艱，成本日重，運輸日難，而生活程度日高，同人之欲望亦日大，而「八・
> 一三」以來我的作風正和「一・二八」後相反，全體同人不使一人失所，
> 全部事業不嘗一日停頓，因此苦中加苦，不知從何說起。所幸身體尚能支
> 持，「一・二八」後幾年內黑鬍子變成了白鬍子，「八・一三」兩年內身體
> 減重三十磅，精神上卻還如常，對于故人之遠念，可以告慰而已。﹝註26﹞

而此時的商務印書館駐滬辦事處卻是另一番景象，留在此間主持一切的張元濟正忙著使其出版機能動起來，《孤本元明雜劇》的出版就是一項力證。從中又引起文化界搶救古籍的行動，進而影響合眾圖書館的誕生，展現了另外一種「抗日救亡」的形式。

太平洋戰爭爆發，日軍進佔整個上海、香港，商務印書館基地驟失，好不容易維持下來的安定生產局面，轉瞬間破壞殆盡。上海方面，日軍一連串的圖書檢查、沒收書籍、繳銷紙型、抄去鉛字、查封資產等等動作，完全癱瘓了此間印刷出版的能力。留在滬上的張元濟以七十餘歲的高齡羸弱的身子勉力維持，商務印書館始終未向偽組織登記註冊，亦未曾招開股東大會，深懼股東們要求增資，敵偽勢力趁勢採資本滲入的手段來予以控制，僅由董事會議決借發股息數次，以杜悠悠之口。﹝註27﹞

但大批職工們的生活仍須靠不間斷的生產才有維繫的可能，於是又有所謂「五聯」的存在，藉編印出版汪政權下的國定教科書，或多或少解決職工們飢腸轆轆的

﹝註25﹞ 王雲五，《岫廬八十自述》，頁 201～202。
﹝註26﹞ 《胡適遺稿及秘藏書信》第 24 冊，頁 360～361。
﹝註27﹞ 王雲五，《商務印書館與新教育年譜》，頁 765。

窘況。重慶方面，時王雲五正在渝參加國民參政會會議，得悉太平洋戰爭爆發，遂在重慶成立總管理處，並設駐渝辦事處統轄後方所有館廠，宣佈展開「商務印書館第三度復興」〔註28〕，滬、港等地重要人員分批到渝襄助其事，使得復興工作推展十分順利，但營運利潤今非昔比，最大的原因就在於教科書的出版上，商務印書館已失去獨佔鰲頭的地位，此時教科書的出版採國定配額制，雖然專責編印無負擔造貨成本，但在印額有限下，再加上嚴重的通貨膨脹問題，收入遂大幅縮水。不過大體說來，商務印書館的復興已上軌道。所以在上述情況下，王雲五把多數的時間、心思用在政治，旋棄「商」從政，張元濟與王雲五就此分流。

抗戰時期商務印書館的歷史實繫於張、王二人此間的活動印記，書寫商務印書館的歷史也因為加入了二人的相關資料而變得豐富、生動許多，二人許多的堅持與決策對於形塑戰時商務印書館的形象有著舉足輕重的影響。

「在商言商」與「文化薪傳」在商務印書館來說是同等重要的事，前者是其生命之所寄；後者乃為其精神之所託。即便如張元濟與王雲五性格上差異極大的兩個人，對於這兩大目標的掌握亦是拿捏得當毫無過分之處，揆諸幾次災難後的復興工作，大都體現了上述兩大目標的要求。文章的最後，吾人應再向張、王二人致上崇高敬意，由於他們的苦心孤詣勉力維持戰時商務印書館於不墜，使得中國文化得以薪續，他們真正做到「為苦難的中國提供書本而非子彈」〔註29〕，遺響深遠。

〔註28〕 王雲五，《商務印書館與新教育年譜》，頁799。
〔註29〕 在這裡借用1930年，王雲五出國考察接受美國紐約時報記者 Abend 訪問後所發佈的新聞稿名稱。詳見：《王雲五先生年譜初稿》第一冊，頁172。

附錄一 文獻保存同志會第一號至第九號工作報告書

文 獻 保 存 同 志 會 第 一 號 工 作 報 告 1940.4.2						
購 進 珍 本 工 作 報 告						
時 間	購入珍本	數 量	說　　　明	金 額	賣 家	介紹人
1940 年 2 月底	劉世珩之玉 海堂藏書	75 種	1.宋刻《魏書》一部（後印）	17,000 元	孫伯淵	潘博山
			2.元刻元印《玉海》一部（計 200 冊附刻 13 種，全國似無第二部， 惜附刻最後 2 種係以明印本配 全）			
			3.明刊及抄本曲 20 種			
			4.餘均爲元明抄本及抄校本			
1940 年 3 月初	杭州胡氏藏 書	780 種	1.元刊本 3 種（均不甚佳）	6,000 元	杭州胡氏	中國書店 之金祖同
			2.明刊本 60-70 種			
			3.餘皆爲超校本（多半出自丁丙 與許增之校，因爲胡氏之藏多半 從娛園購得）及清刊本（中有極 難得者，且均爲初印本）			
1940 年 3 月底	上元宗禮白 金石藏書	220 餘種	1.元刻元印《考古圖》最佳	4,000 元	宗禮白	鐵琴銅劍 樓之瞿鳳 起
			2.多稿本及抄本（可稱善本者近 40 種，容庚《金石書目》未著錄 者凡 60 餘種）			
1940 年 3 月初	松江韓氏藏 書	12 種	1.均爲舊抄校本，雖非上品，但 價甚廉，且均尚有用	350 元	張聰玉	中國書店
			2.明抄本《法帖釋文》			
			3.舊抄本《道藏目錄》			
			4.校宋本《謝宣城集》			

1940 年 3 月底	鐵琴銅劍樓藏書	20 種	1.元明刊本及抄校本，均甚佳妙	2,000	瞿鳳起	中國書店估價
			2.愛日精廬舊藏《營造法式》16 冊（圖繪精妙，惜中有新鈔配本 4 冊）			
			3.明抄本《澠水燕談錄》2 冊（黃丕烈等跋）			
			4.洪武刊本《元史》70 冊			
			5.萬曆刊本《十六國春秋》32 冊（惜抄配 2 冊）			
			6.明初刊本《龍門子凝道記》2 冊（葉石君藏）			
			7.明黑口本《滕王閣集》2 冊（何夢華藏）			
			8.元刊本《素問入室運氣論奧》1 冊、			
			9.元刊本《皇帝內經素問遺編》1 冊			

正 在 進 行 工 作 報 告					
欲購入珍本	數 量	說 明	金 額	介紹人
---	---	---	---	---
湘潭袁氏（思亮）藏書	近 80 箱	中多善本		
南海康氏所藏宋元明及抄校善本	200 餘種	所藏宋元本鑑別不精，多雜贗品，非細加剔除不可		
鄧氏群碧樓藏書	善本 300 餘種	以抄校本爲多，孫賈伯淵及平賈等所合購，觀其送來之書價單，其全部定價在十萬以上，可謂空前奇昂、明抄各書及何義門、鮑菉顧、勞氏兄弟所抄校者，實是珍品，棄之可惜		
嘉業堂藏書		迄未商洽就緒，恐其數值決非我輩力所能及，鐵琴銅劍樓所藏已商約再三，絕不他售，瞿氏兄弟深明大義，殊爲難得，當可分批陸續得之，欲一時盡其所藏，此時尚談不到也		
南潯張氏昆仲藏書		可陸續得之		
李氏藏書	120 餘箱（約 10,000 餘冊）	雖爲普通書，但是均爲有用之參考物（《九通》、《廿四史》及清代所刊史、集等），可補充本庫之所缺也	不出 4,000 元（約 3,000 餘元可得，每冊不及 4 角）	傳薪書店

上　海　與　北　平　各　書　肆　零　星　購　書　報　告			
購入書籍	數　量	版　　本	說　　　明
近代史料	70-80 種		中有抄本不少，如《島夷紀略》、《窺豹略》（皆敘鴉片戰爭經過）、《內閣官制》等，皆可資用
清人文集	約 400 種		皆選擇其有用與不可缺者。普通之詩詞集皆棄之
《樂府詩集》	零購善本	元刊元印	傅沅叔密校
《六朝詩集》	零購善本	嘉靖本	二十四家，《北平圖書館善本目》僅十七家，缺首二冊
《唐百家詩》	零購善本	嘉靖本	朱警編，北平圖書館僅有明抄本
《中庸或問》	零購善本	元刊大字本	蝴蝶裝，紙首為元代物價
《聖宋五百家播芳文粹大全》	零購善本	明抄本	
《神器譜》	零購善本	萬曆刊本	
《南樞志》	零購善本	崇禎刊本	絕佳，雖為殘本，未見第二部
《皇明名臣碑銘》	零購善本	嘉靖抄本	
《寶日堂志》	零購善本	明抄本	張鼐作，類《酌中志》
《郁岡齋筆塵》	零購善本	萬曆刊本	價未商妥
薛應旂《憲章錄》	零購善本	萬曆刊	天一閣舊藏
《石倉詩選》	零購善本	崇禎刊	明詩至六集止
《雪竇山寺志略》	零購善本	弘光乙酉刊本	極罕見
《寓山志》	零購善本	崇禎刊本	
田藝衡《留青日札》	零購善本	萬曆刊	

尚　在　議　價　及　接　洽　中　報　告						
書　　名	數量	版　本	說　　明	金額	賣家	介紹人
《說郛》		明藍格抄本	書未寄到			
《牛首山志》		萬曆刊本	有徐勃跋			
《大明集禮憲章類編》		明刊殘本				
《全唐詩底稿》	119 冊		季滄葦輯，皆以明刊諸唐人集剪貼，其中間並有宋板書在內（惟僅見首函，未睹宋板），殆集明刊唐詩集之大成，且足發清人輯《全唐詩》掠竊之覆。惜索價過昂，雖極重視，卻不能割愛，如先生覺有購置必要者，當再度與之商談，恐其價未必能多削減	8,000 元	劉晦之	李紫東

| 《石林詩話》 | 2卷 | | 共48頁，陳仁子刊，或誤爲宋板，實元初刊之最上品，索價至 1,300 元，且至刊登《字林報》，求售外人，殊爲可惡，曾數次相商，亦未談妥 | 1,300 元 | |
| 《中山集》 | | 明刊本 | 劉夢得撰。此書除日本某氏藏宋本外，明刊極罕見。索價至千金，亦未能商定 | | 平賈淳馥（文殿閣） |

鄭　振　鐸　總　結　報　告
1. 將來經濟方面盼有以繼之。
2. 書目抄二份，其原目原帳均保存，抄出之二份，則備隨時查考，將來再行分類編目。
3. 前電所借法寶館，僅得二樓一間之半，以書櫥隔之，無門無鎖，且與僧人雜居，甚不謹慎，不宜儲藏，只可作爲抄寫書目之辦公處所。其臨時庋儲之室，已在另覓中。有何指示，盼時賜教。
4. 此爲第一次報告，後當每半月致函一次。
5. 各藏家售書皆諱莫如深，瞿氏售書尤恐人知（甚懼對方知之索購），乞秘之爲感。

文　獻　保　存　同　志　會　第　二　號　工　作　報　告 1940.5.7			
購　進　珍　本　工　作　報　告			
購入珍本	數　量	說　明	金　額
群碧樓鄧氏藏書	又有汲古閣所刊書十六種，內聚珍板書近八十種。綜計善本書 3,000 餘冊、普通書近 900 種	以抄校本爲最多（大多數爲寒瘦目所著錄）	55,000 元

群　碧　樓　鄧　氏　藏　書　抄　本　中　最　可　貴　者		
珍　本	數　量	說　明
《全唐詩》	158 冊	季滄葦輯（謄清本）
《舊五代史》	14 冊	邵二云、孔荭谷抄校本
《春秋分紀》	17 冊	孫淵如、嚴鐵橋批校本（原底爲明抄本）
《梧溪集》	6 冊	蔣西圃手抄；鮑以文、顧千里、葉廷甲合校本
《三唐人集》	8 冊	何義門批校本
《眉山唐先生集》	2 冊	吳綉谷抄本
《國朝典故》	19 冊	明紅格抄本
《宗玄先生集》	1 冊	錢遵王校
《李遐叔集》	4 冊	勞季言校
《弘秀集》	4 冊	陸敕先校
《淮南子》	4 冊	孔荭谷、錢獻之校
《溫飛卿集》	1 冊	陳南浦校
《存復齋集》	8 冊	宋賓王校

《來鶴堂集》	2 冊	勞季言校
《韓詩外傳》	4 冊	秦恩復校
歸震川未刻稿	6 冊	吳以淳批校
《栟櫚先生集》	4 冊	蔣西圃抄校本
《陵陽集》	2 冊	繆藝風校
《三朝北盟會編》	32 冊	小山堂抄校本
《漢書》	40 冊	惠定宇校
《金石契》	4 冊	吳兔床批
《丹淵集》	4 冊	盧抱經校
《正續通鑒綱目》	180 冊	錢湘靈批校
《申齋文集》	6 冊	鮑以文校
《江月松風集》	1 冊	顧嗣立、宋賓王校
《雪庵字要》	1 冊	黃蕘圃跋
《琴川志》	4 冊	孫二酉校
《乾道臨安志》	2 冊	錢泰吉批校
《元次山集》	4 冊	常秋涯校
《大雅集》	8 冊	勞巽卿校
《硯北雜錄》	4 冊	盧抱經校
《勾曲外史集》	9 冊	厲樊榭校
《芳蘭軒集》	1 冊	鮑以文手抄並校
《二薇亭集》	1 冊	鮑以文手抄並校
《文苑英華》	120 冊	明藍格抄本
《家世舊聞》	1 冊	穴硯齋抄本（與汲古刊本大不同）
《老學齋筆記》	3 冊	
《別史》	21 種 21 冊	
《鹿門詩集》	1 冊	張充之手寫
《桃溪百詠》	1 冊	鮑以文手寫
《鰷背集》	1 冊	鮑以文手寫
《松雨軒集》	4 冊	勞巽卿手寫
《鑒戒錄》	3 冊	鮑以文校
《東京夢華錄》	1 冊	
《墨莊漫錄》	1 冊	鮑以文校
《馮咸甫集》	2 冊	明抄本
《鉅鹿東觀集》	1 冊	翁又張抄本
《明季稗史》	8 冊	舊抄本
《斜川集》	2 冊	舊抄本
《兩宋名賢小集》	24 冊	舊抄本
《明太祖實錄》	1 冊	明內抄本

群 碧 樓 鄧 氏 藏 書 刻 本 中 之 佳 妙 者		
書　　名	版　　本	說　　明
《孟東野集》	弘治黑口本	此即鄧氏所謂"寒""瘦"目中之精華也
《賈浪仙集》	明初奉影刊本	此即鄧氏所謂"寒""瘦"目中之精華也（有黃跋）
《賈太傅集》	正德本	
《玉台新詠》	趙定光刊	
《鶴林玉露》	明仿宋本	
《草堂詩餘》	嘉靖刊本	
《樂府古題要解》	嘉靖刊本	單刻本
《錦繡萬花谷》	嘉靖刊本	
《南豐文粹》	嘉靖刊本	
《唐人萬首絕句》	嘉靖刊本	
《唐文粹》	嘉靖刊本	
《李杜詩》	嘉靖刊本	
《唐詩紀事》	嘉靖刊本	
《宋文鑒》	嘉靖刊本	
《元文類》	嘉靖刊本	
《文選》	嘉靖刊本	
《藝文類聚》	嘉靖刊本	
《金史》	嘉靖刊本	
《丁鶴年集》	明初刊本	
《中晚唐詩》	明刊小字本	
《詩人玉屑》	明刊本	
《周恭肅公集》	明刊本	
《古詩記》	明刊本	
《黃帝內經》	明紅印本	
《漫叟拾遺》	明藍印本	
《樂府詩集》	元刊本	
《唐文粹》	元刊小字本	
《本草》	元刊殘本	
《崇古文訣》	元刊殘本	
《四書輯釋》	元刊本	
《楞嚴會解》	元刊本	
《經部韻略》	元刊本	
《通鑒綱目》	宋刊大字本	殘存二冊
《新唐書》	宋刊本	殘存一冊

購　進　其　餘　珍　本　工　作　報　告					
時　　間	購入珍本	版　本	說　　明	金　額	賣　家
1940 年 4 月中	《天目中峰和尚廣錄》	元刊本		500 元	宗禮白
1940 年 4 月中	《盤山志》	殿本			宗禮白
1940 年 4 月中	《寶雞志》	乾隆本			宗禮白
1940 年 4 月中	《泰山志》	乾隆本			宗禮白
1940 年 4 月中	《毛詩注疏》	宋刊本		2,000 元	鐵琴銅劍樓
1940 年 4 月中	《宋書》	宋蜀刊	中多明補校		鐵琴銅劍樓
1940 年 4 月中	《實錄》	明藍格抄本	計 8 冊,洪武及永樂三朝,皆不全		鐵琴銅劍樓
1940 年 4 月中	《古今說海》	明嘉靖刊本	中有抄配		鐵琴銅劍樓
1940 年 4 月中	《春秋經傳集解》	明刊本	原作宋刊誤		鐵琴銅劍樓
1940 年 4 月中	《黃石公素書》	明黑口本			鐵琴銅劍樓
1940 年 4 月中	《說文五音韻譜》	明黑口本			鐵琴銅劍樓
1940 年 4 月中	《鄭少谷文集》	明正德刊本			鐵琴銅劍樓
1940 年 4 月中	《野紀》	明嘉靖刊本			鐵琴銅劍樓
1940 年 4 月中	《陽明文粹》	明嘉靖刊本			鐵琴銅劍樓
1940 年 4 月中	朱應登《凌溪集》	明刊本			鐵琴銅劍樓

正　在　進　行　工　作　報　告					
購入珍本	數量	說　明	金額	賣家	介紹人
第一號工作報告中所言:					
李氏藏書	120 餘箱（約 10,000 餘冊）	雖為普通書,但是均為有用之參考物（《九通》、《廿四史》及清代所刊史、集等）,可補充善本庫之所缺也	不出 4,000 元（約 3,000 餘元可得,每冊不及 4 角）		傳薪書店
結果:已成交					
李氏藏書	130 餘箱（約 10,000 餘冊）	尚未點查完畢	3,600 元		
明板書	70-80 種（集部居多）	陶蘭泉所藏,抵押於鹽業銀行	可以 4,000 元左右成交		
善本書	40 餘種	經仔細揀選後,留下十餘種,皆甚精。宋刊本《王臨川集》（明印）,元刊本《國朝文類》,元刊本《道園學古錄》（元印極佳）,元刊本《輟耕錄》（至遲為明初所刊）,成化本《宋論》,舊抄本《草堂雅集》（徐渭仁跋）,明刊本《秋崖小稿》,《渭南文集》（均白棉紙）	索價 3,000 餘元（尚未商妥）	北平修綆堂孫誠儉	

上 海 與 北 平 各 書 肆 零 星 購 書 報 告		
購 入 書 籍	版 本	說 明
《石門詩存》	稿本	
《說郛》	嘉靖藍格抄本	一百卷，陶蘭泉舊藏，聞爲張宗祥校印本所據，而張本誤字闕句甚多，此本足以補正不少
《蕭山叢書》	稿本	魯燮光輯
《永興集》	稿本	
魯氏《西河書舫藏畫錄》	稿本	
《海甸野史》	舊抄本	
《黃勉齋集》	知聖道齋抄本	
《杜詩箋》	湯啓祚稿本	
《台灣恒春縣志》	中央研究院所藏	
《神器譜或問》	舊抄本	
《詹氏玄覽》	舊抄本	
《積古齋鐘鼎款識》		龔孝栱批校
《李詩補註》		王西庄批校
《蘇詩補註》	翁同龢校	以宋本校，闕文幾皆補全，極佳
《春秋屬辭》	明初小字本	向皆以爲元本
《楊文敏集》	明刊本	
《文公經濟文衡》	元刊明補本	
《西軒效唐集》	嘉靖本	
《稽古錄》	嘉靖本	
《唐荊川文集》	嘉靖本	
《三子通義》	嘉靖本	
《大觀本草》	嘉靖本	
《陳後山集》	明初黑口本	
《巢氏病源》	明刊本	
《莊子翼》	明刊本	
《春秋左傳注評測義》	明刊本	凌稚隆
《欣賞論》	明刊本	
《升庵韻學七種》	明刊本	較《函海》所刊者多出 2 種
《思問編》	明刊本	
《殿閣詞林記》	明刊本	建本，少見
《河防一覽》	萬曆本	
《平播全書》	萬曆本	原刊本，極罕見
《愼餘錄》	萬曆本	極罕見

《暖姝由筆》	萬曆本	徐充撰，末附《汴游錄》，罕見
《名山藏》	崇禎本	完全者，罕見
《盟鷗堂集》	天啓本	黃承充作，存奏議五卷，多關倭事，極罕見
《倘湖外堂六種》	清初刊本	《春秋志在》等均罕見
《棟亭詩文詞錄》	開花紙印本	
《河東鹽法調劑記恩錄》	乾隆本	
《吏部則例》	內聚珍本	凡 69 卷，較陶氏著錄者多出 10 卷

尚 在 議 價 及 接 洽 中 報 告

1. 《冊府元龜》、《中山集》等均因價昂，尚未商量就緒。

2. 張芹伯藏書最精。僅黃跋書已有 90 餘種。現正在編目。目成後，恐即將待價而沽（聞索價五十萬）

3. 袁伯夔所藏抄校本佳妙者甚多，正在接洽中，想不日可成，價亦不至甚昂。

4. 徐積餘藏書亦在編目，其價亦不甚鉅。

5. 嘉業堂藏書之在南潯者，某方必欲得之。萬難運出。恐怕要犧牲。惟多半爲普通書，不甚重要。最重要者，須防其將存滬之善本一併售去。微聞此善本部分，索價頗昂（約四十萬）

6. 劉晦之藏書分量亦多，現正逐漸散出。全部索價六十萬。其中宋元本九種（實其中之精華），聞陳任中曾出價五萬，因故未成交。或可爲我輩所得。

7. 張瓊玉所藏善本，已有 70 餘種（宋元本爲黃跋書。佳品僅有半數），托孫伯淵出售，亦在商洽中。

鄭 振 鐸 總 結 報 告

1. 綜計數月以來，所得書已可編成目錄數冊。善本亦可成一冊。現正陸續編目裝箱，裝箱時分爲三類：

類別	版本	明　細	箱　子	存放地點	備　註
甲類	善本	宋元刊本，明刊精本，明清人重要稿本，明清人精抄精校本	旅行大箱	外商銀行	每箱均有詳目一紙，粘貼於箱蓋裡面，並另錄簿籍備查。各箱中均夾入多量樟腦等辟虫物，並用油紙等包裹，以防水濕。每種並用透明紙及牛皮紙包紮，以昭慎重
乙類	善本	明刊本，清刊精本及罕見本，清人及近人稿本，清人及近代抄校本	旅行大箱	外商銀行	每箱均有詳目一紙，粘貼於箱蓋裡面，並另錄簿籍備查。各箱中均夾入多量樟腦等辟虫物，並用油紙等包裹，以防水濕。每種並用透明紙及牛皮紙包紮，以昭慎重
丙類	普通本		大木箱	外商銀行堆棧	每箱均有詳目一紙，粘貼於箱蓋裡面，並另錄簿籍備查。各箱中均夾入多量樟腦等辟虫物，並用油紙等包裹，以防水濕。

2. 上述書目，正逐漸在編錄，謄寫副本。是否應將副本分次寄上備查，乞示，以便遵寄。又貴處亟需何項圖書參考，乞先行開單示下，以便提出，陸續奉上。蓋全部裝箱後，便不易再行提取矣。

3. 今後半年間，實爲江南藏書之生死存亡之最緊要關頭。尙懇先生商之馹先、立夫諸先生，再行設法撥款七八十萬元接濟，至爲感盼！並懇立覆。北平某某曾以四十萬購李木齋書，又以六十萬購某氏書，皆已成交。南方所藏，實萬不能再行失去矣。又聞美國哈佛曾以美金六萬，囑托燕京代購古書，此亦一勁敵也。

文 獻 保 存 同 志 會 第 三 號 工 作 報 告			1940.6.24		
整 批 收 購 珍 本 工 作 報 告					
購 入 珍 本	數 量	說 明	金 額	賣 家	介紹人
王蔭嘉氏二十八宿硯齋藏書	150 餘種	元明刊本及抄校本	國幣 7,000 元	王蔭嘉	來青閣
書 名	版 本		說 明		
《書集傳》	元延祐刊本				
《隋書》	元大德本				
《瀛奎律髓》	元刊本		馮定遠評校		
《宋遺民錄》	呂無堂手抄章益齋校本				
《漢魏叢書》	萬曆刊本		中有 14 種張紹明以宋元本校過		
《論衡》			並有黃蕘圃補校		
《周易粹義》	薛生白稿本		沈歸愚手寫序		
《中庸集成》	宋刊本		殘存 1 冊		
《說文解字篆韻譜》	明影宋精抄本				
《契丹國志》	影宋精抄本				
《大金國志》	舊抄本		馬笏齋舊藏		
《諸宮舊事》	明抄本				
《釣磯立談》	朱竹垞校本				
《南遷錄》	潛采堂抄本		翁同龢跋		
《南燼紀聞》	潛采堂抄本		翁同龢跋		
《古烈女傳》	孫淵如校本				
《崇禎五十輔臣傳》	舊抄本				
《柴氏世譜》	舊抄本				
《石齋黃先生年譜》	舊抄本				
《秦邊紀略》	舊抄本		孔葒谷舊藏		
《東京夢華錄》	舊抄本				
《夢梁錄》	舊抄本		乾隆間龔雪江抄並跋		
《遼左見聞錄》	舊抄本				
《讀堂改過齋叢錄》	陳鶴稿本				
《遂初堂書目》	校本				
《讀書敏求記》	王靖廷臨黃蕘圃批本		與章氏校証所舉本異同甚多		
《碑版文廣例》	傅節子校本				
《武經直解》	高麗古活字本				
《折獄龜鑒》	莫子偲校本				
《幾何原本》	清聖祖批校				

《愧剡錄》	萬曆岳刻惠松崖校閱本	
《北窗炙輠》	舊抄本	
《陳少陽盡忠錄》	舊抄本	
《宋承明集》	明昆山葉氏抄本黃蕘圃校	
《石秀齋詩》	莫雲卿手稿本	
《南雷文定》	王惕甫評	
《漁洋精華錄箋注》	翁覃谿評校本	
《霜猨集》	抄校本	
《遵古堂外集》	吳枚庵校	
《酒邊詞》	吳印丞校	
《宋人詞》	繆藝風、鄭樵風、況夔笙、吳印承、曹葵一、朱古微諸家校	共 27 冊
《常熟先賢事略》	舊抄本	
《國語》	嘉靖刊本	
《大明一統賦》	明刊本	
《南濠居士文跋》	正德刊本	
《傷寒瑣言》	正統刊本	
《緇門警訓》	成化刊本	
《法藏碎金錄》	嘉靖刊本	
《寰有詮》	崇禎刊本	
《分類補注李太白詩》	正德刊本	
《王右丞詩》	弘治刊本	
《孟襄陽集》	明戒庵老人評本	
《晦庵先生五言詩抄》	成化刊本	
《紀事總覽》	高麗古寫本	

購 入 珍 本	數 量	說 明	金 額	賣 家
鐵琴銅劍樓藏書	20 餘種	宋明刊本	國幣 3,000 元	瞿鳳起

書 名	版 本	說 明
《春秋括例》	宋刊本	存 20 冊缺 4 冊左右
《歷代史譜》	成化刊本	
《郁離子》	洪武刊本	
《唐餘紀傳》	嘉靖刊本	陳霆撰，亦諸藏家罕見著錄之書也
《全遼志》	殘本	雖殘，亦上品
《太古遺言》	萬曆刊本	
《薛文清行實》	萬曆刊本	
《吾學編》	隆慶刊本	惜殘闕數卷，半係清初抽毀

《大明天元玉曆祥異賦》	也是園抄本	
《劫灰錄》	舊抄本	最佳
《皇元聖武親征錄》	舊抄本	最佳
《常熟縣志》	影抄弘治本	
《春秋五禮例宗》		
《庶齋老學叢談》		
《輿地總圖》	明抄本	存 3 冊

購入珍本	數 量	說　　　明	金　　　額	賣 家
陶蘭泉藏書	80 餘種	抵押於鹽業銀行之明板書，其中以明人別集為最多。	碼洋須 9,000 餘元，經再三商談，以 4,000 元成交（匯划）	陶蘭泉

※僅列最佳者

書　　　名	版　　　本
《三朝北盟會編》	嘉靖藍格抄本
《雍大記》	嘉靖刊本
《吳文恪公集》	舊抄本
《宋學士集》	正德修洪武本
《庾開府集》	嘉靖刊本
《明太祖集》	嘉靖刊本
《遜志齋集》	嘉靖刊本
《羅一峰集》	嘉靖刊本
《康對山集》	嘉靖刊本
《魏庄渠遺書》	嘉靖刊本
《洹詞》	嘉靖刊本
《王浚川遺書三種》	嘉靖刊本
《羅念庵集》	嘉靖刊本
《劉傳侍客建集》	嘉靖刊本
《王渼陂集》	嘉靖刊本
《殷石川集》	嘉靖刊本
《徐少湖集》	嘉靖刊本
《靜芳亭摘稿》	嘉靖刊本
《樊少南詩集》	嘉靖刊本
《趙浚谷集》	嘉靖刊本
《姚穀庵集》	嘉靖刊本
《誠意伯集》	嘉靖刊本
《羅圭峰集》	隆慶刊本

書　　名	版　　本		
《李滄溟集》	隆慶刊本		
《汪太函集》	萬曆刊本		
《王忠文公集》	萬曆刊本		
《王順渠遺集》	萬曆刊本		
《盧蟻幪集》	萬曆刊本		
《少室山房類稿》	萬曆刊本		
《穀城山館詩文集》	萬曆刊本		
《太室山人集》	萬曆刊本		
《程辰華堂集》	萬曆刊本		
《馮文敏全集》	萬曆刊本		
《何文定公集》	萬曆刊本		
《王百穀集》	萬曆刊本		
《夏桂洲集》	萬曆刊本		
《朱楓林集》	萬曆刊本		
《徐海隅全集》	萬曆刊本		
《王浚宿山房集》	萬曆刊本		
《徐天目集》	萬曆刊本		
《萬子迂談》	萬曆刊本		
《頻陽四先生傳》	萬曆刊本		
《徐文長集》	萬曆刊本		
《夏文愍公全集》	崇禎刊本		
《玉茗堂集》	崇禎刊本		
《董文敏容台集》	崇禎刊本		
購入珍本	**數　　量**	**說　　明**	**金額**	**賣　家**	**介紹人**
杭州楊氏丰華堂藏書	二巨幅圖與明清本鸞餘書籍 120 餘種	清華曾購其大宗書籍		丰華堂	傳薪書店
書　　名	**版　　本**	**備　　註**	
《東林十八高賢傳》	明刊本		
《葩經旁意》	明刊本		
《定山園回文集》	明刊本		
《山居雜著》	明刊本		
《野菜譜》	明刊本		
《游喚》	明刊本	寫刊本	
《西湖游覽志餘》	明刊本		
《方氏墨譜》	明刊本		

《鶴林玉露》		明刊本		單刊本增補 8 卷	
購入珍本	數 量	說 明		金 額	賣 家
常熟常氏藏書	普通書 180 餘種	以普通金石書爲多		1,600 元	修文堂孫誠溫
書名		版本		備註	
《歷代鐘鼎款識》		孫詒讓校本		疑係過錄本，然考訂甚精	
《小檀欒室鏡影》		原拓本			
瓦當文		原拓本		2 冊	

零 星 購 書 報 告					
購入書籍	數量	藏 者	金 額	說 明	賣 家
《永樂大典》	2 冊	周越然	2,300 元	一爲卷之一萬四百二十一至二（"李"字），一爲卷之一萬五千八百九十七至八（"論"字即《阿毗達磨具舍論》九至十），近來《大典》市面絕罕見，故此二冊雖其價值至，卻不能不收下，以平賈輩亦在爭購也。	傳薪書店
知聖道齋抄本		翁同龢		中有《舊聞証誤》、《日本國考略》、《東觀奏記》、《南沙志》、《王著作集》、《江淮異人傳》，大半均有翁跋。	北平修緶堂
明末史料書		傅以禮		中有《酌中志餘》（舊抄傅校），《嶺表紀年》，《南疆逸史》（此爲 56 卷本最全），《甲申朝野小紀》（五編完全），《萬曆野獲編》（舊抄本與刻本異），《奇零草》，《鹹闖小史》，《剿闖小史》，多有傅氏校及跋，皆極難得之書也。	中國書店
未售之天一閣書		羅氏秘藏		中有《御倭軍制》（嘉靖藍印本），及嘉靖、隆慶《鄉試錄》，《武舉錄》數種，《義谿世稿》，舊抄《玉台新詠）（紀昀批校）等。	蟫隱廬
《周益公大全集》				宋賓王校	修文堂
《大明天文清野分類之書》					修文堂
《銅政便覽》				雖清刊，罕見。於滇貴礦務有用	修文堂
《沈氏弋說》					修文堂
《婺書》				明刊少見	修文堂
《杜樊川集》				明翻宋本	修文堂
《明遺民詩》				明翻宋本	修文堂
《長元吳三縣志稿》				明翻宋本	修文堂
《大唐新語》				嚴元照校	修文堂
《山東通志》				嘉靖刊本	富晉書社
《綱目兵法》				弘治刊本	富晉書社

《山堂考索》				正德本	來青閣
《歷代名臣奏議》				永樂本	來青閣
《古今逸史》				萬曆本	來青閣
《西陲今略》				抄本，明末人著，惜缺首冊。	文殿閣
《紈綺集》				張獻翼撰	修綆堂
《舊五代史》				王西庄校	修綆堂
《國朝文類》				元刊本	修綆堂
《李衛公集》				明刊本	修綆堂
《渭南文集》				正德本	修綆堂
《宋遺民錄》				舊抄本	文祿堂
《朱子年潛》				《四庫》底本	文祿堂
《西夏書事》				道光刊本	文祿堂
《古文匯抄》				雖清刊而甚罕見	文祿堂
《樂全居士集》				澹生堂抄本	來薰閣
《桂林四海記》				舊抄本	來薰閣
《唐大詔令集》				舊抄本	春秋書店
《兩漢詔令》				元刊本	春秋書店
《歷代相臣傳》				明刊本	葉姓書商
《歷代法帖釋文》				明初刊本	葉姓書商
《埤雅》					葉姓書商
《南華經》				元刊本纂圖互注	瞿鳳起介紹
《寓簡》				明藍格抄本	瞿鳳起介紹
天文書				明抄本	瞿鳳起介紹

尚　在　議　價　及　接　洽　中　報　告
1. 上元宗氏所藏明刊及抄校本書 66 種，約可以 2,000 元得之。
2. 徐氏積學齋藏抄校本書數十箱，亦在商談中。
3. 最可驚喜之發現：

書　　　名	版　　　本	備　　　註
《續武經總要》	明俞大猷校刊並增補本	
錢氏《水雲集》四種	明刊本	中有《倭奴遺事》
高儕鶴撰《詩經圖譜》	清初抄本	彩繪甚精，中國書店介紹
顧棟高《萬卷樓文稿》	舊抄本	未刊
汪沆《小眠齋讀書日札》		勞權校

武英殿東廡凝道殿存貯書目		書治清查時底本
4. 文祿堂王賈送來明初抄本《太古遺音》（彩繪本），及周憲王《牡丹譜》、《芍藥譜》及《菊花譜》（彩繪本）等共9冊。初索價5,000元，後乃減至1,500元，仍未能決定留購與否，請尊裁示。		
5. 來青閣有宋本《禮記鄭注》（已影印）書品絕佳，初索萬金，後商談可減至六七千金之間。價昂未能決定可購與否，請尊裁示。		
6. 文祿堂有宋本《通鑑紀事本末》（以珂羅版配一卷），初索6,500元，後減至4,500元。價昂未能決定可購與否，請尊裁示。		
7. 修文堂有明藍格抄本《新唐書略》（天一閣舊藏），《漢語》及《史事易求》，亦以價昂未能決定可購與否，請尊裁示。		

鄭 振 鐸 總 結 報 告

1. 依數月購書之經歷，確立五項購書目標：	（1）普通應用書籍，自《十三經注疏》、《二十四史》、《九通》至清人重要別集，均加選購。對於近百年來刊□之叢書，亦正擬續收購，以補已購各批普通書之所未備者。
	（2）對於明末以來之"史料"，搜購尤力。蓋此類書最為重要，某方及國外均極注意，少縱即逝，不能不特加留心訪求。於鴉片戰爭以來之"史料"，已購置不少，明末文獻，亦略獲有罕見之著作若干。
	（3）明清二代之未刊稿本，惜所得不多。
	（4）"書院志"及"山志"關係宗教教育文獻甚鉅，正在開始搜訪。對於抄本之"方志"及重要之"家譜"，亦間加收羅。
	（5）有關"文獻"之其他著作，有流落國外之危險者。此一類書籍，包括範圍甚廣。

※工作重點在於第五項目標，因其索價至昂，絕非今日此間之力所能及者。如劉晦之所藏宋本《五臣文選》（孤本），《中興館閣錄》、《續錄》、《新定續志》、《續吳郡圖經》、《弘秀集》、《廣韻》、《禮記》，《史記》（彭寅翁本元板也）等9種（索價五萬餘元）。張瑢玉所藏《蘇詩》（宋板，即翁蘇齋舊藏），《五代史平話》、《月老新書》等書百餘種（目附）（索價七萬餘元），亦已無"力"收之。如欲先行收購此二批書，及其他宋元刊本者，務懇能於最近匯下一二十萬元，以資應付。否則餘款僅能敷收購"普通書"、"史料"等用，於宋元精本及其他善本均不能問津也。

2. 我輩私願，頗思多收《四庫》存目，及未收諸書。於《四庫》所已收者，則凡足以發館臣刪改塗抹之覆者，亦均擬收取之。蓋《四庫》之纂修，似若提倡我國文化，實則為消滅我國文化，欲使我民族不復知有夷夏之防，不復存一絲一毫之民族意識。故"館臣"於宋元及明代之"史料"及文集，刘夷尤烈，塗抹最甚。乾嘉之佞宋尊元，斷斷於一字一筆之校勘者，未始非苦心孤詣，欲保全民族文化於一線也。然所校者究竟不甚多，且亦多亡佚。恢復古書面目，還我民族文化之真相，此正其時。故我輩於明抄明刊及清儒校本之與《四庫》本不同者，尤為著意訪求。然茲事體大，姑存此念。

文 獻 保 存 同 志 會 第 四 號 工 作 報 告　1940.8.24
整 批 收 購 珍 本 工 作 報 告

時　間	購入珍本	數　量	說　　明	金　額	賣　家	介紹人
1940年6月中	太平天國史料書籍	150餘種	中有太平天國"槽米納照"、"地丁執照"等21件，雖多半為"偽"件，然亦數件是"真"者	1,700元	張堯倫	傳薪書店

書　　名	版　　本	備　　註
《爬疥漫記》	木居士稿本	極佳
《守虜日記》	某氏稿本	極佳
《紅羊奏稿》	舊抄本	極佳
《平桂紀略》	薄帙單行之書	
《江蘇金壇縣守城日記》	薄帙單行之書	
《湖防私記》	薄帙單行之書	均爲近來修太平天國史者所未易讀到者
《兩淮勘亂記》	薄帙單行之書	
《揚州御寇記》	薄帙單行之書	
《義烏兵事紀略》	薄帙單行之書	
《羊城西關紀功錄》	薄帙單行之書	
《劫火紀焚》	薄帙單行之書	
《虎口日記》	薄帙單行之書	
《梅溪張氏詩錄》	薄帙單行之書	
《揚威將軍奏折》	孤本，外間絕未見到	4 冊，翁同龢舊藏
《犀燭留觀記事》稿本	孤本，外間絕未見到	

時　間	購入珍本	數　量	說　　明	金　額	賣　家	介紹人
1940 年 6 月中	地圖	600 餘種	程氏收藏地圖已十餘載，所得已盡於此，其中多參謀部所印行之地圖墨本，彩繪本之地圖亦極多。乾隆銅板印行之八排地圖今尤不易得。德人所印山東省若干縣之地圖，亦尚罕見，雖無明刊古本在內，然一次而獲得如此一批數目，亦尚可觀，_且每種中間有多至三百幅以上者，若以"幅"計，每幅當不及 2 元也。程氏尚有史料書若干，將來亦可分批得到。	4,800 元	程守中	中國書店
1940 年 7 月中	費念慈藏書	108 箱，共約 1,300 餘部，10,000 餘冊	中有善本 200 餘種，宋、元、明精刊本約近 100 種，抄校本稿本在 100 種以上	國　幣 30,000 元	費念慈	李拔可介紹，直接商談成交，不經書賈之手，故價值尚廉

刊　本　部　分			
書　　名	版　　本	數　量	備　　註
《說文解字》	宋刊本	2 冊	殘存 9-15 卷，朱竹君跋
《滄浪先生吟卷》	元刊本	2 冊	極精，罕見

《李長吉歌詩》	元刊本	8 冊	劉須溪評
《錢氏小兒方訣》	元刊本	4 冊	
《珞琭子三命消息賦》	元刊本	3 冊	四庫本係從《大典》輯出，不全，鐵琴銅劍樓有舊抄本。此猶是元刊元印本，最難得
《十三經注疏》	明李元陽刊本	130 冊	
《禮經會元》	明刊本	8 冊	
《古今韻會舉要》	明刊本	16 冊	
《前漢書》	明刊本	26 冊	
《後漢書》		32 冊	
《三國志》	萬曆本	12 冊	
《晉書》	仿北宋刊本	74 冊	（殘）
《南齊書》		12 冊	
《宋史》		60 冊	（元刊明補），又一部 60 冊
《遼史》		12 冊	
《金史》		20 冊	
《元史》		36 冊	
朱國楨《明史概》		40 冊	
《通鑑紀事本末》	明刊本	42 冊	
《資治通鑑節要續編》	元末明初刊	16 冊	
《通鑑考異》	明刊本		
《皇明永陵編年信史》	明刊本	4 冊	
《路史》	明洪梗刊本	16 冊	
《通典》	明刊本	100 冊	
《貞觀政要》	經廠本	6 冊	
《包孝肅公奏議》	明刊本	2 冊	
《李忠定公奏議》		12 冊	
《姑蘇志》		32 冊	（王鏊）
《兩漢博聞》		10 冊	
《十六國春秋》		24 冊	
《韓非子》	明嘉靖刊本	4 冊	
《何氏語林》		20 冊	
《初學記》		16 冊	
《世說新語》		6 冊	
《白孔六帖》	明刊本	50 冊	
《藝文類聚》		48 冊	

《六子》	芸窗書院刊	20 冊	
《百川學海》	明刊本	48 冊	
《太平廣記》	許自昌刊	52 冊	白綿紙印
《群書治要》	高麗刊	47 冊	
《桯史》	明刊本	8 冊	
《楚辭集注》	明刊本	4 冊	
《陶靖節集》	明刊本	4 冊	
《陸士衡集》		2 冊	
郭刻《李太白集》		32 冊	
《集千家注杜詩》		12 冊	
《杜律虞注》		2 冊	
《王摩詰集》		2 冊	
《韋蘇州集》		5 冊	
《宋之問集》		1 冊	
《張說之集》	明銅活字本	1 冊	
《戴叔倫集》	明銅活字本	1 冊	
《皇甫冉集》	明銅活字本	1 冊	
《顏魯公集》	安國刻	8 冊	
《陸宣公翰苑集》	明刊本	6 冊	
《韓柳文合刻》	明刊本	24 冊	
《元白合刻》	馬調元刻	18 冊	
《孟東野集》		2 冊	
《歐陽居士集》	明刊本	24 冊	
《元豐類稿》		9 冊	（殘）
《東坡七集》	嘉靖刊	30 冊	
《盱江文集》		6 冊	
《山谷集注》	高麗刊	10 冊	
《擊壤集》	經廠本	6 冊	
《淮海集》	明刊本	10 冊	
《龜山全集》		10 冊	
《東萊呂太史全集》		10 冊	
《秋崖小稿》	明刊本	6 冊	
《松雪齋文集》		2 冊	
《道園學古錄》		8 冊	
《吳淵穎集》		4 冊	
《石田集》	明刊本	4 冊	

書名	版本	數量	備註
《甫田集》		8 冊	
《儼山文集》		22 冊	
《何大復集》		8 冊	
《蒹葭堂稿》		2 冊	陸楫撰，罕見
《文選》	明刊黑口本	20 冊	
《唐文粹》	明刊本		小字本
《宋文鑒》	愼獨齋刊本	28 冊	
《古文苑》	明刊本	8 冊	
《文翰類選大成》	明刊本	80 冊	

※大體皆佳

抄　校　及　稿　本　部　分

書　　名	版　　本	數　量	備　　註
陳石甫《師述》及"文稿"	稿本	2 冊	
孫星衍、陳奐、管廷祺等校《經典釋文》		4 部	過錄惠江黃顧諸人所校
《太平寰宇記》	抄本	32 冊	有"戴震校定"印記
《蘇魏公集》	小山堂抄本	10 冊	
《攻愧先生集》	舊抄本	16 冊	
《後山居士集》	舊抄本	20 冊	
《雞肋集》	舊抄本	20 冊	
《范太史集》	舊抄本	20 冊	
《剡源先生集》	舊抄本	12 冊	
《嵩山集》	舊抄本	20 冊	
《北山小集》	舊抄本	8 冊	
《貞居先生集》	舊抄本	6 冊	

※抄本皆佳，每足補正四庫本，校本則遠不及群碧所藏者。惟清刊本中，難得之書亦不少，如宋翔鳳《浮溪精舍叢書》，珍藝宧遺書，周松藹遺書，惠棟《省吾堂叢書》，張皋文遺書，蔣侑石遺書，錢可廬所著書等，均頗罕見。大抵此批書，清儒之著述最多，乾嘉諸大師之重要著作，已十得其三四，頗足補充前購各批書之未備。

時　　間	購入珍本	數　量	說　　明	金　額	賣　家	介紹人
1940 年 8 月初	遠碧樓藏書		宋精刊本等	56,000 元	劉晦之	王浧馥、李紫東

書　　名	版　　本	備　　註
《中興館閣錄》	宋刊本	黃跋
《中興館閣續錄》	宋刊本	黃跋
《續吳郡圖經》	宋刊本	黃跋
《新定續志》	宋刊本	黃跋

※此三種皆見百宋一廛賦中，宋刊方志二種，實志書中之國寶也。

《唐僧弘秀集》	宋刊本	清宮舊藏
五臣《文選》	宋刊本	孤本，國寶
《廣韻》	宋刊本	即《四部叢刊》影印之底本
《禮記》	宋刊本	天一閣舊藏，袁克文跋
《史記》	元彭寅翁刊本	此書各家皆僅有殘帙，此獨完整，且刊書牌記俱在，尤爲可貴
陸氏《南唐書》	汲古閣刊本	黃顧合校并跋
馬令《南唐書》	士禮居抄本	黃校并跋

※以上共價 53,000 元，雖似昂，而實不欲放手。同時又得劉氏所藏舊抄本（開花紙）《聖濟總錄》160 冊，此書爲怡府舊藏，較道光刊本多出二卷有半（200 卷完全無缺），足資校勘之處尤多，初索 8,000 元，後以 3,000 元成交，劉氏藏書之精華，已全在此。擬再選購其所藏宋刊本《切韻指掌圖》等若干種，則遠碧所藏，大可棄而不顧矣！節省資力極多，實極爲合算遂願之事也。

時　間	購入珍本	數　量	說　明	金　額	賣　家	介紹人
	風雨樓藏書	750 種，9,000 冊左右	其中明刊善本及抄校本近 200 種，叢書凡 110 餘種（叢書足補我輩已購書中之未備者約 60 餘種）	31,500 元	鄧秋枚	陳乃乾

明　刊　本　中　尤　可　注　意　者			
書　　　名	版　　　本	數　　量	備　　　註
《國朝典匯》	萬曆刊本	100 冊	
《長樂縣志》	崇禎刊本	6 冊	夏允彝編，極罕見
《崑山人物志》	嘉靖刊本	2 冊	
《三朝要典》	明末刊本	8 冊	
《廣西名勝志》	萬曆刊本	6 冊	極罕見
《兩浙海防圖考續編》	萬曆刊本	10 冊	
《四友齋叢說》	萬曆刊本	10 冊	
《白氏長慶集》	嘉靖刊本	10 冊	
《歐陽圭齋集》	明黑口本	4 冊	
《涇皋藏稿》	明末刊本	4 冊	顧憲成
《黼庵遺稿》	嘉靖刊本	4 冊	柴奇
《瓮天小稿》	嘉靖刊本	4 集	
《林屋集》	嘉靖刊本	4 冊	
《尊生齋集》	萬曆刊本	12 冊	
《蒼霞草》	萬曆刊本	32 冊	
《環碧軒尺牘》	萬曆刊本	5 冊	
《王文肅文集》	萬曆刊本	8 冊	
《擬山固集》	明末刊本	15 冊	
《心史》	明末刊本	2 冊	

《明詩選最》	明末刊本	6 冊	
《袁氏叢書》	萬曆刊本	6 冊	
《博物志》	嘉靖刊本	2 冊	
《劉氏鴻書》	萬曆刊本	20 冊	
《李氏焚餘》	萬曆刊本	5 冊	
《王襄毅公集》	隆慶刊本	12 冊	
《甲申記聞》	明末刊本	1 冊	

舊抄本及稿本多半爲《國粹叢書》及《風雨樓叢書》之底本，但亦有未刊者

書　名	版　本	數　量	備　註
《中庸補注》	戴震稿本	1 冊	
《吳日千集》	舊抄本	1 冊	
《野史八種》	舊抄本	6 冊	
《仲廉甫劄記》	稿本	4 冊	馮偉撰
《句章征文錄》	稿本	2 冊	《鄞縣藝文志》有提要
《碩輔寶鑒》	明抄本	14 冊	
《吾汶稿》	舊抄本	1 冊	
《留都聞見記》	舊抄本	1 冊	
《弦書》	舊抄本	1 冊	
《不共書》	舊抄本	1 冊	
《清臨閣書目》	舊抄本	1 冊	
《瞿木夫藏書目》	舊抄本	1 冊	
《呂晚村集》	舊抄本	3 冊	
《張文烈遺詩》	舊抄本	1 冊	
章太炎手稿		數冊	

※鄧氏以流布民族文獻著名，所藏書中，"禁書"不少，實足以補充已購各批書中之未備者。初索60,000 元，經若干次之商洽，乃以此數成交，明後日即可點收人藏。

零 星 購 書 報 告

購 入 書 籍	數量	金額	說　明
《事文類聚·翰墨大全》	40 冊	700 元	元刊小字本
祝穆《方輿勝覽》	24 冊	560 元	宋刊元印本，惜首冊抄配
《今史》	9 冊	655 元	崇禎史事，明末藍格抄本，有范景文印，疑即爲其所輯
《中庸集解》	1 冊	360 元	元得元刊大字本冊（殘），（其背面爲元泰定年浙東樂清縣公文紙，足考知當時物價，極可珍貴）

又 得 明 刊 本

書　名	版　本	備　註
《種氏四鐘》		中有《倭奴遺事》一種，最佳

《兩朝平攘錄》		
《敬事草》		
《東事書》		敘遼事，極佳
《客座贅語》		
《卓氏全集》		計《蕊淵》，《瞻台》，《漉籬》三集，全者極罕見
《譚資》		
《黃揚集》		
《瑞杏山房集》		
《紫崖詩文集》		
《二十六家唐詩》	嘉靖刊	
《晚唐四家集》	崇禎刊未見著錄	
《通糧廳志》	萬曆刊	孤本
《萬曆嘉定縣志》		
《嘉靖常熟縣志》		
《廣皇輿考》	萬曆巾箱本	未見著錄
平湖葛氏書四種	明刊本二種： 1.《瞿囧卿集》（禁書） 2.《王文肅集》	價 450 元，葛氏書聞已全部毀失，僅留此戔戔作一紀念，殊可傷也。
	清初刊本 1.《若庵集》 2.《明詞匯選》（附《今詞匯選》，少見）	
沈氏海日樓藏書	元刊本《方是閑居小稿》，明刊本《藏說小萃》（不全）	均佳

進行張芹伯藏書調查報告：

善本書目，頃已編就，凡分 6 卷，約在 1,200 種左右（全部 1,690 餘部，其中約 600 種為普通書）

版　本	數　量	備　註
宋刊本	88 部（1,080 冊）	
元刊本	74 部（1,185 冊）	
明刊本	407 部（4,697 冊）	

※餘皆為抄校本及稿本，僅黃蕘圃校跋之書已近百部，可謂大觀。

※適園舊藏，固十之八九在內，而芹伯二十年來新購之書，尤為精絕。彼精於鑒別，所收大抵皆上乘之品，不若石銘之泛濫、誤收，故適園舊藏，或有中駟雜於其中，而芹伯新收者，則皆為宋、元本及抄校本之白眉。現正在商談，有成交可能，索五十萬，已還三十萬，芹伯尚嫌過低，不欲售。然彼確有誠意，最多不出四十萬或可購得。惟黃蕘圃舊藏之元刊雜劇三十種一匣，原藏適園者，我輩極注意之，"目"中卻無此書。曾再三詢之芹伯，據云：在亂中藏於衣箱中，不幸失去。此實最大之損失也。

進行嘉業堂藏書調查報告：

嘉業堂藏書總數爲 12,450 部，共 160,960 餘冊，書目凡 23 冊（普通參考書幾於應有盡有，作爲一大規模圖書館之基礎，極爲合宜。其中宋元明刊本及抄校本、稿本，約在四分之一以上。其精華在明刊本及稿本，明刊本中尤以“史料”書“方志”爲最好。明人集部亦佳，北平圖書館前得密韵樓藏明人集數百種，大多爲薄冊之詩集，此項明人集則大都皆（卷）帙甚多之重要著述。清初刊之詩文集，亦多罕見者。）

建 議 將 嘉 業 堂 藏 書 分 三 批 收 購			
次 序	種 類	說 明	預付金額
第一批	一部分宋元本，明刊罕見本，清刊罕見本，全部稿本，一部分批校本	亟需保存，且足補充已購諸家之未備者，此一批正在選揀中，俟全部閱定後，即可另編一目，按“目”點交。	200,000 元
第二批	次要之宋、元、明刊本及一部分批校本，卷帙繁多之清刊本等		150,000 元
第三批	普通清刊本，明刊複本及宋元本之下駟	認爲可以不必購置，即失去，亦無妨“文獻”保存之本意者，留作時局平定時成交，即萬不得已爲某方所得，亦不甚可惜。	250,000 元（因數量最多）

※約略加以估計，如以 500,000 元全得之，每冊不過平均值 3 元餘，即以 600,000 元（最高價）得之，每冊平均亦未超過 4 元也。第一批選購之書，約在 20,000 冊左右，皆其精華所聚；如付以 200,000 元，每冊平均亦僅 10 元。現在此類明刊本，價值極昂，每冊平均總要 20-30 元以上。（明刊方志，平均市價每冊約 50-100 餘元）稿本尤無定價。以此補充“善本”目，誠洋洋大觀也。加之以芹伯等所藏，已足匹儷北平圖書館之藏而無愧色。

鄭 振 鐸 總 結 報 告

1. 馬爵士所墊 100,000 元之數，已於七月底領到。當經電告騮公，想承察及。

2. 續撥之 700,000 元，盼能早日見匯。此數之分配，暫定如下：張芹伯 350,000 元，劉漢遺 200,000 元，張葱玉 40,000 元，沈氏海日樓 10,000 元，平肆約 30,000～40,000 元，已近 600,000 元。所餘 100,000 元左右（之前會內餘款尚有 40,000 元），擬再選購劉晦之藏宋元刊本中之最精華者，及法梧門抄之宋元人集 40,000-50,000 元，餘款僅敷作爲保管、編目及零購之費用耳。如果芹伯處須多付 40,000-50,000 元者，則便將羅掘皆空矣。

3. 現在每月各肆送來之善本，頗不少，尤以明刊方志史料等書，足補未備者，萬不能不購入，所費恐每月亦需萬元左右。如在大局未定以前，每月能確定 20,000 元左右之購書費，以便隨時搜集，似有必要。

4. 平湖葛氏之書，雖傳聞已全部失去，然如未被焚毀，必尚在人間，將來或可得之。

5. 徐積餘氏尚有抄校稿本 100 餘箱，今雖未售，將來恐亦必須售出。

6. 鐵琴銅劍樓及周越然氏所藏，現亦陸續售出，每月約須以 5,000～6,000 元左右得之。（瞿氏之明刊方志七種，又抄本方志九種，最近趙萬里君以 7,500 元爲北平圖書館得之，我輩未便與之爭購，其價亦可謂昂矣）

7. 方志之價，逐日高漲，乾隆刊之罕見志書，每種往往售至 300-500 元，即光緒至民國間所印之方志較罕見者，亦須 100～200 元一種。如欲搜購此項方志，便非另行籌措 100,000-200,000 元不足以資應付也。有友人主張專購西南、西北一帶方志，以免落人某方之手，此亦一可注意之見解。唯欲辦此，又非錢不行。姑陳所見，尚乞尊裁。

8. 近來通信頗感困難。以後通信，擬全用商業信札口氣。敝處即作爲商店，“萬”字擬代以“百”字（百字旁加圈），“千”則代以“十”字，餘類推，以免他人注意。以後各人署名，亦均擬用別號，好在先生必能辨別筆跡也。

文 獻 保 存 同 志 會 第 五 號 工 作 報 告				1940.10.24		
整 批 收 購 珍 本 工 作 報 告						
購入珍本	數量	說　明		金額	賣家	介紹人
鄧氏風雨樓藏書	715 種	最可惜者竟缺嘉靖本《博物志》2 冊。幸餘書尚佳。且無意中發現，原注係「普通書」者，往往是極難得之本				
書　名	版　本	數　量	說　明			
《救狂書》		1 冊	係潘稼堂攻擊石濂和尚之作，潘氏集中，業已刪去，此為清初一重要案件，得之，深可慶幸。			
《碩輔寶鑒》	明藍格抄本	存 15 冊	宜稼堂舊藏，絕佳。			
《句章徵文錄》			馮偉原稿。			
《仲廉甫箚記》			馮偉原稿。			
《袁氏叢書》	萬曆刊本		極罕見。			
《鬴庵遺稿》	嘉靖本		（柴奇），極可貴			
《甕天吟稿》	嘉靖本		極可貴			
《白氏長慶集》	嘉靖本		極可貴			
《華禮部集》	萬曆本		極可貴			
《尊生齋集》	萬曆本		極可貴			
《鄭方坤詩集》						

※明末清初諸家之著述，罕見者尤多。蓋風雨樓之精華，原在此而不在彼也。

購入珍本	數　量	說　明		金額	賣家	介紹人
嘉興沈氏海日樓藏書	93 種	其中天一閣舊藏物不少		7,500 元		中國書店
書　名	版　本	數　量	說　明			
《中興館閣錄》	勞校本					
《中興館閣續錄》	勞校本					
《北堂書鈔》	舊抄本					
《簡齋集》	抄本					
《朝野類要》	抄本					
《各部事略》	明抄本					
《桯史》	宋刊本	明補				
《論語》	宋刊本	可疑				
《八十一難經》	宋刊本	可疑				
《春秋經傳集解》	宋刊本					
《古今事林》	元刊本					
《錦囊經》	元刊本					
《昌黎集》	元刊本					

《山谷刀筆》	元刊本		
《雪竇頌古集》	元刊本		
《高峰禪要》	元刊本		
《初學記》	明刊本		殘，小字本，原作宋本，極少見
《藝文類聚》	明刊本		小字本
《北堂書鈔》	明刊本		成化本
《輟耕錄》	明刊本		成化本
《靜齋詩集》	明刊本		天一
《風雅逸編》	明刊本		天一
《文選》	明刊本		汪諒本，徐氏刊
《伐檀集》	明刊本		汪諒本，徐氏刊
《儀禮》	明刊本		汪諒本，徐氏刊
《西樓樂府》	明刊本		天一
《詩家一指》	明刊本		天一
《趙清軒集》	明刊本		天一
《吳地記》	明刊本		萬曆
《檀經》	明刊本		永樂本，又一部崇禎刊袖珍本
《山谷全集》	嘉靖本		
《孔子家語》	明藍印本		
《墨子》	茅坤刻本		
《山谷全集》	方刻本		
《山谷別集》	李刻本		
《春秋集傳辨疑》			陸文通，天一
《春秋集傳纂例》			陸文通，天一
《淮南鴻烈解》	明刊本		
《齊東野語》	明刊本		

※1.沈氏存放上海之書大略已盡於此。聞尚有若干，藏於嘉興，其中仍有天一閣舊藏之書不少，亦在設法羅致中。

※2.大抵沈氏對於宋元版本，鑒別不精，其所謂宋、金、元本，可疑者居多；甚至有一望即知其為明本，而彼亦收入宋、元本中，殊可詫怪！

※3.其所藏天一舊物，卻多佳品。其所藏真正之宋刊本《黃山谷集》，元刊元印本《國朝名臣事略》等，卻早由蔣某經手，售之張芹伯。現所存者，大抵皆明本也。間有抄校，佳者卻不甚多。

※4.在嘉興之書，尚有《大元一統志》（二頁），明刊本《遼東志》，明刊《嘉興府志》數種。沈子培本瘁心於宋詩之研究，故對於宋人集部（以江西詩派諸家為主）收藏不少。將來均可得之。此亦他家藏書之少有者。

購入珍本	數 量	說　　　明	金 額
平肆邃雅齋藏書	80 餘種	為其歷年所得山東畢氏、黃岡劉氏及各地藏家之善本不少。該齋以此項善本 300 餘種郵寄敝處。經我輩仔細研究、選剔、擇其確是罕見秘笈或四庫存目之"底本"	價頗昂

書　名	版　本	數量	說　　明
《臙齋考工記解》	宋刊本	4 冊	
《翻譯名義集》	宋刊本	7 冊	與《四部叢刊》影印之祖本相同，然《叢刊》序文作者脫一"葵"字（周葵），關係非淺。其他可資補正處尚不少
《三體唐詩》	元刊本	2 冊	四庫底本，葉石君手抄序文一頁
《十八史略》	元刊本	2 冊	或明初本
《福州藏》	北宋元豐間刊本	1 冊	此藏殘卷，近極少見
《倭志》	舊抄本	1 冊	
《雅樂考》	舊抄本	6 冊	四庫底本
《精忠廟志》	明刊本	8 冊	萬曆刊
《常熟儒學志》	明刊本	8 冊	
《遼東疏稿》	明刊本	4 冊	畢自嚴撰
《撫津疏草》	明刊本	8 冊	
《戎事類占》	明刊本	6 冊	
《厚語》	明刊本	4 冊	
《大懷子集》	明刊本	1 冊	
《黃篇》	明刊本	4 冊	
《西墅集》	明刊本	2 冊	
《佚笈姑存疏稿》	明刊本	5 冊	
《戶部題名》	明刊本	1 冊	
《明文□》	明刊本	22 冊	
《龍飛記略》	明刊本	12 冊	
《嶺南文獻》	明刊本	47 冊	惜殘闕
《革節厄言》	明刊本	2 冊	
《王公忠勤錄》	明刊本	2 冊	
《資治大政記綱目》	明刊本	46 冊	
《楊文懿公全書》	明刊本	12 冊	
《皇明鴻猷錄》	明刊本	12 冊	
《雲鴻洞稿》	明刊本	22 冊	
《漕撫奏稿》	明刊本	8 冊	
《草木子》	明刊本	4 冊	
《釣台集》	明刊本	10 冊	
《唐文鑒》	明刊本	6 冊	
《劉文恭集》	明刊本	2 冊	
《蔚庵逸草》	明刊本	1 冊	
《薛荔山房集》	明刊本	16 冊	

《二禮集解》	明刊本	12 冊	
《岱宗小稿》	明刊本	2 冊	
《田深甫集》	明刊本	2 冊	
《吳素雯全集》	明刊本	36 冊	
《太岳志略》	明刊本	3 冊	
《三山志選補》	明刊本	32 冊	
《皇明經世要略》	明刊本	存 3 冊	
《沈長水集》	明刊本	10 冊	
《武林高僧事略》		1 冊	四庫底本
《孔孟事跡圖譜》		2 冊	四庫底本
《春秋四傳私考》		2 冊	四庫底本
《春秋實錄》		6 冊	四庫底本
《周易本義通釋》		10 冊	四庫底本
《唐史論斷》		3 冊	四庫底本
《夷堅志》	抄本	10 冊	
《夷堅志續補》	抄本	15 冊	

購入珍本	數　量	說　明	金　　額
平肆來薰閣藏書	80 餘種	寄來頭本亦在 400 種左右（分二批寄來），經仔細選剔後，購得八十餘種。然書均佳	代價亦頗昂

書　　名	版　　本	數　　量	說　　明
《冥冥錄》	舊抄本	2 冊	四庫底本
《夷齊錄》	舊抄本	1 冊	四庫底本
《元史闡幽》	舊抄本	1 冊	四庫底本
《史說萱蘇》	舊抄本	1 冊	四庫底本
《胡澹庵文集》	舊抄本	1 冊	四庫底本
《皇明文則》	明刊本	24 冊	
《東墅詩集》	明刊本	2 冊	天一閣舊藏
《七修類稿》	明刊本	20 冊	
《休陽詩雋》	明刊本	12 冊	
《紀效新書》	明刊本	4 冊	
《容庵錄》	明刊本	4 冊	
《全史論贊》	明刊本	20 冊	
《四素山房集》	明刊本	18 冊	
《翰苑新書》	明刊本	28 冊	
《東里文集》	明刊本	8 冊	
《劉清惠公集》	明刊本	4 冊	

《余忠宣公集》	明刊本	2 冊	
《陳氏僅存集》	明刊本	4 冊	
《聖學嫡流》	明刊本	4 冊	
《攝生眾妙方》	明刊本	12 冊	
《八編類纂》	明刊本	96 冊	
《東萊博議句解》	明刊本	8 冊	成化黑口本
《二十家子書》	明刊本	16 冊	
《大明仁孝皇后勸善書》	明刊本	20 冊	永樂刊
《妙絕古今》	明刊本	6 冊	
《岳陽紀勝匯編》	明刊本	4 冊	
《和唐詩正音》	明刊本	1 冊	
《彤管遺編》	明刊本	10 冊	
《金累子》	明刊本	8 冊	
《武夷新集》	明刊本	8 冊	
《三禮考注》	明刊本	10 冊	
《忠安錄》	明刊本	2 冊	
《日記故事》	明刊本	2 冊	
《萃古堂劍掃》	明刊本	4 冊	
《明音類選》	明刊本	4 冊	
《王文端公集》	明刊本	10 冊	
《宣城右集》	明刊本	16 冊	
《天經或問》	明刊本	4 冊	
《疑耀》	明刊本	3 冊	
《諡法纂》	明刊本	5 冊	
《小畜集》	舊抄本	6 冊	明抄本
《東史》	舊抄本	16 冊	
《夷齊考疑》	舊抄本	1 冊	
《藏虛集》	舊抄本	48 冊	
《地畝冊》	舊抄本	1 冊	明抄本
《武經征事》	舊抄本	8 冊	
《靖康要錄》	舊抄本	16 冊	
《春卿遺稿》	舊抄本	1 冊	
《警睡集》	舊抄本	4 冊	
《數度衍》	舊抄本	6 冊	
《續資治通鑒長編》	舊抄本	存 6 冊	
《歷代賦匯》	舊抄本	100 冊	原稿本

購　入　珍　本	數　量	說　明	金　額
鐵琴銅劍樓瞿氏藏書	10餘種	均為抄校本，尚未商妥	約1,200元

書　名	版　本	數　量	說　明
《先撥志始》	明末刊本	2冊	
《甲申核眞略》	舊抄本	1冊	
《呂氏家塾讀詩記》	舊抄本	6冊	王振聲校宋、明諸刻本
《公羊注疏》	舊抄本	4冊	
《穀梁注疏》	舊抄本	5冊	均為李仲標臨何仲子校宋本
《萬曆安徽職官冊》	明抄本	1冊	
《黑韃事略》	舊抄本	1冊	
《使規》	舊抄本	1冊	記使緬事
《簡齋集》	舊抄本	2冊	陸珣批校本

※此批校諸書，雖非上品，然甚有實用。

零　星　購　書　報　告

購　入　書　籍	數　量	說　明
《聖宋名賢五百家播芳文粹》	27冊	明藍格抄本
《續表忠記》	8冊	
《脈望》	6冊	
《明季小史》	2冊	抄本
《建文書法擬》	1冊	
《本朝掌故》	1冊	翁同龢手稿
《日記》	5冊	翁同龢手稿
《滇南經世文編》	8冊	抄本
《三家村老委談》	4冊	抄本
《濟美錄》	1冊	明刊本
《玄妙類摘》	4冊	明刊本
《周濂溪集》	2冊	明黑口本
《遼史》	20冊	嘉靖本
《纂修四庫事略》	2冊	翁方綱稿本，不全
《鄧巴西集》	2冊	舊抄本，翰林院藏書
《說文解字》	6冊	趙之謙批校本
《知稼翁集》	2冊	明刊本
《沈青霞祠集》	1冊	明刊本
《毛詩地理釋》	2冊	焦循稿本
《毛詩草木鳥獸蟲魚釋》	6冊	焦循稿本
《南遊集》	1冊	焦氏手寫本
《三憶草》	1冊	焦氏手寫本

《遊喚》	1 冊	明刊本（王季重）
《瑞應龍馬歌詩》	1 冊	明永樂寫本
拓本金文	1 冊	馮柳東
拓本金文	4 冊	潘伯蔭
《唐音大成》	8 冊	嘉靖黑口本
《讀史劄記》	2 冊	焦循手寫本
《席帽山人文集》	2 冊	焦氏抄
《廣陵舊跡詩》	1 冊	焦氏抄
《石湖詩詞集》	5 冊	焦氏抄
《尚書伸孔篇》	1 冊	焦廷琥手書
《百家類纂》	18 冊	隆慶刊本
《粟香室函稿》、《雜著詩詞集》等	20 冊	金武祥原稿
《古音輯略》、《說文校記》、《易例輯略》等	6 冊	龐氏稿本
《周禮復古編》	1 冊	明刊本
《三悟編》	1 冊	舊抄本（姚廣孝）
《粵閩巡視紀略》	1 冊	清初刊本
《菊坡叢話》	4 冊	明藍格抄本（吳兔床校）
《全遼志》	2 冊	明藍印本（殘）
《歸有園集》	10 冊	明刊本（徐學謨）
《食物本草》	10 冊	明刊本
《醫便》	5 冊	明刊本
《扶壽精方》	3 冊	明刊本
《體仁匯編》	10 冊	明刊本
《千金寶要》	4 冊	明拓本
《慕陶軒古磚圖》	1 冊	原稿本
《如來香》	14 冊	清初刊本
《內經太素》	8 冊	日本舊抄本，殘
《撫浙疏草》	10 冊	明劉一焜
《撫浙行草》	6 冊	明劉一焜
《楊端潔疏草》	2 冊	
《萬曆疏鈔》	40 冊	殘
《新編詔誥章表機要》	4 冊	元刊本，有明補板
《御倭行軍條例》	1 冊	嘉靖藍印本（天一閣舊藏）
《武舉錄》	2 冊	嘉靖十七年（天一閣舊藏）
《浙江鄉試錄》	2 冊	嘉靖十七年（天一閣舊藏）

※凡此所得，均相當重要。有一部分，雖爲殘書，以其難得，輒亦留之。蓋欲求全，大是不易，且恐艱於再遇。若稿本之類則往往竭力購之，蓋以其稍縱即逝，萬難復得也。

鄭 振 鐸 總 結 報 告

1. 我輩心目中，仍以能獲得劉張二"藏"爲鵠的。劉張二目，經逐日翻檢，愈覺其美備。張氏之書，在版本上講，實瞿楊之同流也，無數重要之宋元本及舊抄本，若以今日市價核計之，其價總須在十萬左右。若零星購取，恐尤不止此數。萬不能任其零星散失或外流。至劉氏書，則其精華全在明刊本，史籍尤多罕見之孤本，其中清儒手稿，亦多未刊者。實亦不能以市價衡之。取其上品，已盈數室。張氏已還價三萬，尚無售意。劉氏則上品一部分約可以三萬。以下二萬。以上得之，如此，續股到時，除還舊欠一萬，付張蔥玉書三千餘元外，僅足敷付此二家書款而已。

2. 店中日常費用，尚須另行設法也。故店中人均極盼每月經常費能有著落。不知先生能極力代爲設法否？否則續股到後，於收購此二家書外，只好暫時作結束之計矣。然好書層出不窮，聽其他流，實非吾輩保存文獻之初衷也。

3. 古人云：書囊無底，信哉！平津近出好書不少，海源閣之舊藏，亦每多發現。最近有宋刊宋印本《二百家名賢文粹》一書（見黃丕烈題跋）求售，索價至二萬金左右（戰前已有人出過九千元）。此書實人間尤物，惟恐店中爲力有限，未能問津耳。又有北宋蜀刊本《歐陽行周集》一部，南懷仁及洪承疇揭帖稿各一件，又明人集若干種（均北平圖書館所無者）等等，均在接洽中。此間亦有宋刊本《荀子》等出現，亦在商談論價中。待經費確定後，想均可順利進行。

4. 最近有《京學志》（明刊本，記南雍事）及《皇明太學志》（北雍）相繼出現，已設法留下，尚未付款。而絕精之宋刊本，亦時有求售者，若能假以歲月，敝店所收必能成爲百川之"淵海"也。深盼先生等能爲文獻前途着想，於萬分困難之中，設法多賜接濟是荷。凡我輩力所能及，無不願爲各股東盡瘁效勞，以期多得上等貨色也。

5. 敝處所編書目現分三種

類　　別	備　註
（一）購人各家之原來書目，均錄留副本，對於各肆之書已購入者亦然。（以一肆爲單位）	已謄清甚多，將以告竣
（二）各箱書目，分別"甲""乙""丙"三種：依箱號爲次第，俾每箱內儲何書，一檢即獲，此種"目錄"亦錄有副本。	尚在編寫中
（三）分類書目，先寫卡片，然後分別部類；此項目錄，分爲兩種，一爲善本書目，一爲普通書目。原來乙種善本，提一部分入"善"目，一部分則編入"普通"目中。	尚在編寫中

※分類書目編成後，即可進一步編一"徵訪目"（不公佈），擇已購書目中之未備而重要者，設法購置，以資補充。如"史料"書，如"叢書"，如"書目"，則以多多益善爲宗旨，如此，每月所費不多，而所得則必甚可觀。現在應補充之普通書，尚未著手收羅。一以檢目不易，如僅憑記憶，未免有誤收複本之虞。再則現時爲力甚薄，亦不能從事於此補充之工作。若我輩前函所提之每月續股二百元有辦法，則盡可開始做去矣。

6. 此間諸友均主能將"孤本""善本"付之影印傳世，我輩亦有此感。惟石印甚不雅觀，宋本元槧，尤不宜付之雪白乾潔之石印。至少應以古色紙印珂羅板。所謂"古逸"，確宜以須眉畢肖爲主。《吳郡圖經續記》等，篇幅不多，或可試印一二種，如何？（名義爲：□□□□圖書館善本叢書第一種）惟選紙擇工，未免較費時力耳。此項工作，商務恐未必肯擔任。或可在每月經費中撙節爲之。不知尊見以爲如何？乞即示知！

7. 關於"史料"書，因篇幅較巨，工程較大，卻非交商務印不可。前函擬印之《晚明史料叢書》，或以爲過於蕭瑟凄涼，非今所宜，不妨擴大範圍，自漢以來，迄於太平天國，先選五六十種，作爲"史料叢書"，以影印爲主，大都皆未刊稿本，或明刊罕見本，似於讀者更爲有用。（約先出百冊）不知商務能擔任否？茲先將已擬定之《善本叢書目錄》附上，乞決定。擬目中有一部分爲張氏所藏者。姑懸此「鵠」，以待實現。

《□□□□□善本叢書》擬目		
書　　名	版　　本	備　　註
《尚書注疏》	宋刊本	（張）
《韓詩外傳》	元刊本	（張）
《中興館閣錄、續錄》	宋刊本	○
《續吳郡圖經》	宋刊本	○
《新定續志》	宋刊本	○
《李賀歌詩編》	北宋刊本	（張）
《豫章黃先生文集》	宋刊本	（張）
《滄浪吟》	元刊本	○
《五臣注文選》	宋刊本	
《唐僧弘秀集》	宋刊本	○
《坡門酬唱》	宋刊本	（張）
《詩法源流》	元刊本	（張）
※以上十二種擬編爲第一集，有○者擬先出，皆篇幅不甚多者。以古色紙，印珂羅版，三開大本。約每二月或一月出版一種。		
8.敝處上等之貨，均已儲於某德商貨棧，大可放心。朱公曾有將貨擇要運美意，已在接洽中。將來或須請尊處直接與美使一談，亦未可知，容再告。		

文 獻 保 存 同 志 會 第 六 號 工 作 報 告　1941.1.6					
整 批 收 購 珍 本 工 作 報 告					
購 入 珍 本	數 量	說　　　　明		金 額	賣 家
張蔥玉善本書	100 餘種	書款兩訖，書目前已奉上		3,500 元	
瞿氏藏書	一批	無大佳者，然爲數不鉅，當可購下			
沈氏海日樓藏書	現已全部散出	經仔細選剔後，所得者頗爲可觀，其中關於明代史料部分及天一閣舊藏部分最爲重要。另罕見之清刊本等，約可選得二百餘種，並有《大正大藏經》等在內，其價尚未談妥		約須費二三千元之譜	中國書店
書　　名	版　　本		說　　　　明		
《皇明獻征錄》			罕見之明代史料書		
《皇明經世文編》			罕見之明代史料書		
《大明律》	萬曆本		罕見之明代史料書		
《大明律集解》	萬曆本		罕見之明代史料書		
《遼東志》	嘉靖藍印本		罕見之明代史料書		
《嘉興府圖經》	嘉靖本		罕見之明代史料書		
《海鹽圖經》	萬曆本		罕見之明代史料書		

《廠庫須知》	萬曆本	罕見之明代史料書
《五邊典則》	明末本	罕見之明代史料書（徐日允輯，見全毀目）
《石屏集》	明初本	天一閣舊藏
《陳剛中集》	黑口本	天一閣舊藏
《藏春詩集》	黑口本	天一閣舊藏
《潛齋集》		天一閣舊藏
《遊宦紀聞》	明鈔本	天一閣舊藏
《桂苑叢談》	明鈔本	天一閣舊藏
《膳夫經》	明鈔本	天一閣舊藏
《丹崖集》	天一閣藍格抄本	天一閣舊藏
《洞天清錄》	天一閣藍格抄本	天一閣舊藏
《碧雞漫志》	天一閣藍格抄本	天一閣舊藏
《鬼谷子》	天一閣藍格抄本	天一閣舊藏
《伯生詩續編》	天一閣藍格抄本	天一閣舊藏
《北虜事跡》	天一閣藍格抄本	天一閣舊藏
《顏氏全書》	明刊本	
《山靜居叢書》	嘉靖本	
《明名臣言行錄》	嘉靖本	
《楊誠齋集》	舊鈔本	
《墨子》	舊鈔本	孫淵如校
《晏子》	舊鈔本	孫淵如校

購入珍本	數量	說　　明	金　額	介紹人
合肥李氏藏書		原來索價甚高，且雜有偽宋本不少，經選剔後亦得精本數種	677 元	漢文淵書肆

書　　名	版　　本	數　量	說　　明
《徑山藏》	明刊本	2,243 冊	目錄一冊爲龔孝拱手鈔，共裝 24 箱
《西清硯譜》	精寫本	3 冊	
《蘇平仲集》	明初黑口本	8 冊	
《仙華集》	嘉靖刊本	2 冊	
《正楊》	嘉靖刊本	2 冊	
《儼山外集》	嘉靖刊本	8 冊	
《白氏長慶集》	蘭雪堂活字本	16 冊	
《滄浪吟》	明刊本	2 冊	
《陳忠肅言行錄》	明刊本	3 冊	
《謝文莊公集》	明刊本	2 冊	
《春秋或問》	元刊本	6 冊	

《廬州府志》	康熙刊本	12 冊	
《清史稿》	鉛印本	131 冊	非後來石印本
《甲申紀事》	明末刊本	4 冊	足本，前得風雨樓所藏者僅八卷

※皆足補以前所購之未備，且亦皆爲劉目所未有者。

鄭　振　鐸　總　結　報　告

1.平肆邃雅齋、來薰閣、文祿堂等（其肆主均在滬）亦送來書不少，已選購者中，重要者有：《正氣錄》（見全毀目）、《雲南銅志》（道光間鈔本，甚佳）及"四庫底本"九種，前日獲得姚振宗《師石山房書目》（實可稱爲"讀書記"），每書均有"提要"，且所收書，十之五六爲清儒著作，足補"四庫提要"，極可珍視，立與開明書店商妥，歸其承印出版。（作爲本圖書館叢書第一種）出版後由開明送書若干部，"合同"訂立後，當將副本奉上。

2.現知李木齋所餘剩之敦煌卷子數十種（皆極精之品）有外流之虞。此批"國寶"，似當以全力保留之。已托友人在積極設法挽救中。尚未知前途欲望如何，是否我輩力所能及，但我國所有敦煌卷子，大抵皆爲"糟粕"，如加入此批，大可生色。故聞此消息大感惶恐！懇鼎力向股東方面提出，商榷一挽救之策，至盼至禱！又李氏書現存平整理，擬托友人抄錄其中孤本以免失傳。是否可行，亦乞明示！好在抄費所需不多，此間自可設法進行。

3.平肆近有蜀本《歐陽行周集》出現，索六百元（平幣），以匯水計之近八九百元矣，似太昂，故未還價，姑與敷衍，囑其暫時留下。又有海源閣舊藏之《二百家名賢文粹》，蜀刻，海內孤本索一千五百元（平幣，據云係最低價），某藏家並有書棚本唐人集二種，可轉讓。又平劉某處有宋刊《王文公集》（內閣大庫物，孤本，背爲宋人手札多通，誠國寶也！）或亦可商讓，此皆好消息也，惟苦於店中爲力有限，未能放手購置耳。

4.近來與森公連日商榷決定：除普通應用書外，我輩購置之目標，應以：（一）孤本（二）未刊稿本（三）極罕見本（四）禁毀書，（五）四庫存目及未收書爲限。其他普通之宋元刊本，及習見易得之明刊本，均當棄之不顧。而對於"史料"書，則尤當著意搜羅，俾成大觀。總之，以節省資力爲主；以精爲貴，不以多爲貴；以質爲重，不以量爲重。是否有當，尚乞徵求各股東意見示知爲荷！

5.續股到齊後，如欲同時問津劉張二氏書，實不易辦到之事。蓋劉書須四萬，張書亦須四萬左右。而店中力量，除去應儲之運費，還馬氏一萬，又雜支及印書費外，實僅敷購置張或劉一家之物也。現正與森公仔細考慮，未能下一決心。以版本論，張物誠佳。但以材料論，則劉物亦不可失。中夜徬徨，未能毅然決斷，魚與熊掌，惜不能兼。我輩連日商談經過，以劉物易銷，且主者急欲銷去，擱置不顧，必成問題；張物則數量較少，知其好處者殊鮮，外人對於抄校本亦尚無程度注意及之。故似尚不妨暫行稽延下去，以待將來之機緣。現正排日往閱劉物。約須半月，始可閱畢。當待下函再行詳告。

6.印書事，正積極進行，現已購得紙張六百餘元，儲以待用。第一步擬先印"書影"，一以昭信，一以備查，且亦可供學人應用。此外，擬再印行甲乙種善本叢書若干種；"甲種善本"擬用珂羅板印，照原書大小（較《續古逸》爲壯觀）。第一種擬印《中興殿閣錄》及《續錄》。"乙種善本"用石印，照北平圖書館善本叢書大小，第一輯擬印宋明史料書十種，大都爲未刊稿本。"書目"正在擬議中，俟決定後，當奉上請各股東再作最後之決定。印刷費用，擬提出五千之數。但如節省用之，有三千或可敷用。每種擬印二百至三百部，因紙張太貴，實不能多印也。至少每種保存一百部，以待將來分贈各處。是否有當，並乞示知。

版　　　本	種　類　數	數　　　量
宋刊本	35 部	403 冊
元刊本	64	987 冊
明刊本	1,100 餘部	13,200 冊
未刊稿本	50 部	200 餘冊

鈔校本	800 部	3,800 餘冊
以上甲類善本共 2,050 部，18,600 餘冊		
普通明刊本	100 餘部	2,000 餘冊
清刊精本	800 餘部	9,000 餘冊
以上乙類善本共 1,000 部，11,000 餘冊		
※ "甲" "乙" 兩類善本書共 3,000 餘部，29,000 餘冊，普通書未及清理完竣，暫不能將部數冊數統計表編就，待後再行補報。		

文 獻 保 存 同 志 會 第 七 號 工 作 報 告　1941.4.16					
1941 年 1 月 至 4 月 收 購 珍 本 工 作 報 告					
時　間	購入珍本	數　量	說　　明	金　　額	賣　家
1941 年 2～3 月間	積學齋徐氏善本書	20 種	其中最重要者有明刻本《寶佑四年登科錄》，《紹興十八年同年小錄》，《山東鄉試錄》，《應天府鄉試錄》，《惠山集》，《釣台集》，《記古滇說原集》（嘉靖沐氏刊本），《安驥集》，《痊驥通玄論》，《靖康孤臣泣血錄》，《皇明后妃記略》（萬曆藍印本），《夢學全書》及鈔本《崆峒志》，《平江記事》等	530 元	
1941 年 2 月間	瞿氏藏書	12 種	中有宋刻明印本《心經》、《政經》，明刻本《白雲樓詩集》，《摭古遺文》及鈔本《網山集》等	120 元	
1941 年 1 月底	季滄葦《全唐詩集》底本（百衲本）	24 套	原為劉晦之藏書（原裝未動）	800 元	蔣穀孫
1941 年 2 月中	焦理堂手鈔本	9 種	計有《焦氏家集》，《農丹》，《邠記》（較刊本多一卷），另明鈔本《雲台編》等	250 元	張壽徵
1941 年 3 月底	宋刊宋印本《荀子》	1 部		400 元	張菊生
	上元宗氏藏書		一批前已說定 200 元；現已付款取書。又以 65 元，購宋刊本《方輿勝覽》一部（中有鈔配）	265 元	孫伯淵
	海日樓沈氏藏書		其善本幾已全歸我輩所有	920 元結清（前已付 2,000 元），全部書目當另行抄奉上	中國書店
	墨緣堂所印書		全部（所關無幾），其中有外間絕版已久者		蟬隱廬羅子經
	清末以來刊印之重要應用書	一批	如《清儒學案》及燕大出版各書等，亦多久覓未得者。擬目托購，所費心力頗多。足資補充我輩所缺。惜因匯水關係，書價未免加昂。（照定價加六成，尚屬低廉。）		北平來薰閣

		27 種	《順治黟縣志》,《康熙撫州志》,《雍正昭文縣志》,《乾隆夔州府志》,《乾隆澎湖記略》,《嘉慶綿竹縣志》,《道光金谿縣志》,《道光太和縣志》等	240 元	上海書林

上 海 各 書 肆 零 星 購 書 報 告

購 入 書 籍	版 本	說 明
《淮南鴻烈解》	明刊本	黑口
《皇明輔世編》	明刊本	
《海岳山房存稿》	萬曆刊本	郭造卿撰
《三山全志》	萬曆刊本	
《四季須知》	明刊	
《剿闖小說》	明末刊本	
《松石齋詩文集》	萬曆刊本	
《革除遺事》	正德刊本	
《醫經會元》	萬曆刊本	
《殊域周諮錄》	萬曆刊本	
《已吾集》	順治刊本	
《山帶閣集》	萬曆刊本	
《庶物異名疏》	萬曆刊本	
《延平二王遺集》	抄本	
《彗星說》	稿本	

北 平 各 書 肆 零 星 購 書 報 告

購 入 書 籍	版 本	說 明
《里堂詞》	稿本	
《說文考異》	稿本	張行孚撰
《居士集》	宋刊殘本	
《群玉樓集》	明刊本	張爕撰
《道德經》	明初刊本	
《畿輔通志》	康熙刊本	開花紙印
《皇明百大家文選》	明刊本	
《濮川所聞記》	道光刊本	

鄭 振 鐸 總 結 報 告

1.預計本月底(至遲五月底),店務必將告一段落。(一)款將不繼(二)藉此休息一時,將店中存書加以清理。丁、陳二先生業已動身,想不日即可相晤。此間詳細情形,已托其代為面陳。攜上之書,共計二十箱,皆關「目錄」之書。此間用款甚節省。所不能節省者惟有購書之款而已。店中房租,因存貨漸多,不能不擴充堆棧,恐亦將支出略鉅。大約每月預料總可不至超出百元也。

2. 劉書正在積極商洽，必可成功，堪以告慰。港處王君款，已到二萬。其餘股款，想不日亦可續到。此間工作，正傾全力以編"善"目。俟劉書成後，即可開始繕寫此目一份奉上。預計五月中必可寫成。擬分作數函，陸續寄奉。收到後，除諸股東外，尚祈秘之，不可任人借鈔，以免漏出，至盼至感！蓋此點關係甚大，如漏出，或將惹起意外之是非也。為慎重計，不能不守密。預估"善目"所收，頗堪滿意，且頗自幸能不辱命也。

3. 大抵我輩所得，不僅善本頗為可觀，即普通應用書亦已略見充實。大劫之後，得書必倍艱於前，書價亦必隨日俱漲。今日收之，誠得計也。若《續經解》、《廣雅叢書》之類大部書，今日便已絕跡市面矣。乃至《聚學軒叢書》及影印本《道藏》、《學海類編》等亦甚不易得。我輩於此，亦頗費苦心以羅致之。(《道藏》迄今未購得) 補充未備，當為今後收書目標之一。惟此項工作，較之搜羅善本，尤為瑣屑艱難，擬俟善目告成後，即從事於此項普通書目之編輯。然恐非半載以上之時力不辦也。惟書囊無底，古人所嘆。所收愈多，愈有不足之感！幸基礎已立定，只要按部就班做去，其成績必超過前人數倍也。所苦者書價日昂，頗難放手購置耳。現以直接向各藏家及較小之肆購買為主，且出價極力抑低，俾能維持去歲之標準，同時又不願失去好書。對於索價較高者，常暫時保存，不與結帳。竟有時能發現索價較低之第二部，而將第一部退還。但對於稍縱即逝者，則亦偶然忍痛收下。措置、調度之間，自信頗費苦心也。各"目"奉上後，各股東當可明瞭購置之困難情形矣。

4. 關於運貨事，與森公日在設法中。惟運輸困難，日益加甚。自當於萬難之中，設法運出，以期不負尊望。或當先行運港，再作第二步之打算。現在存貨所在，皆甚謹慎，無虞水火，堪釋遠念。

5. 印書事，因紙張已於去歲冬間購備若干，故進行尚為順利，不受物價高漲之影響。應印之書，約有四五十種。印成後，除陸續寄奉尊處一份外，皆當封存堆棧，決不發售。乞勿念！書影亦已陸續在印。除前已奉上三份外，茲又附函奉上三份。多寄不便，故僅能如此零星奉上也。珂羅板以印於古色紙上者最為悅目。現已設法向涇縣造紙處設定購古色宣紙。(不漂白，價且可較廉) 將來，凡印珂羅板之善本書，皆擬用此項古色紙印刷。不知尊見以為如何？

文 獻 保 存 同 志 會 第 八 號 工 作 報 告　1941.5.3					
劉 晦 之 藏 書 收 購 工 作 總 結 報 告					
時　間	購入珍本	數　量	說　　明		金　額
1941 年 5 月	劉晦之藏書	共選取明刊本 1,200 餘種，鈔校本 30 餘種	款已付訖，書亦已分批取來（僅有十餘種未交），正在清點中。詳目容俟清點完畢後鈔奉		共計價洋 25,500 元（內 500 元為介紹人手續費）
書　　名	版　本	數　量	說　　明		
《論語解》	明鈔本	4 冊			
《雅樂考》	明鈔本	8 冊	毛斧季跋		
《皇宋中興聖政》	明鈔本	5 冊			
《洪武聖政記》	明鈔本	12 冊			
《蹇齋瑣綴錄》	明鈔本	1 冊			
《刑部問寧王案》	明鈔本	1 冊			
《兵部問寧夏案》	明鈔本	1 冊			
《比部招擬類鈔》	明鈔本	6 冊			
《肅皇外史》	明鈔本	10 冊			
《皇明獻實》	明鈔本	8 冊			
《朝鮮雜志》	明鈔本	1 冊			

《高科考》	明鈔本	1 冊	
《論衡》	明鈔本	6 冊	
《冊府元龜》	明鈔本	202 冊	
《六帖補》	明鈔本	1 冊	
《邵氏聞見錄》	明鈔本	6 冊	
《綠窗新話》	明鈔本	2 冊	
《南山黃先生家傳集》	明鈔本	6 冊	
《三武詩集》	明鈔本	1 冊	
《陳允平詞》	明鈔本	1 冊	
《華陽國志》	明鈔本	4 冊	錢叔寶手鈔
《藏一話腴》	明鈔本	1 冊	金孝章手鈔
《元六家詩集》	明鈔本	4 冊	金亦陶手鈔
※殆已竭其精英			
《萬曆邸鈔》	舊鈔本	32 冊	
《國榷》	舊鈔本	60 冊	
《劫灰錄》	舊鈔本	2 冊	
《秘書志》	舊鈔本	4 冊	
《聞過齋集》	舊鈔本	2 冊	
《觀樂生詩集》	舊鈔本	3 冊	
※舊鈔本百中取一，未必甚佳，惟可資以補充未備			
《淳熙三山志》	批校本	20 冊	明小草堂抄本，徐興公校
《述古堂書目》	批校本	2 冊	吳枚庵校並跋，吳兔床跋
《麈史》	批校本	4 冊	明鈔本，毛斧季校
《玉台新詠》	批校本	1 冊	趙氏刊本，葉石君校並跋
《稼軒長短句》	批校本	6 冊	嘉靖刊本，陸敕先校，惜僅校前 3 冊，後 3 冊無陸氏校筆，疑佚去，坊賈取他本配全
《中州啓劄》	批校本	1 冊	鈔本，勞□卿校

※批校本所取最少，然均爲極堪矜貴之品。此項鈔校本，取十一於千百，難免有遺珠之憾。然多取恐書主生疑，不願見售，故約之又約，僅擇此三十餘種不能不取之書。取捨調度之間，自信頗煞費苦心也。

類　別	書　名	版　本	數　量	說　明
史料	《昭代典則》	明刊本	40 冊	
史料	《皇祖四大法》	明刊本	20 冊	
史料	《交黎勦平事略》	明刊本	6 冊	
史料	《虔台倭纂》	明刊本	2 冊	
史料	《皇明名臣琬琰錄》	明刊本	24 冊	

史料	《蒼梧總督軍門志》	明刊本	15 冊	
史料	《邊政考》	明刊本	6 冊	
史料	《九邊圖說》	明刊本	2 冊	
史料	《三邊圖說》	明刊本	3 冊	
史料	《桂勝、桂故》	明刊本	6 冊	
史料	《金陵梵剎志》	明刊本	10 冊	
史料	《炎徼瑣言》	明刊本	2 冊	
史料	《裔乘》	明刊本	6 冊	
史料	《吏部職掌》	明刊本	12 冊	
史料	《掖垣人鑒》	明刊本	8 冊	
史料	《漕船志》	明刊本	6 冊	
史料	《海運新考》	明刊本	3 冊	
史料	《福建運司志》	明刊本	6 冊	
史料	《馬政記》	明刊本	2 冊	
史料	《昭代王章》	明刊本	6 冊	
史料	《江南經略》	明刊本	10 冊	
史料	《師律》	明刊本	36 冊	
史料	《憲章類編》	明刊本	20 冊	
史料	《皇明嘉隆兩朝聞見記》	明刊本	12 冊	
史料	《皇明卓異記》	明刊本	10 冊	
史料	《征吾錄》	明刊本	4 冊	
史料	《吾學編》	明刊本	24 冊	
史料	《皇明書》	明刊本	24 冊	
史料	《世廟識餘錄》	明刊本	6 冊	
史料	《皇明典故紀聞》	明刊本	18 冊	
史料	《皇明寶訓》	明刊本	20 冊	
史料	《經略復國要編》	明刊本	16 冊	
史料	《國朝典故》	明刊本	48 冊	
史料	《九十九籌》	明刊本	8 冊	
史料	《安南來威圖冊、安南輯略》	明刊本	6 冊	
史料	《頌天臚筆》	明刊本	20 冊	
史料	《王端毅公奏議》	明刊本	6 冊	
史料	《青崖奏議》	明刊本	4 冊	
史料	《箸溪疏草》	明刊本	6 冊	
史料	《鄭端簡公奏疏》	明刊本	8 冊	
史料	《柴庵疏集》	明刊本	12 冊	

史料	《皇明疏鈔》	明刊本	36 冊	
史料	《皇明留台奏議》	明刊本	24 冊	
史料	《皇朝經濟錄》	明刊本	18 冊	
史料	《皇明開國功臣錄》	明刊本	20 冊	
史料	《吳中人物志》	明刊本	6 冊	
史料	《聖朝名世考》	明刊本	16 冊	
史料	《宗藩訓典》	明刊本	12 冊	
史料	《皇明應謚名臣錄》	明刊本	12 冊	
史料	《本朝分省人物考》	明刊本	46 冊	
史料	《宰相守令合宙》	明刊本	26 冊	
史料	《古今宗藩懿行考》	明刊本	20 冊	
史料	《明一統志》	明刊本	16 冊	
史料	《大明一統名勝志》	明刊本	72 冊	
史料	《皇輿考》	明刊本	4 冊	
史料	《皇明職方地圖》	明刊本	4 冊	
史料	《萬曆帝鄉紀略》	明刊本	20 冊	
史料	《萬曆廣西通志》	明刊本	56 冊	
史料	《弘治八閩通志》	明刊本	4,000 冊	
史料	《嘉靖浙江通志》	明刊本	40 冊	
史料	《嘉靖河南通志》	明刊本	12 冊	
史料	《嘉靖南畿志》	明刊本	12 冊	
史料	《成化毗陵志》	明刊本	13 冊	
史料	《正德常州府志續集》	明刊本	3 冊	
史料	《萬曆崑山縣志》	明刊本	4 冊	
史料	《嘉靖安慶府志》	明刊本	24 冊	
史料	《弘治徽州府志》	明刊本	12 冊	
史料	《成化中都志》	明刊本	20 冊	
史料	《嘉靖撫州府志》	明刊本	16 冊	
史料	《萬曆杭州府志》	明刊本	40 冊	
史料	《成化寧波郡志》	明刊本	18 冊	
史料	《嘉靖寧波府志》	明刊本	40 冊	
史料	《萬曆金華府志》	明刊本	40 冊	
史料	《嘉靖河間府志》	明刊本	12 冊	
史料	《萬曆故城縣志》	明刊本	3 冊	
史料	《嘉靖朝城縣志》	明刊本	4 冊	
史料	《正德漳州府志》	明刊本	24 冊	

史料	《通惠河志》	明刊本	4 冊	
史料	《吳中水利全書》	明刊本	12 冊	
史料	《東夷考略》	明刊本	3 冊	
史料	《三山志》	明刊本	16 冊	
史料	《東山志》	明刊本	10 冊	
史料	《羅浮山志》	明刊本	8 冊	
史料	《廬山紀事》	明刊本	12 冊	
史料	《明州阿育王山志》	明刊本	10 冊	
史料	《蜀中名勝志》	明刊本	8 冊	
史料	《厓山志》	明刊本	12 冊	
史料	《禹峽疏略》	明刊本	12 冊	
史料	《明經書院錄》	明刊本	3 冊	
史料	《石鼓書院志》	明刊本	4 冊	
史料	《皇明功臣封爵考》	明刊本	8 冊	
史料	《國朝列卿年表》	明刊本	16 冊	
史料	《京學志》	明刊本	10 冊	
史料	《玉堂叢語》	明刊本	4 冊	
史料	《大明官制》	明刊本	4 冊	
史料	《牧津》	明刊本	12 冊	
史料	《大明集禮》	明刊本	40 冊	
史料	《大明會典》	明刊本	60 冊	正德刊
史料	《大明會典》	明刊本	70 冊	萬曆刊
史料	《皇明世法錄》	明刊本	100 冊	
史料	《皇明經濟實用編》	明刊本	24 冊	
史料	《明倫大典》	明刊本	8 冊	
史料	《皇明太學志》	明刊本	5 冊	
史料	《皇明進士登科考》	明刊本	16 冊	
史料	《明貢舉考》	明刊本	8 冊	
史料	《皇明三元考》	明刊本	10 冊	
史料	《王國典禮》	明刊本	8 冊	
史料	《讀律瑣言》	明刊本	16 冊	

※最爲難得，最可矜貴

類　別	書　名	版　本	數　量	說　明
集部〔宋人集〕	《歐陽文忠公全集》	天順本	80 冊	
集部〔宋人集〕	《屏山集》	黑口本	4 冊	
集部〔宋人集〕	《竹洲文集》	弘治本	4 冊	

集部〔宋人集〕	《歐陽修撰集》	洪熙本	4 冊	
集部〔宋人集〕	《雲莊劉文簡公集》	正統本	8 冊	
集部〔宋人集〕	《梅溪集》	天順本	24 冊	
集部〔宋人集〕	《水心全集》	景泰本	24 冊	
集部〔宋人集〕	《石屏詩集》	黑口本	2 冊	
集部〔宋人集〕	《疊山集》	景泰本	4 冊	
集部〔宋人集〕	《方蛟峰文集》	天順本	8 冊	
集部〔元人集〕	《吳文正全集》	成化本	40 冊	
集部〔元人集〕	《還山遺稿》	嘉靖本	4 冊	
集部〔元人集〕	《靜修先生文集》	成化本	10 冊	
集部〔元人集〕	《雪峰文集》	正德本	4 冊	
集部〔元人集〕	《道園學古錄》	嘉靖本	20 冊	
集部〔元人集〕	《黃文獻公文集》	嘉靖本	8 冊	
集部〔元人集〕	《寶峰先生集》	嘉靖本	2 冊	
集部〔元人集〕	《鐵崖先生古樂府》	明初刊本	4 冊	
集部〔明人集〕	《誠意伯集》	成化本	10 冊	
集部〔明人集〕	《胡仲子信安集》	弘治本	2 冊	
集部〔明人集〕	《清江貝先生集》	明初刊本	6 冊	
集部〔明人集〕	《黃文簡公介庵集》	明初刊本	10 冊	
集部〔明人集〕	《高漫士嘯台集》	成化本	8 冊	
集部〔明人集〕	《在野集》	正德本	3 冊	
集部〔明人集〕	《夢觀集》	明初刊本	3 冊	
集部〔明人集〕	《兩京類稿》	正統本	12 冊	
集部〔明人集〕	《南齋稿》	弘治本	4 冊	
集部〔明人集〕	《忠文公集》	成化本	10 冊	
集部〔明人集〕	《東行百詠》	成化本	4 冊	
集部〔明人集〕	《尋樂文集》	景泰本	6 冊	
集部〔明人集〕	《敬軒薛先生文集》	弘治本	12 冊	
集部〔明人集〕	《頤庵文集》	成化本	4 冊	
集部〔明人集〕	《畏庵集》	成化本	4 冊	
集部〔明人集〕	《王文安公集》	成化本	2 冊	
集部〔明人集〕	《完庵集》	弘治本	2 冊	
集部〔明人集〕	《宜閒文集》	弘治本	6 冊	
集部〔明人集〕	《王端毅公全集》	嘉靖本	8 冊	
集部〔明人集〕	《類博稿》	嘉靖本	4 冊	
集部〔明人集〕	《楊文懿公文集》	弘治本	24 冊	

集部〔明人集〕	《黎陽王襄敏公集》	萬曆本	4 冊	
集部〔明人集〕	《彭文思公文集》	弘治本	8 冊	
集部〔明人集〕	《巽川文集》	嘉靖本	12 冊	
集部〔明人集〕	《康齋先生集》	嘉靖本	16 冊	
集部〔明人集〕	《篁墩文集》	正統本	40 冊	
集部〔明人集〕	《東田詩集》	嘉靖本	8 冊	
集部〔明人集〕	《見素集》	萬曆本	32 冊	
集部〔明人集〕	《莊簡集》	隆慶本	10 冊	
集部〔明人集〕	《董山集》	黑口本	10 冊	
集部〔明人集〕	《祝氏集略》	嘉靖本	8 冊	
集部〔明人集〕	《張莊僖公文集》	萬曆本	6 冊	
集部〔明人集〕	《何文簡公集》	萬曆本	8 冊	
集部〔明人集〕	《王氏家藏集》	嘉靖本	18 冊	
集部〔明人集〕	《水南集》	嘉靖本	6 冊	
集部〔明人集〕	《周職方集》	明刊本	2 冊	黃蕘圃跋
集部〔明人集〕	《椒丘文集》	嘉靖本	12 冊	
集部〔明人集〕	《泉翁大全集》	嘉靖本	40 冊	
集部〔明人集〕	《甘泉先生續編大全》	嘉靖本	32 冊	
集部〔明人集〕	《孟有涯集》	嘉靖本	11 冊	
集部〔明人集〕	《涇野先生文集》	嘉靖本	60 冊	
集部〔明人集〕	《南湖詩集》	嘉靖本	4 冊	
集部〔明人集〕	《玄素子集》	嘉靖本	40 冊	
集部〔明人集〕	《群玉樓稿》	萬曆本	8 冊	
集部〔明人集〕	《歐陽南野集》	嘉靖本	28 冊	
集部〔明人集〕	《藍侍御集》	萬曆本	4 冊	
集部〔明人集〕	《中麓閑居集》	萬曆本	12 冊	
集部〔明人集〕	《遼陽稿》	萬曆本	4 冊	
集部〔明人集〕	《五岳山人集》	嘉靖本	16 冊	
集部〔明人集〕	《天一閣集》	萬曆本	16 冊	
集部〔明人集〕	《趙文肅公文集》	萬曆本	10 冊	
集部〔明人集〕	《袁文榮公集》	萬曆本	9 冊	
集部〔明人集〕	《丘隅集》	嘉靖本	6 冊	
集部〔明人集〕	《劉子威全集》	萬曆本	84 冊	
集部〔明人集〕	《徐氏海隅集》	萬曆本	12 冊	
集部〔明人集〕	《春明稿》	萬曆本	2 冊	
集部〔明人集〕	《李溫陵集》	萬曆本	10 冊	

集部〔明人集〕	《脩麓堂集》	萬曆本	20 冊	
集部〔明人集〕	《耿天台先生文集》	萬曆本	10 冊	
集部〔明人集〕	《處實堂集》	萬曆本	4 冊	
集部〔明人集〕	《文起堂詩文集》	萬曆本	10 冊	
集部〔明人集〕	《二酉園詩文集》	萬曆本	36 冊	
集部〔明人集〕	《何翰林集》	隆慶本	8 冊	
集部〔明人集〕	《潘景升詩集》	萬曆本	16 冊	
集部〔明人集〕	《十岳山人詩》	萬曆本	10 冊	
集部〔明人集〕	《王百穀二十種》	萬曆本	10 冊	
集部〔明人集〕	《止止堂集》	萬曆本	3 冊	
集部〔明人集〕	《大泌山房集》	萬曆本	39 冊	
集部〔明人集〕	《穀城山館集》	萬曆本	22 冊	
集部〔明人集〕	《不二齋文選》	萬曆本	3 冊	
集部〔明人集〕	《郁儀樓集》	萬曆本	8 冊	
集部〔明人集〕	《石語齋集》	萬曆本	6 冊	
集部〔明人集〕	《天倪齋詩》	萬曆本	4 冊	
集部〔明人集〕	《隅因集》	萬曆本	12 冊	
集部〔明人集〕	《趙忠毅公全集》	崇禎本	32 冊	
集部〔明人集〕	《少室山房類稿》等	萬曆本	32 冊	
集部〔明人集〕	《快雪堂全集》	萬曆本	32 冊	
集部〔明人集〕	《農丈人文集》	萬曆本	12 冊	
集部〔明人集〕	《魏仲子集》	萬曆本	4 冊	
集部〔明人集〕	《李文節集》	崇禎本	14 冊	
集部〔明人集〕	《蒼霞草》等七種	天啓本	60 冊	
集部〔明人集〕	《白蘇齋類集》	萬曆本	4 冊	
集部〔明人集〕	《焦氏澹園集》	萬曆本	24 冊	
集部〔明人集〕	《吳文恪公文集》	崇禎本	16 冊	
集部〔明人集〕	《陶文簡公集》	天啓本	11 冊	
集部〔明人集〕	《山草堂集》	天啓本	24 冊	
集部〔明人集〕	《歸陶庵集》	崇禎本	4 冊	
集部〔明人集〕	《下菰集》	萬曆本	3 冊	
集部〔明人集〕	《居東集》	萬曆本	6 冊	
集部〔明人集〕	《雪濤閣集》	萬曆本	10 冊	
集部〔明人集〕	《睡庵文集》	萬曆本	20 冊	
集部〔明人集〕	《輸寥館集》	明寫刊本	14 冊	
集部〔明人集〕	《懶眞草堂集》	萬曆本	8 冊	

集部〔明人集〕	《經略熊先生全集》	明末刊本	12 冊	
集部〔明人集〕	《寶日堂集》	崇禎本	40 冊	
集部〔明人集〕	《東極篇、南極篇、皇極篇》	萬曆本	14 冊	
集部〔明人集〕	《珂雪齋集選》	天啓本	12 冊	
集部〔明人集〕	《鰲峰集》	天啓本	6 冊	
集部〔明人集〕	《十賚堂文集》	天啓本	12 冊	
集部〔明人集〕	《石秀齋集》	萬曆本	10 冊	
集部〔明人集〕	《鹿裘石室集》	天啓本	14 冊	
集部〔明人集〕	《廖廖閣全集》	萬曆本	6 冊	
集部〔明人集〕	《程仲權先生集》	萬曆本	4 冊	
集部〔明人集〕	《陳眉公集》	明末刊本	30 冊	
集部〔明人集〕	《何長人集》	萬曆本	4 冊	
集部〔明人集〕	《陳明卿集》	萬曆本	4 冊	
集部〔明人集〕	《小築邇言集》	崇禎本	16 冊	
集部〔明人集〕	《岳歸堂集》	崇禎本	6 冊	
集部〔明人集〕	《茅簷集》	明末刊本	2 冊	
集部〔明人集〕	《魏子敬遺集》	明末刊本	2 冊	
集部〔明人集〕	《拜環堂詩文集》	明末本	5 冊	
集部〔明人集〕	《瑤光閣集》	明末刊本	4 冊	
集部〔明人集〕	《金太史集》	明末刊本	8 冊	
集部〔明人集〕	《簡平子集》	崇禎本	6 冊	
集部〔明人集〕	《偶居集》	崇禎本	10 冊	
集部〔明人集〕	《七錄齋集》	明末刊本	4 冊	
集部〔明人集〕	《懷茲堂集》	崇禎本	4 冊	
集部〔明人集〕	《寒光集》	崇禎本	8 冊	
集部〔明人集〕	《太乙山房文集》	崇禎本	6 冊	
集部〔明人集〕	《幾亭文錄》	崇禎本	5 冊	
集部〔明人集〕	《紡綬堂集》	崇禎本	8 冊	
集部〔明人集〕	《還山三體詩》	崇禎本	3 冊	
集部〔明人集〕	《凌霞閣雜著》	崇禎本	3 冊	
集部〔明人集〕	《石民未出集》	天啓本	8 冊	

※均精華所聚，皆輕易不能在坊肆中見到者。即偶一有之，亦不過月遇二三種，年遇二三十種耳。且更有市上絕不可得見者！即以十載、廿載之力，欲聚此，恐亦難能也。今得此似較之北平圖書館前得密韵樓之明集一批尤爲重要也。

類　　別	書　　名	版　本	數　量	說　明
集部〔明人總集、詩文評及詞曲〕	《文苑英華》	隆慶本	101 冊	

集部〔明人總集、詩文評及詞曲〕	《新安文獻志》	弘治本	32 冊	
集部〔明人總集、詩文評及詞曲〕	《延賞編》	嘉靖本	6 冊	
集部〔明人總集、詩文評及詞曲〕	《孔氏文獻集》	嘉靖本	4 冊	
集部〔明人總集、詩文評及詞曲〕	《浯溪集》	嘉靖本	2 冊	黃蕘圃跋
集部〔明人總集、詩文評及詞曲〕	《南滁會景編》	嘉靖本	8 冊	
集部〔明人總集、詩文評及詞曲〕	《玉峰詩纂》	隆慶本	6 冊	
集部〔明人總集、詩文評及詞曲〕	《皇明文範》	隆慶本	42 冊	
集部〔明人總集、詩文評及詞曲〕	《崑山雜詠》	隆慶本	10 冊	
集部〔明人總集、詩文評及詞曲〕	《文氏五家集》	嘉靖本	6 冊	
集部〔明人總集、詩文評及詞曲〕	《國雅》	萬曆本	24 冊	
集部〔明人總集、詩文評及詞曲〕	《包山集》	萬曆本	4 冊	
集部〔明人總集、詩文評及詞曲〕	《香雪林集》	萬曆本	24 冊	
集部〔明人總集、詩文評及詞曲〕	《皇明詩統》	萬曆本	40 冊	
集部〔明人總集、詩文評及詞曲〕	《今文選》	萬曆本	12 冊	
集部〔明人總集、詩文評及詞曲〕	《宋元詩集》	萬曆本	24 冊	
集部〔明人總集、詩文評及詞曲〕	《洞庭吳氏集選》	天啓本	4 冊	
集部〔明人總集、詩文評及詞曲〕	《金華文征》	天啓本	16 冊	
集部〔明人總集、詩文評及詞曲〕	《皇明文征》	崇禎本	30 冊	
集部〔明人總集、詩文評及詞曲〕	《幾社壬申文選》	崇禎本	12 冊	
集部〔明人總集、詩文評及詞曲〕	《皇明策衡》	明末刊本	20 冊	
集部〔明人總集、詩文評及詞曲〕	《湖山唱和》	正德本	2 冊	
集部〔明人總集、詩文評及詞曲〕	《全唐詩話》	正德本	6 冊	
集部〔明人總集、詩文評及詞曲〕	《詩話類編》	萬曆本	32 冊	
集部〔明人總集、詩文評及詞曲〕	《藝藪談宗》	明刊本	8 冊	
集部〔明人總集、詩文評及詞曲〕	《桂翁詞》	嘉靖本	3 冊	
集部〔明人總集、詩文評及詞曲〕	《楊升庵夫婦樂府詞餘》	萬曆本	4 冊	
集部〔明人總集、詩文評及詞曲〕	《花草粹編》	萬曆本	12 冊	
集部〔明人總集、詩文評及詞曲〕	《古今詞說》	明末刊本	20 冊	
集部〔明人總集、詩文評及詞曲〕	《碧山樂府》等	正德本	12 冊	
集部〔明人總集、詩文評及詞曲〕	《雍熙樂府》	嘉靖本	40 冊	
集部〔明人總集、詩文評及詞曲〕	《詞林摘艷》	嘉靖本	4 冊	
集部〔明人總集、詩文評及詞曲〕	《昊騷集》	萬曆本	4 冊	
集部〔明人總集、詩文評及詞曲〕	《南詞韵選》	萬曆本	2 冊	殘
集部〔明人總集、詩文評及詞曲〕	《目蓮勸善戲文》	萬曆本	6 冊	
類　別	**書　名**	**版　本**	**數　量**	**說　明**
子部〔叢書〕	《歷代小史》		20 冊	

子部〔叢書〕	《明世學山》		16 冊	
子部〔叢書〕	《裨乘》		10 冊	
子部〔叢書〕	《今獻匯言》		16 冊	
子部〔叢書〕	《金聲玉振集》		20 冊	
子部〔叢書〕	《夷門廣牘》		56 冊	
子部〔叢書〕	《監邑志林》		50 冊	
子部〔叢書〕	《顧氏文房小說》		30 冊	
子部〔叢書〕	《顧氏四十家小說》		10 冊	
子部〔叢書〕	《匯刻三代遺書》		12 冊	
子部〔叢書〕	《紀錄匯編》		120 冊	
子部〔叢書〕	《范氏奇書》		40 冊	
子部〔叢書〕	明經廠本書 34 種		920 餘冊	均不易得

※所謂"明經廠本書"，本非"叢書"，乃亦列入"叢書"中，僅算作一種，尤為得意；內有《含春堂稿》等，均非尋常之物也。

子部〔類書〕	《事林廣記》	成化本	12 冊	
子部〔類書〕	《三才圖會》	萬曆本	107 冊	
子部〔類書〕	《圖書編》	萬曆本	50 冊	
子部〔類書〕	《天中記》	萬曆本	120 冊	
子部〔類書〕	《學海》	萬曆本	80 冊	
子部〔類書〕	《廣博物志》	明末刊本	24 冊	
子部〔小說家〕	《亘史鈔》	萬曆本	6 冊	價值頗昂
子部〔小說家〕	《聚善傳芳錄》	萬曆本	5 冊	價值頗昂

※"儒"、"兵"、"法"、"醫"、"術數"、"藝術"、"譜錄"、"雜"、"道"、"釋"諸家中，亦多罕見之書。惟經部較為貧乏。然亦選取 78 種，多半為明人經解，足補歷來匯刻經解者所未收、未及。綜計明刊本中，凡得經部 78 種，史部 250 餘種，子部 260 餘種，集部 600 餘種，共計 1,200 餘種。（因有 10 餘種在爭議未決中，故未能以確數奉告。）

		張 元 濟 藏 書 收 購 工 作 報 告			
時 間	購入珍本	數 量	說 明	金 額	賣 家
1941 年 5 月 22 日	張元濟藏書	得其藏書中之最精者 5 種	此五書，皆可稱為壓卷之作。菊老大病後，經濟甚窘。彼意謂：將來必將散出，不如在此時歸於我輩為佳。因毅然見讓	計共價 2,600 元	張元濟

書 名	版 本	數量	說 明	鄭 振 鐸 按 語
《文選》	唐寫本	1 巨卷	日本有數卷，已收為"國寶"，並印為帝大叢書	得《文選》，總集部可鎮壓得住矣
《太宗實錄》	宋寫本	5 冊		得《太宗實錄》，史部得冠冕矣

《山谷琴趣外編》	宋刊本	1 冊		詞曲類可無敵於世矣
《醉翁琴趣外編》	宋刊本	1 冊	殘	詞曲類可無敵於世矣
《王荊文公詩注》	元刊本	10 冊	李璧注，國內無藏全帙者	元刊本部分足稱豪矣

北　平　各　書　肆　零　星　購　書　報　告			
購　入　書　籍	版　　本	數　量	說　明
《高文端公奏議》	萬曆本	8 冊	
《皇明疏議輯略》	嘉靖本	32 冊	張瀚輯
《江西疏稿》	明鈔本	6 冊	
《璇源系譜紀略》	清初朝鮮刊本	1 冊	
《朝鮮圖說》	萬曆李承勛刊本	1 冊	
《崞縣志》	明抄本	4 冊	
《莊陵志》	清初朝鮮刊本	2 冊	
《岳麓書院志》	萬曆本	2 冊	
《延綏東路地里圖本》	明彩繪本	1 冊	
《喜峰口邊隘圖》	明繪本	1 冊	
山海永平薊州密雲古北口等處地方里路圖本	明彩繪	1 冊	
《順治丙戌縉紳錄》	順治本	1 冊	
《星宿圖》	萬曆本	1 冊	
《蓬窗日錄》	嘉靖本	8 冊	陳全之撰
《耳新》	崇禎本	4 冊	
《石鼓文正誤、碧落碑文正誤》	萬曆本	3 冊	陶滋撰
《陽峰家藏集》	嘉靖本	12 冊	張璧撰
《韓襄毅公家藏文集》	嘉靖藍印本	6 冊	韓雍撰，四庫底本
《笨庵吟》	萬曆本靈山藏	2 冊	鄭以偉撰
《慎修堂集》	萬曆本	7 冊	劉日升撰
《楊道行集》	萬曆本	10 冊	楊于庭撰
《陽岩山人集》	明刊本	4 冊	江氾撰
《玉陽稿》	明刊本	4 冊	區懷瑞撰
《四照堂文集》	汲古閣刊本	24 冊	盧絃撰
《松鶴山房詩集》	康熙銅活字本	4 冊	陳夢雷撰
《隱湖唱和詩》	汲古閣本	3 冊	
《塞下曲》	萬曆本	1 冊	萬世德撰
《續眞文忠公文章正宗》	明刊本	10 冊	明鄭柏輯
《詩觀》	清初刊本	初二三集 36 冊	
《元遺山樂府》	明朝鮮刊本	3 冊	

《倚聲初集》	順治本		鄒祗謨輯
《天台勝跡錄》	嘉靖本	2 冊	

※近日收到者，胥爲佳品，甚可重視。雖出價較高（因平滬匯率關系），然實尚值得。

上　海　各　書　肆　零　星　購　書　報　告			
購　入　書　籍	版　　　本	數　量	說　　明
《秦安縣志》	嘉靖本	4 冊	
《固原州志》	萬曆本	4 冊	
《康熙虹縣志》		8 冊	
《道光中衛縣志》		4 冊	
《康熙常熟縣志》		12 冊	
《乾隆無錫縣志》		16 冊	
《嘉慶于潛縣志》		5 冊	
《乾隆鳳山縣志》	抄本	10 冊	
《乾隆靈璧縣志略》		2 冊	

※均係"方志"中不易覓得者

瞿木夫《集古官印考証》	印譜		係吳清卿補鈐本，殊爲可貴

※日來所收，亦多精品。劉十枝（即撰《直介堂叢刻》者）藏書，近已分批出售。去冬售去"方志"一千餘種，爲北平文殿閣所得，多半售之燕大，餘亦不可蹤跡。惟尚餘精品若干，頃歸修文堂，轉售於我輩。

鄭　振　鐸　總　結　報　告

1.設法商購適園張氏之善本書一部分。張氏原索五萬元，但可減少；現在亦肯分批出售。擬先行購取萬元。數日後，當可偕森公同往閱書。俟閱畢，當再行報告。惟此萬元，原應歸還馬氏墊款。如張氏書可成交，則勢不能不動用此萬元矣。

2.劉晦之處尚有若干宋本，頗佳，（如宋蜀刊本《後漢書》，宋刊本《三國志》等，"四史"足補其二，且較海源閣之"四史"爲佳。）亦有見讓之意，正在商洽中。惟餘款無幾，恐不易問津也。

3.北方出現之《王文公集》，《二百家名賢文粹》等，均擬放棄。最可憾惜者：潘博山君嘗介紹明末文俶（趙靈均妻）所繪《本草圖譜》一書，凡二十許冊，絕爲精美，首有靈均手書長序，其他序跋，亦皆出明末諸賢手。書主索二千金，不能減讓分文。我輩躊躇數月，尚未能有所決定。勢恐必歸他人。因股款無幾，對此項價昂之珍品，僅能望洋興嘆耳。

4.印書事，中經工人罷工，故進行頗爲遲緩。茲擬就第一至四集目錄附上，請諸股東詳加指正，以便遵循。此項書籍，所選者均未有每部超過七八冊以上者。因所購紙張不多，不能印大部書也。四集約共有一百二十冊左右，似尚可觀也。善本"書影"三份，茲並附奉。

善　本　叢　書　第　一　集		
類　　別	書　　名	版　　本
明代典章	《諸司職掌》	明刊本
明代典章	《昭代王章》	明刊本
明代典章	《大明官制》	明刊本
明代典章	《舊京詞林志》	明刊本

明代典章	《玉堂叢語》	明刊本
明代典章	《廠庫須知》	明刊本
明代典章	《馬政記》	明刊本
明代典章	《漕船志》	明刊本
明代典章	《海運新考》	明刊本
明代典章	《福建運司志》	明刊本

善　本　叢　書　第　二　集		
類　　別	書　　名	版　　本
地理邊防	《皇輿考》	明刊本
地理邊防	《皇明職方地圖》	明刊本
地理邊防	《天下一統路程記》	明刊本
地理邊防	《邊政考》	明刊本
地理邊防	《三鎮圖說》	明刊本
地理邊防	《東夷考略》	明刊本
地理邊防	《朝鮮雜志》	明鈔本
地理邊防	《炎徼瑣言》	明刊本
地理邊防	《記古滇說原集》	明刊本
地理邊防	《裔乘》	明刊本

善　本　叢　書　第　三　集		
類　　別	書　　名	版　　本
宋明史料	《中興六將傳》	穴硯齋鈔本
宋明史料	《家世舊聞》	穴硯齋鈔本
宋明史料	《高科考》	明鈔本
宋明史料	《明初伏莽志》	稿本
宋明史料	《蹇齋瑣綴錄》	明鈔本
宋明史料	《刑部問藍玉黨案》	明鈔本
宋明史料	《刑部問寧王案》	明鈔本
宋明史料	《兵部寧夏案》	明鈔本
宋明史料	《泰昌日錄》	明刊本
宋明史料	《史太常三疏》	明刊本

善　本　叢　書　第　四　集		
類　　別	書　　名	版　　本
明代邊事	《安南來威圖冊、安南輯略》	明刊本
明代邊事	《交黎剿平事略》	明刊本
明代邊事	《虔台倭纂》	明刊本

明代邊事	《倭奴遺事》	明刊本
明代邊事	《神器譜》	明刊本
明代邊事	《北狄順義王俺答謝表》	明刊本
明代邊事	《兩朝平攘錄》	明刊本
明代邊事	《遼籌》	明刊本
明代邊事	《敬事草》	明刊本
明代邊事	《東事書》	明刊本

5.此後店中工作，當集中於編目。五月份內必可陸續將"善目"先行編就，分批寄上。（每批約三十張，約共有十批）此項書目，除諸股東外，乞勿傳觀為盼！

6.此項營業報告約再有一次或二次，（至多二次）即可完全結束矣。補充普通書之工作，亦擬暫行停止，俟將來再進行。森公浩然有歸志。然總須俟此間點查事及其他工作告段落後，方能成行。正在極力挽勸中。店務進行，森公最為努力，亦最為詳悉。將來晤面時，必能細述一切也。

文 獻 保 存 同 志 會 第 九 號 工 作 報 告　1941.6.3
張 元 濟 藏 書 收 購 工 作 報 告

時 間	購入珍本	數 量	說　　　明	金　額	賣 家
1941年5月	張元濟藏書	善本書6種	此為張元濟所藏第三批善本書	計共價600元	張元濟

書　名	版　本	數 量	說　明
《春秋經傳集解》	宋刊本	16冊	以"纂圖互注"本配
《權載之文集》	宋蜀刊本	1冊	存卷四十二之五十
《真文忠公續文章正宗》	宋刊明印本	10冊	
《正德十六年登科錄》		4冊	
《萬歷十四年會試錄》		4冊	
《嘉靖十九年應天鄉試錄》		4冊	

李 思 浩 藏 書 收 購 工 作 報 告

時 間	購入珍本	數 量	說　明	金　額	賣 家
1941年5月	李思浩藏書	一批	除善本書外，內中多普通應用書，足以補充前所未備。此批書不經書賈手，故價尚低廉。	計共價500元	李思浩

類　別	書　名	版　本	數 量	說　明
善本書	《棗林雜俎》	鈔本	6冊	朱竹垞舊藏
善本書	《海昌外志》	鈔本	8冊	拜經樓舊藏
善本書	《草堂詩餘》	嘉靖間安肅荊聚校刊本	4冊	
善本書	《秦漢圖記》	萬曆間郭子章刊本	2冊	
善本書	《說文解字通釋》	鈔本	12冊	
普通書	《唐石經》	張刻		現時市價亦頗昂。

鄭　振　鐸　總　結　報　告

1.五月份內，所得不多。蓋因零星購置，業已停止也。"中英"股會覆我輩"辰、哿"電，對於瞿、楊、潘、張、劉諸家，擬欲全購，誠不世之偉舉，欽佩無已！

據調查結果，擬定之工作方針如下：

（1）楊書僅百餘種，而去歲索價已在七萬。今春滬、津匯率更高，幾漲一倍，似無法問津。今日即付七萬，恐書主亦未必肯售。此批書想來一時不至售出。蓋胃口如此之大之主顧，必不會有也。不妨姑置之。俟有擬出售之確耗時，再行奉告。

（2）潘氏寶禮堂書，亦僅百餘種。微聞擬索十萬左右。書主此時亦尚無意出讓，似亦不妨暫行擱下緩圖。

（3）瞿書千餘種，犀曾偕森公往閱其一部分，（不久尚擬再往閱看數次），實嘆觀止！曾與瞿鳳起君作懇摯之談話數次。彼勢不能不售書過活，卻又不願全部售出。擬分批出售，每次約售一二萬。彼不欲"上品"全去，我輩亦不願得中等貨。揀擇取捨之間，實費斟酌。好在已再三約定，必不他售。將來總是全部歸我。故此時之選取，但求其貨價相當，即不全取其最上品，似亦不妨也。有森公在此，相商進行，決不至有負尊望。

（4）張芹伯書已審閱其大部分。"善本"約有一千二百餘種。森公與犀胸中已略有成竹。大約在此數中，尚應剔去不佳及可疑之三四百種。總之，七八百種以上之佳品必可有。（參閱上函）但尚須約看一二次，始能全部了然。此批貨最好全收。（連普通書共約一千五百種）張氏亦願全售。蓋分割殊感不易也。曾托介紹人切實詢問書價。張云：三四萬之間，絕對不欲商談。彼希望以五萬之數成交。我輩意：四萬五六千元或可解決。然亦不敢必也。

（5）劉晦之（遠碧樓）物，尚有二三十種上品，最多不出一萬三四千元。（尚未詳談）

2.以上三家，總共約在八萬左右。但甚盼"中英"股方面，能籌足十萬。（其中六七萬最好能在六月中旬即行匯下，以便早日解決張瞿二家物）蓋北方楊氏之《二百家名賢文粹》等，邢氏之蜀刻唐人集四種，寶應劉氏之《王荊文公集》及滂喜齋之宋本數種（潘博山君有出讓意），亦均有得到之可能。此種宋本，即在瞿、楊、潘、陳（澄中）藏中，亦是白眉。似難放手，任其流失。

3.其他平、滬各肆，間亦出現零星"善本"，似亦應儲款以待之也。俟張、瞿、劉三批成功，不妨第二步再徐圖楊、潘等物。如能盡行網羅諸家，則店中所儲，不僅無敵於天下，且亦為五百年來之創舉矣！"中英"股"感"電已另覆。然電文未能詳。乞便中以此函呈諸股東一閱為荷。

4.平肆各賈書款，大致已結清；計付來薰閣六百六十八元，文殿閣六百元，修文堂一百元。帳中各書，大都尚係去冬擱置至今者，價均未漲。雖頗費口舌，然諸賈均能深明大義，可嘉也！彼輩近來送書較少；一因好書不易得，二因我輩選擇甚酷，三因他處有好主顧。然真正之好書卻仍能不至漏失。

5.此間各肆，所見更少。曾從孫賈伯淵處，得嘉靖間洛川王氏刊本《宣和遺事》四冊（分四集），詫為奇遇，尚未與議價，恐彼所望甚奢，然實不欲放手。此外，稿本、抄校本、明刊本等，亦尚收入若干。惟均非甚重要者。森公頗急於內行，犀亦函欲赴港一次，辦理運貨事。至遲擬於六月底動身（大約同行）。故"中英"股方面之款，盼能早日見匯，以便在此時間之內，辦妥張、瞿、劉三家物。否則，恐又須耽誤若干時日矣。

6."公是"物已有一部分寄港。俟第一批到後，當再寄第二三批。其上等精品，則當隨身攜帶。

7."善本書目"卷一"經部"，已編成（共二百十六種），茲鈔奉一份備查。細閱，尚感滿意。所缺者仍是宋、元精品。得瞿、張、劉三家物，則大足彌補此缺憾矣。卷二"史部"亦在謄寫中（約較"卷一"多三四倍）。俟鈔就，當繼此奉上。

8."子""集"二部，亦已具有底稿。無論如何，此目在六月內必可全部編就奉寄也。如此，則第一部分之工作，即自去歲二月至今年五月間之＿購置事業，可由此告總結束矣。（"總報告"擬分二次或三次奉上）以後張、瞿、劉三家物，則為第二步之工作成績，當歸之"續編"中矣。

附錄二　人物資料索引

姓　名	生 卒 年	名、號、筆名	籍　貫
		重 要 學 經 歷	
		重要相關研究論著（以專書為主）	
丁西林	1893～1974	原名變林，字巽甫	江蘇泰興

1913 年上海南洋公學畢業。翌年負笈英國，入伯明罕大學攻讀物理學，1919 年獲理科碩士學位。是年回國受聘於北京大學，先後任物理學教授兼理預科主任，爾後又多次被選爲物理系主任。1927 年中央研究院在南京成立，丁氏出任設於上海之物理研究所研究員兼所長，先後被選爲中央研究院代理總幹事和總幹事。除了從事科學研究工作外，在聲學方面，他對中國傳統樂器──笛進行了改進，另外 1946 年起，他從事研究「地圖四色問題」，先後持續 20 餘年，花費了不少心血。1948 年當選爲中央研究院院士。丁西林還熱心從事文藝創作和翻譯工作。他創作的獨幕劇《一隻馬蜂》曾震動當時的話劇界，此後又陸續發表了不少獨幕劇。1985 年始有《丁西林劇作全集》的出版。

孫慶升編，《丁西林研究資料》，北京：中國戲劇出版社，1986。

| 丁英桂 | 1901～1986 | 曾用名丁嘉柏、丁震雄。 | 浙江平湖 |

浙江平湖歷任商務印書館多部門職務。時任上海商務印書館印刷廠廠長。

| 孔祥熙 | 1880～1967 | 字庸之，號子淵 | 山西太谷 |

通州協和書院（燕京大學前身）畢業。1901 年到外國留學，先後入美國耶魯大學與德國柏林大學深造。歸國後在家鄉創辦銘賢學堂。後至日本結識宋靄齡與之結婚，返國後專致實業。1926 年任廣東省財政廳廳長。爾後歷任國民政府實業部長、財政部長、行政院院長、中央和中國銀行總裁，後定居美國紐約。生平大事記詳見：《孔祥熙先生年譜》。

瑜亮，《孔祥熙》，香港：開源書店，1955。

沈國儀，《孔祥熙傳》，合肥：安徽文藝出版社，1994。

王松，《孔祥熙傳》，武漢：湖北人民出版社，2006。

王世杰	1891～1981	字雪艇		湖北崇陽

1913 年赴英留學，入倫敦大學政治經濟學院，後轉入巴黎大學攻讀法律。1920 年獲得法學博士學位。歸國後任教於北京大學、國民政府法制局局長、湖北省政府委員兼教育廳廳長。1928 年 10 月被南京政府派往海外，任海牙公斷院公斷員。1929 年擔任武漢大學校長。1937 年抗戰爆發後，歷任國民政府軍事委員會參事室主任兼政治指導委員、國民參政會秘書長，12 月加入新政學系。1939 年後任國民黨中央宣傳部部長、三青團中央監委會書記長、國民黨中央監察委員。1943 年隨蔣委員長出席開羅會議。1945 年任國民政府委員、行政院政務委員兼外交部部長，隨同宋子文赴蘇聯談判，簽訂《中蘇友好同盟條約》。當選為南京中央研究院首屆院士。1949 年到臺灣。歷任總統府秘書長、國民黨中央評議委員、行政院政務委員、中央研究院院長、中華文化復興運動推行委員會常務委員、總統府資政等職。其人其事詳見：《王世杰日記》、《王世杰先生論著選集》。

王志莘	1896～1957	原名允令		江蘇上海

1921 年入上海商科大學學習，曾任中華職業教育社編輯。1923 年赴美國留學。1925 年回國後，任上海商科大學、中華職業學校教師、《生活週刊》主編、上海工商銀行儲蓄部主任、中國合作學社常務理事、江蘇省農民銀行總經理。1931 年後任新華信託儲蓄銀行總經理、上海銀行學會常務理事。主張「振興實業，職業救國」。1936 年後任國民政府實業部漁業銀行團常務理事兼總經理、農本局理事兼協理。抗日戰爭時期，任國民參政會參政員。著有《中國之儲蓄銀行史》一書。

王季烈	1873～1952	字君九		江蘇蘇州

清光緒甲辰（1904 年）進士，歷任京師譯學館監督、學部專門司司長，1911 年兼任資政院欽選議員。長期從事崑曲研究，精通曲律。著有《螾廬曲談》、《螾廬未定稿》、《孤本元明雜劇提要》、《與眾曲譜》（與劉鳳叔合編）等等，對戲曲曲律和崑曲曲譜研究有很大的貢獻。

王造時	1903～1971	原名雄生		江西安福

1929 年獲美國威斯康辛大學政治學博士學位。返國後歷任上海光華大學教授；文學院院長，創辦《主張與批評》、《自由言論》等刊。1935 年參加組織上海文化界救國會，次年 11 月與沈鈞儒、鄒韜奮等同被政府逮捕，為救國會七君子之一。抗戰爆發後獲釋，任國民參政會參政員。創辦《前方日報》、自由出版社。著有《中國問題的分析》、《荒謬集：王造時政治論集之一》，譯有《歷史哲學》（黑格爾，Georg Wilhelm Friedrich Hegel，1770～1831）、《美國外交政策史》（萊丹，John Holladay Latané，1869～1932）等。

葉永烈編，《王造時：我的當場答覆》，北京：中國青年出版社，1999。

王雲五	1888～1979	原名之瑞，字岫廬，筆名龍倦飛		廣東香山

出生於上海，14 歲開始白天在五金店當學徒，晚上在夜校讀英文。16 歲進同文館修業，並在一家英文夜校當助教。其後歷任閩北留美預備學堂教務長、北京英文《民主報》主編及北京大學、國民大學、中國公學大學部等校英語教授、商務印書館編譯所所長（1921）。在主持商務印書館期間，他堅持以「教育普及、學術獨立」為出版方針，並以「家財四百萬」自豪，意即創立四角號碼檢字法，編輯《百科全書》，主編《萬有文庫》。他所出版的《王雲五大詞典》、《王雲五小詞典》等成為近半個世紀的重要工具書之一，為我國近代文化教育事業做出了重要的貢獻。在從政方面，他曾被孫中山任命為大總統府秘書（1912）。自任國民參政員伊始，政治活動頗為活躍，並擔任多種要職，歷任財政部長（1946），在臺灣時歷任考試院副院長（1954）、行政院副院長（1958）、總統府資政（1963），爾後埋頭學術與文化工作，專任臺灣商務印書館董事長，並兼任政治大學研究所教授（1954～1963），1969 年接受韓國建國大學贈予榮譽博士學位，1979 年病逝。

詳見本書參考書目。				
伍光建	1867～1943	原名光鑑，號昭扆，筆名君朔		廣東新會

歷任財政部顧問、復旦大學教授、駐美公使伍朝樞秘書。著名翻譯家，譯作頗豐，例如：《俠隱記》；《續俠隱記》（大仲馬，Alexandre Dumas père，1802～1870）、《一六四〇年英國革命史》（基佐，François Pierre Guillaume Guizot，1787～1874）、《十九世紀歐洲思想史》（木爾茲，John Theodore Merz，1840～1922）、《造謠學校》（薛禮登，Richard Brinsley Butler Sheridan，1751～1816）等。

任鴻雋	1886～1961	字叔永		浙江歸安

1913 年，考進了美國康乃爾大學文理學院，主修化學和物理學專業。1916 年康乃爾大學畢業後又考進哥倫比亞大學攻讀化學工程專業，1918 年獲碩士學位。返國後歷任北京大學化學系教授兼北洋政府教育部專門教育司司長。1922 年應王雲五之聘，任鴻雋到上海任商務印書館編輯，兼商務學校教學與管理工作。1923 年又應邀去南京，任國立東南大學副校長。1925 年參與中華教育文化基金董事會（簡稱中基會）相關工作。在他的積極努力下，中基會運用自己的財力，培養了大批科學人才，為中國現代科學和教育事業的發展做出了極大的貢獻。1935 年任氏被委任為四川大學校長。1938 年被聘為國民參政會參政員。是年應中央研究院院長蔡元培之邀，前往昆明任中央研究院化學研究所所長，不久又兼任中央研究院總幹事一職，在抗戰期間，傾力協助蔡元培領導中央研究院及所屬各所開展相關工作。詳見：《前塵瑣記：叔永廿五歲以前的生活史片段》《科學救國之夢：任鴻雋文存》、《任鴻雋陳衡哲家書》

朱希祖	1879～1944	字逖先，一作逷先、迪先		浙江海鹽

早年留學日本早稻田大學，其間曾師從國學大師章太炎受說文音韻，並養成了深厚的文史功底。歷任北京大學教授、文學系和歷史學系主任，清華大學、輔仁大學教授，中央大學史學系主任、教授、國史館總幹事、考試院考選委員，1944 年病逝於巴中。以六朝和南明歷史為主要研究範疇，先後編著了《六朝陵墓調查報告》（與滕固合編）、《偽齊錄校補》、《明季史籍題跋》、《汲塚書考》等研究專著。此外，朱氏還是一位傑出的藏書家，其所藏大多為珍貴的南明史料，名曰「酈亭藏書」著稱於世。其論著詳見：《朱希祖先生文集》、《朱希祖文存》。

朱家驊	1893～1963	字騮先，亦字湘麐		浙江吳興

同濟大學畢業，後赴德國留學深造，歸國後歷任北京大學；廣東大學教授、廣東省教育廳長、中山大學；中央大學校長、教育部長、交通部長、浙江省政府主席、國民黨中央委員會秘書長；中央組織部長、行政院副院長、中央研究院代院長（1940～1957）、總統府資政。詳見：《朱家驊先生年譜》、《朱家驊先生言論集》

楊仲揆，《中國現代化先驅：朱家驊傳》，臺北：近代中國出版社，1984。

王聿均、萬紹章，《朱家驊先生之事功與思想論集》，臺北：中華民國聯合國同志會，1992。

林綺慧，〈學者辦黨：朱家驊與中國國民黨〉，國立臺灣師範大學歷史學系碩士論文，2004。

朱經農	1887～1951	朱經，字經農，筆名朱澹如、牛八，又號愛山廬主人		江蘇寶山

早年留學日本，其間入同盟會，歸國後任北京《民主報》編輯、《亞東新聞》總編輯。1916 年赴美深造研究教育，返國後任職北京大學教育系教授（1921）、商務印書館編輯新制教科書；主持光華大學教務（1923），1927 年後歷任上海特別市教育局長、大學院教育處處長、教育部教育司司長；常務次長、齊魯大學校長，1932 年任湖南教育廳廳長、中央大學教育長、教育部政務次長。抗戰勝利後擔任商務印書館總經理兼光華大學校長。著作多為教育相關研究：《教育思想》、《近代教育思潮七講》等。

何思源	1896～1982		山東菏澤

1915 年考入北京大學。爲「新潮社」前期成員之一。1919 年取得官費留美。1921 年華盛頓會議開幕，中國人民要求大會討論山東問題。何思源作爲中國留美學生代表成員，會見中國出席會議代表，要求據理力爭。會議期間，其撰寫《華盛頓會議中山東問題之經過》一文，交寄《東方雜誌》發表。1923 年入柏林大學研究經濟。1926 年歸國，並加入中國國民黨。歷任國民黨山東省黨部改組委員會委員兼宣傳部長（1927）、國民政府山東省政府委員兼教育廳長（1928）、國民政府山東省政府主席兼保安司令（1944）、北平市市長（1946）。論著詳見：《何思源文集》、《何思源選集》

馬亮寬、王強，《何思源：宦海沉浮一書生》，天津：天津人民出版社，1996。

何炳松	1890～1946	字柏丞	浙江金華

1912 年畢業於浙江高等學校。旋赴美。先後入威斯康辛和普林斯敦大學，專攻歷史學和政治學。1916 年歸國。在北京大學和北京高等師範任教。1924 年入商務印書館，後任編譯所所長。1935 年後任暨南大學校長 11 年。浸淫史學研究，著作均收入：《何炳松文集》、《何炳松論文集》。

房鑫亮，《忠信篤敬：何炳松傳》，杭州：浙江人民出版社，2006。

伯希和	1878～1945	Paul Pelliot	法國

服務於法國遠東學院（越南河内），曾數次奉命往中國爲該學院購買中國古籍。1905 年由「中亞與遠東歷史、考古、語言及人種學考察國際協會」法國分會會長塞納（Emile Senart）委任其爲法國中亞探險隊長，於 1906 年至 1908 年間進入西域，深入敦煌莫高窟，對全部洞窟編號，並抄錄題記、攝製大量壁畫照片。寫本部分入藏法國國立圖書館東方寫本部，絹畫、絲織品等入藏集美博物館。1909 年，伯希和到中國採購漢籍攜帶部分敦煌寫本精品，出示給在京的中國學者羅振玉、蔣斧、王仁俊、董康等人，中國學術界始知敦煌遺書。其研究著作蓋以敦煌遺書爲本考證古代地理方面的問題例如：《交廣印度兩道考》、《史地叢考》、《西域南海史地考證譯叢》、《蒙古與教廷》等。

余青松	1897～1978		福建廈門

1918 年赴美國留學，先學土木建築，後研究天文學，獲加利福尼亞大學哲學博士學位。曾在美國利克天文臺工作。1927 年回國，任教於廈門大學。1929 年任中央研究院天文研究所所長，主持並親自勘測設計，創建紫金山天文臺、昆明鳳凰山天文臺。曾任中國天文學會會長。1941 年離開天文研究所，在桂林、重慶負責光學儀器和教學儀器的研製工作。

吳經熊	1899～1986	字德生	浙江鄞縣

1920 年東吳大學法科畢業後赴美深造獲美國密西根大學法學博士學位。返國後任教於東吳大學數十年，作育英才無數。1927 年任上海臨時法院民庭推事，有「吳青天」美譽，1928 年特區法院成立歷任上訴庭長兼代院長、司法部參事主持民法法典之起草。1933 年任立法委員兼憲法草案委員會副委員長。爾後歷任海牙常設國際仲裁法庭法官、中央評議委員、總統府資政。論著有：《中國法學論著選集》、《中西文化論集》、《哲學與文化》等。

田默迪（Christian, Matthias），《東西方之間的法律哲學：吳經熊早期法律哲學思想之比較研究》，北京：中國政法大學出版社，2004。

吳澤霖	1898～1990		江蘇常熟

1922 年清華學堂畢業後留學美國，獲博士學位。抗日戰爭時期在昆明西南聯大任教。1946 年任清華大學人類學系主任、教務長。中華人民共和國成立後，先後任西南民族學院、中央民族學院、中南民族學院任教授、學術委員會副主任。論著有：《吳澤霖民族研究文集》、《現代種族》、《美國人對黑人猶太人和東方人的態度》等。

吳鐵城	1888～1953	又名子增		廣東香山

早年畢業於九江同文書院，並加入中國同盟會。1911 年在九江參與反清武裝起義，任九江軍政參謀次長兼交涉使。爾後又參加孫中山發動的「二次革命」，失敗後隨孫中山潛逃至日本，入日本明治大學學法律。其後歷任香山縣縣長、廣東省警察衛戍司令兼廣州市公安局長、廣東省建設廳長、上海特別市市長兼淞滬警備司令（1932 年）、國民黨中央執行委員（1935 年）、廣東省省長（1937 年 4 月至 1938 年 12 月）、國民黨海外部長（1939 年）。抗戰勝利後，任最高國防委員、國民黨中央常務委員、國民黨中央黨部秘書長（1946 年）、立法院副院長（1947 年）、行政院副院長（1948 年）。1953 年 11 月 19 日病逝。詳見：《四十年來之中國與我》、《吳鐵城回憶錄》。

李公樸	1900～1946	原名永祥，號晉祥，後改名公樸，號僕如		江蘇常州

滬江大學畢業後留學美國。九・一八事變後，致力於抗日救亡運動，創辦《申報》流通圖書館，與艾思奇出版《讀書生活》。救國會七君子之一，出獄後繼續抗日救亡活動。著有《華北敵後：晉察冀》、《李公樸文集》、《讀書與寫作》（編）等。

周天度、孫彩霞，《李公樸傳》，北京：群言出版社，2002。

李四光	1889～1971	原名李仲揆		湖北黃岡

1907 年考入大阪高等工業學校舶用機關科，學習造船機械。1913 年獲臨時稽勳局通知，官費保送留英學習，入伯明罕大學專攻地質學。1918 年在伯明罕大學通過了畢業論文《中國之地質》的答辯，獲自然科學碩士學位。1920 年歸國後出任北京大學地質系教授。1927 年應蔡元培邀請，南下到上海，參加中央研究院地質研究所的籌建工作。1928 年中央研究院地質研究所成立，李氏任所長。1934～1936 年，根據中英兩國交換教授講學的協議，應邀赴英講學，在倫敦、劍橋、牛津、都柏林、伯明罕等 8 所大學，講授中國地質學。講稿經整理後在倫敦正式出版《中國地質學》，此書除英文版外，還有俄文譯本和摘要漢譯本。學術界給予很高的評價。英國李約瑟博士稱其爲「最卓越的地質學家之一」。1948 年當選爲中央研究院院士。詳見：《李四光全集》。

陳群，《李四光傳》，北京：人民出版社出版、新華書店發行，1984。

李宣龔	1876～1952	字拔可，室名觀槿齋、碩果亭		福建閩縣

光緒二十年（1894）舉人，曾任湖南桃園縣知縣、江蘇後補知府，後入商務印書館任經理多年亦爲商務股東之一。珍藏祕籍、名畫甚多，凡商務印書館出版物印有「墨巢藏本」均爲李拔可所藏。著有《碩果亭詩》、《墨巢詩稿》等。

李建勛	1884～1976	字湘宸		河北清豐

1908 年北洋大學畢業後，至日本留學。1911 年回國參加辛亥革命，1912 年再赴日本就讀，1915 年回國後任直隸省視學。1917 年公費赴美留學，入哥倫比亞大學師範學院，主攻教育行政、教育統計和學務調查。於 1918、1919 年先後獲教育學學士及碩士學位。1920 年歸國後歷任北京高等師範學校教育學科教授兼教育研究科主任、北京高等師範學校校長。在此期間，他向北京政府教育部召開的學制會議提出「請改全國國立高等師範爲師範大學案」，獲得通過，從而鞏固了高等師範教育在學制系統中的地位。1923 年，李建勛又入哥倫比亞大學進修，於 1925 年獲哲學博士學位，其長篇論文《美國民治下的省教育行政》是中國留學生以科學方法分析研究教育行政問題的第一部專著。1925 年回國後，李建勛主要在北京師範大學任教，歷任教育系主任、教育研究所主任。在當時教育界有「南陶北李」之稱，意思是說陶行知與李建勛是大江南北兩位齊名的大教育家。

李書田	1902～1989	字耕硯	河北昌黎
著名土木工程學家。美國康乃爾大學哲學博士。1932 年任天津北洋工學院院長，1938 年任西北工學院院長。1946 年北洋大學在天津復校後任工學院院長。			

李書華	1889～1979	字潤章	河北昌黎
1913 年留學法國，1918 年獲圖盧茲大學理學碩士學位，1922 年獲法國國家理學博士學位，旋回國歷任北京大學物理系教授；系主任、中法大學教授；代理校長、北平大學副校長兼代理校長、南京國民政府教育部政務次長；部長、北平研究院副院長、中央研究院總幹事。1948 年被選為中央研究院院士。詳見：《李書華遊記》。			

李肇甫	1887～1950	字伯申，一字伯森	四川巴縣
南社社友。辛亥革命後，歷任南京臨時政府秘書處總務長、臨時參議院議員、眾議院議員、善後會議會員。			

李澤彰	1895～？	字伯嘉	湖北蘄春
歷任商務印書館出版科科長、協理、經理。			

沈鈞儒	1875～1963	字秉甫，號衡山	浙江嘉興
清末進士。早年留學日本法政大學，回國後參加立憲運動和辛亥革命。1912 年參加同盟會。後又參與護法運動，反對曹錕賄選。曾任國會議員、廣東軍政府總檢察廳檢察長、浙江省臨時政府秘書長。1928 年起任上海法科大學（後改爲上海法學院）教務長，並執行律師業務。1933 年參加中國民權保障同盟。1935 年 22 月領導成立上海文化界救國會，次年 6 月與宋慶齡，馬相伯等領導成立全國各界救國聯合會，救國會七君子之一。著有《中魚集》、《寥寥集》等，另有《沈鈞儒文集》出版。			
沈人驊編著，《沈鈞儒》，北京：群言出版社，1998。			
周天度、孫彩霞，《沈鈞儒傳》，北京：人民出版社，2006。			

汪康年	1860～1911	初名灝年，字梁卿，後改名康年，字穰卿，中年自號毅伯、毅白、初官、醒醉生、晚年號恢伯	浙江錢塘
開辦過許多報紙例如：《蒙學報》（1895）、《時務報》（1896）、《農會報》（1897）、《昌言報》；《時務日報》（1898 年後該報改名爲《中外日報》，以洋務派的立場，從表面標榜維新轉向徹底地反對維新）、《京報》（1907 年，1909 年該報因參與評論「楊翠喜案」，涉及清庭醜聞而被查封）、《芻言報》（1910 年因宣傳立憲保皇言論，到辛亥革命爆發前夕而停刊）等。			
廖梅，《汪康年：從民權論到文化保守主義》，上海：上海古籍出版社，2001。			

汪詒年	1866～？	字仲策，號仲谷、頌閣，汪康年之弟	浙江錢塘
曾任商務印書館交通科科長、校史處負責人。			

汪精衛	1883～1944	名兆銘，字季新，號精衛	

廣東番禺 1904 年入東京法政大學學習，受西方國家觀念及主權在民思想的影響。1905 年 7 月謁見孫中山，加入同盟會，參與起草同盟會章程。8 月被推爲同盟會評議部評議長。後以「精衛」的筆名先後在《民報》上發表〈民族的國民〉、〈論革命之趨勢〉、〈駁革命可以召瓜分說〉等一系列文章，宣傳三民主義思想。畢業後隨孫赴南洋籌設同盟會分會，任南洋革命黨報《中興日報》主筆之一。1909 年 10 月由南洋至日本，出任《民報》主編。1910 年 1 月抵達北京，暗中策劃刺殺攝政王載灃，事洩後被捕，判處終生監禁。在獄中起初決心以死報國，後受肅親王善耆軟化，意境爲之一變。武昌起義後，由袁世凱開釋出獄。1912 年 1 月南京臨時政府成立前夕，按孫囑咐代起草臨時大總統府就職宣言。後留在孫身邊工作，力勸孫讓位袁，並參加北上迎袁專使團。8 月赴法留學，中間幾度返國，皆不問政事。1924 年 1 月當選爲中央執行委員，後出任中央宣傳部長。1925 年 2 月孫病危時受命記錄孫的遺囑。是年 7 月任國民政府常務委員會主席兼軍事委員會主席、宣傳部長等職。1926 年 1 月當選爲中央執行委員會常務委員會委員。「中山艦事件」發生後，被迫辭職，出走法國。次年 4 月歸國，任武漢國民政府主席，一直與蔣介石明爭暗鬥，爾後歷任國民黨中央特別委員會委員、國民政府委員、行政院院長兼外交部長、國防最高會議副主席、國民黨副總裁等職。1940 年在南京成立僞國民政府。1944 年 11 月 10 日在日本名古屋病死。

詳見本書參考書目。

辛樹幟	1894～1977		湖南臨澧

1924 年赴歐留學。原本打算以勤工儉學方式到美國留學，但當時美國實行的移民政策，限制華人入境，便改變主意去英國倫敦大學學習生物學。一年後，又轉入德國柏林大學攻讀。1927 年返國後展開對廣西瑤山的大規模調查計劃，1928 年，親自率考察隊向廣西大瑤山、大明山進發，白天他們在山上興致勃勃地採集動植物標本；晚上他們回到山村，在昏暗的油燈下，採集民歌民謠，標注少數民族語言，調查民風民俗。瑤山考察，開國內大規模科學考察和生物採集之先河，顧頡剛先生稱讚這次調查「眞是一件大功績」。擴大了中國學術界在國際生物學界的影響。爾後辛樹幟歷任國民政府教育部編審處處長、國立編譯館館長、西北農林專科學校校長、西北農學院院長、重慶國民政府經濟部農本局顧問、中央大學生物系教授兼主任導師、川西考察團團長、湖南省參議員、湘鄂贛三省特派員、湖南省教育會會長，抗戰勝利後將精力完全投入在創辦蘭州大學一事。

周　仁	1892～1973	字子競	江蘇江寧

考取清華留美公費生，與趙元任、胡適等同行，同入美國康乃爾大學。當時，他的數學和文學水平較高，但他選擇的卻是機械學，因爲他堅信「強國必先利器。」1914 年他以優異成績畢業，同年考取研究生，所選的專業和研究方向是冶金。他感到製造機器沒有鋼鐵，等於「無米之炊」，一個國家沒有鋼鐵就像人沒有骨架。1915 年，周仁獲碩士學位。是年歸國歷任《申報》館建築新館；安裝機器的工程師、南京高等師範學校教師、江西九江電燈公司的工程顧問。1919 年康乃爾大學的同學任鴻雋受四川省政府委託籌建四川煉鋼廠，邀請周仁到鋼廠任總工程師。後因四川政局發生變化，此事遂罷。1921 年他與王季同共同籌資創辦實業。在上海天通庵辦起大效機械廠。1922 年後歷任交通大學機械系教授、教務長、中央大學工學院院長、中央研究院理化實驗所常務籌備委員，1928 年中央研究院成立，周仁任工程研究所所長兼研究員。1939 年籌辦公私合股的中國電力制鋼廠，周仁任總經理兼總工程師，此時他仍兼任工程研究所所長、研究員，但無薪金。爲發展中國鋼鐵事業作出偉大貢獻。

| 周昌壽 | 1888～1950 | 字頌久 | | 貴州麻江 |

先後在日本東京第一高等學校、帝國大學及該大學研究院物理研究所深造。從日本回國後，周昌壽長期在商務印書館任編輯。1932 年該館編譯所改爲編審部，他任編審。1937 年日軍侵佔上海，他隨商務部分人員撤至長沙，任第三組（自然科學書籍編審組）組長。1939 年編審部撤至香港，他主持該部工作。1940 年太平洋戰爭爆發，日軍進入上海租界，商務印書館被日軍查封。周昌壽被商務印書館總經理從香港派回上海，委以保護商務在滬上財產及維持日常業務的重任。經他多方交涉，據理力爭，終於迫使日方交還了商務的財產。商務印書館在戰爭期間得以保存並且繼續出版工作，周昌壽之功不可沒。周氏撰述有關物理學著作 9 部，翻譯著作 11 部，編寫中學和大學物理學教科書 8 部，爲中國科學文化事業的發展費盡心力。抗戰勝利後歷任上海大夏大學教授兼理學院數理系主任、中華學藝社理事長兼任復旦大學、同濟大學、上海交通大學等校教授。

| 周恩來 | 1898～1976 | | | 浙江紹興 |

中華人民共和國總理（1949～1976）。1917 年在天津南開學校畢業後赴日本求學。1919 年回國入南開大學，在五四運動中成爲天津學生界的領導人。1920 年赴法國勤工儉學，次年參加中國共產黨。1924 年返國歷任廣東黃埔軍校政治部主任、國民革命軍第一軍政治部主任、第一軍副黨代表、中共廣東區委員會委員長、常委兼軍事部長。1931 年後，歷任中共蘇區中央局書記、中國工農紅軍總政治委員兼第一方面軍總政治委員、中央革命軍事委員會副主席、中央政治局委員、書記處書記、中央軍委副主席兼代總參謀長。1949 年中華人民共和國建立後，擔任政府總理兼任外交部長、中國人民政治協商會議全國委員會副主席；主席、中共中央副主席、中央軍委副主席等職。1976 年 1 月 8 日在北京逝世。其主要著作均收入《周恩來選集》。生平詳見：《周恩來年譜：1898～1949 (修訂本)》、《周恩來年譜：1949～1976》。

梨本祐平，《周恩來》，東京都：勁草書，1967。

中共中央文獻研究室、新華通訊社編，《周恩來》，北京：中央文獻出版社，1993。

迪克・威爾遜(Wilson, Dick)；封長虹譯，《周恩來》，北京：中央文獻出版社，2003。

| 周越然 | 1885～1962 | 字之彥，號復安 | | 浙江吳興 |

先後任教於蘇州英文專修館、江蘇、安徽高等學堂、上海中國公學。1915 年，任國華書局編輯、商務印書館編譯所英文部，幫助編輯《英文週刊》，編輯英文教材、講義 37 種，其中以 1918 年出版的《英語模範讀本》，最爲著名。喜愛藏書，以詞曲小說爲多，故名其室爲言言齋，一・二八戰火中，被焚圖書二百餘箱，西書 5000 冊以上，稀有珍本 50 種。著有：《書書書》、《書與回憶》、《版本與書籍》、《英文造句法》、《言言齋古籍叢談》等。

陳子善編，《周越然書話》，杭州：浙江人民出版社，1999。

| 周鯁生 | 1889～1971 | 又名周覽 | | 湖南長沙 |

1906 留學日本，入早稻田大學。1911 年加入同盟會。1913 年起先後留學英國、法國，獲愛丁堡大學政治經濟碩士學位和巴黎大學法學博士學位。返國後曾擔任上海商務印書館編輯所法制經濟部主任、北京大學；東南大學；武漢大學教授、武漢大學校長，1948 年當選爲中央研究院首屆院士。除教學外，潛心研究國際法和外交史。畢生從事國際法研究，發表過大量論文著述。主要著作有《革命的外交》、《國際法大綱》、《國際法》、《現代國際法問題》、《國際法新趨勢》、《法律》、《現代英美國際法的思想動向》等。其中在其原著《國際法大綱》的基礎上，寫成的《國際法》是世界國際法學中自成一派的法學著作，在中國的國際法學界具有權威地位。

秉　志	1886～1965	字農山，原名翟秉志，曾用名翟際潛	河南開封

1909 年考取第一屆官費留學生，赴美攻讀生物學。入康乃爾大學農學院，1913 年獲學士學位，1918 年獲哲學博士學位，是第一位獲得美國博士學位的中國學者。1918～1920 年，在美國韋斯特解剖學和生物學研究所，從事脊椎動物神經學研究兩年半。1920 年回國後，秉志積極從事生物科學的教學、科研和組織領導工作。1921 年他在南京高等師範（次年改爲東南大學，後改爲中央大學）創建了我國第一個生物系。1922 年他在南京創辦了我國第一個生物學研究機構——中國科學社生物研究所。1927 年創辦北平靜生生物調查所。1920～1937 年，秉志歷任南京高等師範、東南大學、廈門大學、中央大學生物系主任、教授，同時擔任中國科學社生物研究所和靜生生物調查所所長兼研究員。抗戰勝利後，秉志在南京中央大學和上海復旦大學任教，同時在上海中國科學社做研究工作，1948 年當選爲中央研究院首屆院士。論著詳見：《秉志文存》。

竺可楨	1890～1974	字藕舫	浙江紹興

1910 年，竺氏考取第二期留美庚款公費生，入伊利諾大學農學院學習。畢業後，即轉入哈佛大學地學系，潛心研讀與農業關係密切的氣象學。1915 年獲得哈佛大學碩士學位後，留在哈佛繼續深造。1918 年，竺可楨以論文《遠東颱風的新分類》獲哈佛大學氣象學博士學位。歸國後至武昌高等師範學校、南京高等師範學校講授地理和天文氣象課。1920 年在南京師範學校的基礎上，開始籌建東南大學，竺氏任地學系主任。爾後竺可楨自 1925～1926 年曾轉任商務印書館編輯、南開大學教授各一年，至 1927 年重返東南大學任地學系主任。1928 年應中央研究院蔡元培院長之聘，在南京北極閣籌建氣象研究所，辭去中央大學地學系主任職務，任氣象研究所所長。出版了所著的中國第一本近代《氣象學》。1936 年任浙江大學校長（仍兼氣象研究所所長）。1948 年被選爲中央研究院首屆院士。詳見：《竺可楨全集》。

《竺可楨傳》編輯組著，《竺可楨傳》，北京：科學出版社，1990。

姜立夫	1890～1978	原名蔣佐，字立夫	浙江平陽

1911 年入美國加利福尼亞州立大學學習數學，1915 年畢業，獲理學學士學位。同年轉入哈佛大學作研究生後獲得博士學位。1920 年，姜立夫應聘到南開大學任教授（直至 1948 年），創辦數學系（當時稱算學系）並兼系主任。抗日戰爭期間，任教於西南聯合大學，並籌建了「新中國數學會」。1940 年年底，受命籌建中央研究院數學研究所。1947 年研究所正式成立，姜立夫堅辭未獲批准，被任命爲所長，具體工作由陳省身代理主持。1948 年當選爲中央研究院院士。

胡文楷	1901～1988		江蘇昆山

歷任商務印書館校對、編譯員。著有《清錢夫人柳如是年譜》、《歷代婦女著作考》等。

胡政之	1889～1949	原名霖	四川成都

1907 年赴日本留學。1911 年畢業於東京帝國大學，返國後曾任《大共和日報》總編輯、《大公報》總經理，創辦了國聞通訊社、《國聞週報》，並與張季鸞、吳鼎昌共同創辦了《大公報》新記公司，是中國現代報刊史上著名的報業家。今有《胡政之文集》出版。

陳紀瀅，《胡政之與大公報》，香港：掌故月刊社，1974。

胡庶華	1886～1968		長沙攸縣

教育家。1913 年留學德國，獲鐵冶金博士學位。1922 年回國，歷任武昌大學代校長、江蘇省教育廳長、漢陽兵工廠廠長、農礦部司長、同濟大學校長等職。1930 年任國民黨中央監察委員、三青團中央團部副書記長。1932、1941、1945 年三次出掌湖南大學校長。

胡　適	1891～1962	原名胡洪騂、嗣穈、字希疆，後改名適，字適之	安徽績溪

1906 年考入中國公學，1910 年考中「庚子賠款」留學生，赴美後先入康乃爾大學農學院，後轉文學院哲學。1915 年入哥倫比亞大學研究院，師從哲學家杜威，接受了杜威的實用主義哲學，並一生服膺。1917 年回國，任北京大學教授，加入《新青年》編輯部，撰文反對封建主義，宣傳個性自由、民主和科學，積極提倡「文學改良」和白話文學，成爲當時新文化運動的重要人物。「五四」時期，與李大釗等展開「問題與主義」辯難；與張君勱等展開「科玄論戰」。從 1920 ～1933 年主要從事中國古典小說的研究考證，同是也參與一些政治活動，並一度擔任上海公學校長。抗日戰爭初期出任國防參議會參議員，1938 年被任命爲中國駐美國大使。抗戰勝利後，1946 年任北京大學校長，1948 年被選爲中央研究院首屆院士。1949 年去美國，後至臺灣。著有《中國哲學史大綱》（上卷）、《胡適文存》、《胡適論學近著》、《胡適學術文集》等，現今最重要的當推台北聯經出版社於 2004 年出版的《胡適日記全集》。

詳見本書參考書目。

唐鉞	1891～1987	字擘黃，原名柏丸	福建閩侯

知名心理學家。1914 年赴美國留學，先後在康乃爾大學、哈佛大學深造和研究，1920 年獲哈佛大學哲學博士學位。回國後曾任北京大學哲學系、清華大學心理系心理學教授、上海商務印書館編輯所哲學教育部主任編輯。在中央研究院心理研究所任研究員、所長時，曾進行過一些心理學的實驗研究，發表過有關白鼠營養對學習能力影響等生理心理學方面的論文多篇。著有《西方心理學史大綱》、《唐鉞文集》。另外，翻譯外國心理學重要著作多種。

夏敬觀	1875～1953	字劍丞	江西新建

舉人出身，1895 年入南昌經訓書院，師從皮錫瑞（1850～1908，字鹿門，清末經學家）治經學。1902 年入張之洞（1837～1909，洋務派代表人物之一）幕府，參預新政，主辦西江師範學堂。1907 年任江蘇提學使，兼上海復旦、中國公學監督，1909 年辭官。1916 年任涵芬樓撰述。1919 年任浙江省教育廳長，1924 年辭職，寓居上海，從事著述。對經學、音韻、訓詁、詩賦、文史、書畫等造詣精深，著有《詞調朔源》、《古音通轉例證》、《忍古樓畫說》、《歷代禦府畫院興廢考》等。

陳誼，《夏敬觀年譜》，合肥：黃山書社，2007。

徐誦明	1890～1991		浙江新昌

歷任北平大學醫學院院長、北平大學代理校長、西北聯大法商學院院長、同濟大學校長兼醫學院院長。

翁之龍	1896～1963	字叔泉	江蘇常熟

1920 年畢業於同濟醫工專門學校，是年至德國法蘭克福大學，專攻皮膚科，獲博士學位。1924 年回國，歷任北京大學講師；教授、廣州中山大學教授兼附屬第一人民醫院院長。1932～1939 年任同濟大學校長。1941 年任重慶中央大學校長。他對皮膚病防治有較深研究。首先發現稻田接觸性皮炎，人稱「翁之龍皮炎」。

翁文灝	1889～1971	字詠霓	浙江鄞縣

早年至上海法國天主教會辦的「震旦學校」學習現代科學與外文，後至歐洲留學，就讀於比利時魯凡大學地質系，他的畢業論文選擇該國最薄弱的岩漿岩岩石學爲研究方向，用當時最先進的偏光顯微鏡研究解決很多問題，他完成的畢業論文《勒辛的石英玢岩》，材料豐富，立論清晰，且爲比利時地質科學填補了空白，具有首創意義，轟動比利時地質學界，因而被破格直接授予博士學位，成爲我國歷史上獲得地質學博士學位的第一位學者，也是我國最年輕的地質學博士（23 歲）。1913 年回到北京，參加留學生文官考試，名列第一，分配任北洋政府農商部僉事，並到該部地質研究所任講師，後升爲教授，主講礦物學、岩石學等課程。翁氏後來長期擔任北洋政府農商部地質調查所所長，實際領導了全國的地質調查與科學研究事業。並兼任北京大學、清華大學、北京高等師範學校教授、名譽教授，並作過清華大學地學系主任、該校代校長。爾後歷任南京國民政府行政院秘書長、經濟部部長兼資源委員會主任委員、戰時生產局局長、國民黨中央委員、行政院副院長、行政院長等職。1948 年當選爲中央研究院院士。

李學通，《書生從政：翁文灝》，蘭州：蘭州大學出版社，1996。

戴光中，《書生本色：翁文灝傳》，杭州：杭州出版社，2004。

李學通，《幻滅的夢：翁文灝與中國早期工業化》，天津：天津古籍出版社，2005。

| 袁同禮 | 1895～1965 | 字守和 | 北京 |

1916 年畢業於北京大學，是年進入清華園圖書館工作，1917 年任圖書館館長。1918 年當選爲北京圖書館協會會長。1920 年赴美深造，進入哥倫比亞大學和紐約州立圖書館專科學院攻讀，1923～1924 年曾在倫敦大學研究院攻讀一年，曾在巴黎古典學校學習和在美國國會圖書館任職。1924 年年底回國，任廣東嶺南大學圖書館館長、中華圖書館協會秘書、國立北京大學目錄學；圖書館學教授兼圖書館館長（1925～1927）、北京圖書館館長（1926～1929）、國立北平圖書館副館長和館長（1929～1948），建立了中國現代圖書館之楷模。1945 年獲美國匹茲堡大學頒發法學名譽博士學位。1949 年赴美定居，在美國亦堅守圖書管理崗位：任史丹佛大學研究院編纂主任（1949～1957）、美國國會圖書館書目提要編著人暨美國國會圖書館中國文獻顧問（1957～1965）。1965 年初病逝於華盛頓。享年七十歲。

詳見本書參考書目。

| 馬君武 | 1881～1940 | 原名道凝，改名和，號君武 | 廣西桂林 |

留學日本，攻讀化工，並參加同盟會。繼又加入南社。1906 年參與創辦中國公學，因反對清廷，爲兩江總督端方所忌，避走德國，入柏林大學學冶金。早年追隨孫中山進行民主革命活動，後擔任護法軍政府交通部長、總統府秘書長、廣西省省長。爾後歷任北京、上海各地大學、廣西大學校長，與蔡元培齊名，被譽爲「北蔡南馬」。論著詳見：《馬君武先生文集》、《馬君武文選》等。

| 馬寅初 | 1882～1982 | | 浙江嵊縣 |

1901 年考入天津北洋大學選學礦冶專業。1906 年赴美國留學，先後獲得耶魯大學經濟學碩士學位和哥倫比亞大學經濟學博士學位。1915 年回國，先後在北洋政府財政部當職員、北京大學經濟學教授；教務長。1927 年到浙江財務學校任教並任浙江省省府委員。1928 年任南京政府立法委員，1929 年後，出任財政委員會委員長、經濟委員會委員長兼任南京中央大學、陸軍大學和上海交通大學教授。1938 年初，任重慶商學院院長兼教授。1946 年至上海私立中華工商專科學校任教。1949 年任浙江大學校長。論著詳見：《馬寅初全集》、《馬寅初全集補編》。

彭華，《馬寅初的最後 33 年》，北京：中國文史出版社，2005。

馬玉淳編著，《馬寅初的故事》，杭州：浙江古籍出版社，2006。

高宗武	1905～1994	化名高其昌，又按日語音譯化名康紹武、康少武	浙江樂清

留學日本九州帝國大學，歸國後歷任外交部科長；幫辦；亞洲司司長，爲著名的「日本通」。1938 年奉命赴香港蒐集對日情報，逕自赴日了解「和平」的可能性，繼而代表汪精衛，與梅思平一起至滬上和日代表土肥原會談。1939 年隨汪精衛赴日參與日本內閣會談，討論汪政權成立相關事宜，高宗武始知汪氏和平運動之不可行，後遂與陶希聖偷渡至香港披露日汪密約的內容。後舉家遷美，定居紐約。關於其在汪政權與日本政府方面接觸的相關事宜，詳見：氏著，《深入虎穴：高宗武涉日回憶錄》。

高夢旦	1869～1936	原名鳳謙，筆名崇有	福建長樂

清末秀才，協助杭州知府林啓創辦求是書院和蠶學館。1901 年，受聘爲浙江大學總教習。次年赴日本，任留學生監督。後加入商務印書館從事編輯、出版小學教科書。1903 年任商務印書館國文部主任。1908 年，倡議編纂《辭源》，於商務印書館編譯所內設辭典部，並參與編輯工作。辛亥革命後，出任編譯所所長，負責編譯所事務並兼出版部部長。浸淫漢字字典檢索研究，草創四角號碼檢字法。

張元濟	1867～1959	字筱齋，號菊生	浙江海鹽

光緒十八年（1892）進士，後授翰林院庶吉士。甲午戰爭後，積極投身維新運動，參與陶然亭集會，創設通藝學堂。期間曾被光緒帝召見，詢問有關維新事宜。戊戌變法失敗後，受到「當即革職，永不敘用」的處分，後經李鴻章介紹至滬襄助盛宣懷的文化事業，主持南洋公學譯書院，此間積極支持並出版了嚴復翻譯的《原富》。不久，辭去南洋公學職，正式加入商務印書館，從此開始了長達六十餘年的出版生涯。他帶領著商務印書館順應時代潮流前進，不僅爲中國的新式出版業奠定了基礎，而且通過其出版活動對中國教育和古籍整理等事業的發展做出了巨大貢獻。

詳見本書參考書目。

張伯苓	1876～1951	原名壽春，字伯苓，後以字行	河北天津

1892 年，考入北洋水師學堂，入航海科（俗稱駕駛班）肄業。當時該校由嚴復、伍光建等留英學生所主持，常介紹西方思想及社會情形。1898 年天津士紳嚴修（號範孫）主張維新，提倡新教育。遂禮聘張氏在私宅設家塾，以新方法、新教材教其子弟，名爲嚴館。三年後，王奎章亦請張氏教其子弟，名爲王館。這嚴、王兩館就是日後有名的南開學校的濫觴。1904 年，清廷廢科舉，張氏和嚴範孫及張建塘二位到日本考察教育，返國後在嚴宅偏院創辦一所私立中學，名爲「私立第一中學堂」，是爲南開中學前身。1906 年，鄭菊如捐出靠近天津城西南角的空地一塊，作爲學校用地。因該地名南開窪，故改校名爲「南開中學」。是年張氏第一次赴美考察教育，次年返國。1917 年上海聖約翰大學授張氏名譽文學博士學位。是年第二次赴美，入哥倫比亞大學師範學院研究，爲興辦高等教育作準備。返國後積極籌辦大學。1919 年南開大學正式成立。抗戰期間，南開、北大、清華合併爲西南聯合大學，遷至昆明上課。校務由梅貽琦、蔣夢麟與張氏合組校務委員會，共同負責。1938 年，國民參政會第一屆第一次大會在漢口開幕，張氏被任爲副議長。抗戰期間，歷任第二屆、第三屆、第四屆各次大會主席團主席；其間對溝通政府與民間的感情，疏通各方面的意見，不遺餘力。1947 年南開大學改爲國立，張氏仍爲校長，至 1948 年出任考試院院長，方離開南開大學。

王文田等著、傳記文學雜誌社編輯，《張伯苓與南開》，台北：傳記文學出版社，1968。

孫彥民編著，《張伯苓先生傳》，臺北：臺灣中華書局，1971。

侯杰，《百年家族：張伯苓》，武漢：湖北教育出版社，2003。

梁吉生，《張伯苓圖傳》，武漢：湖北人民出版社，2007。

張壽鏞	1876～1945	字伯頌，號詠霓，別署約園	浙江鄞縣

清末翰林，曾任淞滬捐厘總局提調、寧波政法學堂監督、杭州關監督。民國後，歷任浙江、湖北、江蘇、山東等省財政廳廳長、江蘇滬海道尹等職。1925 年創辦光華大學並被聘任爲校長。愛好藏書，設約園，藏書 16 萬卷。1928 年，任國民政府財政部次長，兼江蘇省財政廳廳長。抗日戰爭期間，受教育部委託，與鄭振鐸等在上海爲中央圖書館秘密收購一大批散失在民間的古籍善本。著有《史學大綱》、《經學大綱》、《諸子大綱》、《文學大綱》、《約園雜著》等，另輯錄古籍百種。

俞信芳，《張壽鏞先生傳》，北京：北京圖書館出版，2003。

張鳳舉	1895～？	原名張黃，字鳳舉，又字定璜	江西南昌

早年留學日本，卒業於東京帝國大學。返國後歷任北京大學、中法大學、北京女子師範大學教授、孔德學校常務校董。

張耀曾	1885～1938	字鎔西，一字熔西、榕西，又號雄西、崇實	雲南大理

18 歲考入北京師範大學，後官費赴日本東京帝國大學攻讀法學，加入同盟會，同雲南青年李根源、趙坤在東京創辦革命刊物《雲南》雜誌，擔任總編輯。他撰寫了《論雲南人之責任》等許多革命文章，鼓勵雲南在日留學學生積極參加民主革命。武昌起義後，任臨時參議會議員、同盟會總幹事。1912 年成立國會，被選爲國會會員，當選爲眾議院法制委員長，親自草擬了憲法初稿。張耀曾擔任司法總長時，不辭勞怨，制定法典、審判官職責、監獄制度等重大法規，迫切希望國家成爲一個法治國家。1924 年後張耀曾辭官，去上海當律師，任大學教授。九·一八事變後，曾寫文章喚起民眾抗日，並向政府提出抗日方略。主要著作有《中華民國憲法史料》（與岑德彰合編）。

曹典球	1877～1960	字籽鵠、籽穀，別號子谷、猛庵	湖南長沙

早年留學日本，歸國後歷任北京政府財政部秘書、湖南礦務局總理、湖南實業學校校長、湖南高等工業學校校長、湖南大學校長、國民政府湖南省政府委員、湖南省教育廳廳長。

梅貽琦	1889～1962	字月涵	河北天津

光緒卅四年（1908）以第一名自天津南開中學畢業，保送保定高等學堂。宣統元年（1909）考取「遊美學務處」第一批留美學生，入美國吳士脫工業大學，攻讀電機工程，1914 年獲學士學位。1915 年到清華學校任教，1922 年任物理系主任，1926 年兼任教務長，1928 年任清華留美學生監督，1931 年 12 月任清華大學校長。1940 年接受吳士脫大學榮譽工學博士學位。對日抗戰期間，清華、北大、南開合組國立西南聯合大學，梅氏以校務委員會常委兼主席身份主持校務。1953 年任教育部在美文化事業顧問委員會主任委員。1955 年奉召返台，籌辦清華原科所。1958 年 7 月任教育部長，仍兼清大校長。1959 年兼任國家長期發展科學委員會副主席。1961年 2 月奉准辭教育部長，仍兼原子能委員會主任委員。1962 年 2 月當選中研院院士。今有《梅貽琦文集》、《梅貽琦日記(1941～1946)》等傳世。

趙賡颺編著，《梅貽琦傳稿》，臺北：邦信文化資訊公司，1989。

黃廷復，《梅貽琦教育思想研究》，瀋陽：遼寧教育出版社，1994。

黃延復、馬相武編，《梅貽琦與清華大學》，太原：山西教育出版社，1995。

郭任遠	1898～1970		廣東汕頭

早年就讀於復旦大學，1918 年赴美國留學，獲博士學位。回國後曾任復旦大學教授、副校長、代理校長，並創辦心理學系。又在中央大學、浙江大學任教，後任浙江大學校長。1936 年赴美國講學並從事研究工作。1946 年定居香港，開始總結心理學理論探索上的體會，其研究成果在西方心理學界有一定影響。著有《心理學與遺傳》、《行為發展之動力：形成論》、《人類的行為》、《行為學的基礎》等。

陳布雷	1890～1948	名訓恩，字彥及，筆名布雷，畏壘	浙江慈溪

1907 年入浙江高等學堂（浙江大學前身）就學，1911 年畢業。是年應上海《天鐸報》之聘，任撰述，開始用布雷為筆名。1927 年加入國民黨，4 月出任浙江省政府秘書長，5 月赴南京任國民黨中央黨部秘書處書記長。1928 年辭職，旋赴上海任《時事週報》總主筆，創辦《新生命月刊》。1929 年 8 月至 1934 年 4 月任浙江省教育廳廳長（1930 年曾赴南京任國民政府教育部次長）。1934 年 5 月任國民黨軍委會南昌行營設計委員會主任。1936 年至 1945 年，任國民黨中央政治會議副秘書長、軍事委員會侍從室第二處主任、中央宣部副部長、國民黨中央委員。1946 年任國府委員。1947 年任總統府國策顧問，代理國民黨中央政治委員會秘書長。1948 年 11 月 13 日自殺身亡。今有《陳布雷先生文集》、《陳布雷回憶錄》等流世。

王泰棟編著，《陳布雷大傳》，北京：團結出版社，2006。

陳立夫	1900～2001	原名祖燕	浙江吳興

1916 年考上天津北洋大學。畢業後留學美國匹茨堡大學，並在舊金山加入國民黨，後獲得煤礦工程碩士學位。返國後歷任黃埔軍校校長辦公室機要秘書、中央組織部黨務調查科科長。北伐開始時，陳立夫兼任訓練總監部政訓處處長、中央執行委員、中央黨部秘書長、國民政府建設委員。三度出任中央組織部長（1932～1936、1938～1939、1944～1948 年），利用黨務系統中的 CC 系幫助蔣介石指揮國民黨的黨務、組織、特工系統，控制宣傳、出版、文化、教育、藝術、經濟等部門。「中統」作為國民黨的一大特務系統實際上一直控制在陳立夫手中。1940 年陳氏任教育部長，創辦了貴州大學。1948 年出任立法院副院長。陳立夫晚年主持翻譯李約瑟的巨著《中國之科學與文明》，並致力於中國傳統醫學和儒家學說的研究。生平梗概詳見：《成敗之鑑：陳立夫回憶錄》。

朱伯舜，《陳立夫》，紐約市：美國華美日報社，1995。

張學繼、張雅蕙編著，《陳立夫大傳》，北京：團結出版社，2004。

陳立夫、陳秀惠，《復興中國文化：陳立夫訪談錄》，北京：新華出版社，2007。

陳光甫	1881～1976	原名輝祖，後改名渾德，字光甫	江蘇鎮江

留學美國，獲商學學士學位。1909 年回國，辛亥革命後任江蘇省銀行總經理。1915 年創辦上海商業儲蓄銀行，任總經理。後又創辦中國旅行社。1927 年後，歷任財政委員會主任委員、國民參政會參政員、中華民國政府委員和立法委員。

詳見本書參考書目。

陳叔通	1875～1949	名敬第，字叔通，號雲麋（麋）	浙江仁和

光緒二十九年進士（1903），後留學日本入法政大學學習。創辦杭州女校，曾任第一屆國會眾議院議員兼任《北京日報》經理，1915 年任商務印書館董事，爾後長期擔任浙江興亞銀行董事兼任總經理辦公室主任，經濟人脈厚實，對後來上海合眾圖書館的經濟襄助極大，著有《百梅書屋詩存》。

陳陶遺	1881～1946	名公瑤，號道一	江蘇金山

1905 年留學日本早稻田大學，並加入中國同盟會。返國後，在上海和高旭等創辦中國公學、健行公學。1906 年赴日參與同盟會機要工作，接辦《民報》和《醒獅》月刊，並擔任同盟會暗殺部副部長。次年，奉命回國，謀刺兩江總督端方，由於叛徒告密而被捕。經營救，一年後獲釋。端方用官職籠絡，毅然拒絕。1910 年受命去南洋執教，並爲同盟會募集革命經費。武昌起義後，被選爲臨時參議院副議長。1912 年被選爲國民黨江蘇省支部長。1925 年出任江蘇省省長。抗戰爆發，日僞多次威脅利誘，要他出任江蘇省長或上海市長，均予拒絕，足見其堅定愛國之心志。

陳裕光	1893～1989	號景唐	浙江寧波

化學家、教育家。1915 年畢業於南京金陵大學化學系，1916 年赴美國哥倫比亞大學深造，攻讀有機化學，在學期間成爲北京師範大學預聘教授，1922 年獲博士學位回國任教，曾任北京師範大學教授、理化系主任、教務長、評議會主席，兩度擔任代理校長。1925 年應聘回金陵大學辦學。1925～1927 年任金陵大學教授。1927～1950 年任金陵大學校長。1932～1936 年參與發起中國化學會，當選爲該會第一屆至第四屆理事會會長。1944 年應美國國務院邀請，隨中國教育代表團赴美考察。1945 年獲美國加州大學名譽教育博士稱號。

陳銘樞	1889～1965	字眞如	廣東合浦

早年參加中國同盟會。辛亥革命時曾參加武昌和上海的戰鬥。後考入保定陸軍軍官學校，又去日本學習軍事。曾參加討袁「二次革命」。1925 年任國民革命軍第四軍第十師師長。1926 年 7 月參加北伐戰爭，任十一軍軍長。1927 年任國民政府軍事委員、國民革命軍總政治部副主任、代主任，廣東省政府主席。曾率部圍剿中共蘇區。1930 年出資四十萬元接辦上海神州國光社。九·一八事變後任京滬衛戍司令兼淞滬警備司令，1933 年與李濟深、蔣光鼐、蔡廷鍇等發動「福建事變」企圖扳倒蔣介石，後以失敗告終。

朱宗震、汪朝光，《鐵軍名將：陳銘樞》，蘭州：蘭州大學出版社，1996。
朱宗震等編，《陳銘樞回憶錄》，北京：中國文史出版社，1997。

陶希聖	1899～1988	原名陶彙曾，筆名方岳、方峻峰、佩我，化名莊之眞	湖北黃岡

北京大學畢業後，歷任安徽省立法政專校教員、商務印書館編輯、上海大學；法政大學；中山大學；復旦大學；暨南大學；中國公學；中央大學；北京大學教授及《食貨》半月刊主編。抗戰初期參與汪精衛和平運動，後與高宗武一起出走。回歸重慶後，擔任蔣中正侍從秘書，並爲蔣氏起草《中國之命運》一書。爾後歷任《中央日報》總主筆、國民黨中宣部副部長、總統府國策顧問等職。著有《中國法制之社會史的考察：漢律系統的源流》、《中國社會之史的分析》、《中國社會與中國革命》、《孔子廟庭先賢先儒的位次》等。

陶希聖述；陳存恭、蘇啓明、劉妮玲訪問；陳存恭、尹文泉總整理，《陶希聖先生訪問紀錄》，台北：國防部史政編譯局，1994。

陶孟和	1887～1960	原名履恭	浙江紹興

知名社會學家。1910 年，陶孟和赴英國倫敦大學經濟政治學院學習社會學和經濟學，1913 年獲經濟學博士學位。歸國後任北京高等師範學校教授。1914～1927 年任北京大學教授、系主任、文學院院長、教務長等職。1912 年，與梁宇皋編寫了《中國鄉村與城鎮生活》，這是我國研究社會學的最早一部著作。1926，陶孟和任社會調查部負責人，1929 年社會調查部改爲社會調查所，並於 1934 年併入中央研究院社會科學研究所（1945 年 1 月改稱「社會研究所」），陶孟和任所長。1935 年，陶孟和被聘任爲中央研究院評議會的評議員。1948 年當選爲中央研究院首屆院士。

傅式說	1891～1947	字筑隱，號耐盦	浙江樂清

早年留學日本，1918 年畢業於東京帝國大學工科。在日本與友人創立丙辰學社、中華學藝社，出版《學藝》季刊。返國後歷任通易礦物公司；漢冶萍煤鐵礦公司；鄱陽公司工程師、廈門大學教授。1924 年與王伯群等創辦大夏大學歷任校董、教授兼總務長、會計室主任、代校長等職。抗戰期間擔任汪政權僞國民黨中央執行委員、鐵道部部長、浙江省省長、建設部部長，並在上海發行《心聲》、《大路》雜誌。

傅斯年	1896～1950		山東聊城

畢業於北京大學，爲五四運動的學生領導之一。1920 年，負笈歐洲，遊學於倫敦大學、柏林大學，研讀實驗心理學、比較語言學，並學習東方語言。1926 年 10 月，應聘爲中山大學教授、文科學長（文學院院長，並兼中國文學和史學兩系之主任），在中山大學創辦語言歷史研究所，兼任所長。1927 年中央研究院設立時，歸屬心理學研究所。隔年，說服當時中央研究院院長蔡元培設立歷史語言研究所，成爲史語所創所所長，現存在「傅斯年圖書館」的內閣大庫檔案，即是傅斯年和胡適、陳寅恪商議後決定買下以進行整理的珍貴第一手資料。。1945 年任北京大學代理校長，1949 年任國立台灣大學校長。論著詳見：《傅斯年全集》。

Wang, Fan-sen. Fu Ssu-nien: A Life in Chinese History and Politics (Cambridge: Cambridge University Press, 2000).

李泉，《傅斯年學述思想評傳》，北京：北京圖書館出版社，2000。

石興澤，《學林風景：傅斯年與他同時代的人》，鄭州：河南人民出版社，2005。

布占祥、馬亮寬主編，《傅斯年與中國文化》【傅斯年與中國文化國際學術研討會論文集】，天津：天津古籍出版社，2006。

傅增湘	1872～1949	字沅叔、叔和，晚號藏園老人、藏園居士	四川江安

光緒十四年舉人，歷任國史館協修、貴州學政、直隸道員、提學使、天津北洋女子師範學習所所長、京師女子師範學堂總理。辛亥革命後，兩度蟬聯教育總長，並任北京故宮管理委員會、圖書館館長、專門委員等職。工詩文，退休後寓居北京，專事著述，精書法。纂輯、著作有《藏園群書題記》、《藏園群書經眼錄》、《雙鑑樓善本書目》、《雙鑑樓藏書記》、《雙鑑樓藏書續記》、《清代殿試考略》、《宋代蜀文集存》、《藏園訂補邵亭知見傳本書目》等。

詳見本書參考書目。

程天放	1899～1967	原名學愉	江西新建

1919 年畢業於復旦大學，後赴美國、加拿大留學，並獲政治學博士學位。1926 年回國後，先後任國民黨江西省黨部宣傳部長、省教育廳長、中央大學教授等職。1931 年任國民黨中央宣傳部副部長。1932 年春至 1933 年任國立浙江大學校長。此後，歷任國民黨江西省黨部執行委員兼宣傳部長，江西省教育廳長，安徽省教育廳長，代理安徽省政府主席，國民黨中央宣傳部副部長兼總司令部黨政委員會委員，湖北省教育廳廳長，駐德大使，四川大學校長，中央政治學校教育長兼國防最高委員會常務委員，聯合國教科文組織代表，立法委員。

程天放、傳記文學雜誌社編輯，《程天放早年回憶錄》，臺北：傳記文學出版社，1968。

馮友蘭	1895～1990	字芝生	河南唐阿

著名哲學家哲學史家。1912 年入上海中國公學大學預科班，1915 年入北京大學文科中國哲學

門，1919 年赴美留學，1924 年獲哥倫比亞大學博士學位。回國後歷任中州大學、廣東大學、燕京大學教授、清華大學文學院院長兼哲學系主任。抗戰期間，任西南聯大哲學系教授兼文學院院長。1946 年赴美任客座教授。1948 年末至 1949 年初，任清華大學校務會議主席。曾獲美國普林斯頓大學、印度德裏大學、美國哥倫比亞大學名譽文學博士。1952 年後一直擔任北京大學哲學系教授。曾任中國社科院哲學社會科學部委員。著有《中國哲學史新編》第一、二冊、《中國哲學史論文集》、《中國哲學史論文二集》、《中國哲學史史料學初稿》、《四十年的回顧》和七卷本的《中國哲學史新編》等書。

蔡仲德，《馮友蘭先生年譜初編》，鄭州：河南人民出版社，1994。
李中華，《馮友蘭評傳》，南昌：百花洲文藝出版社，1996。
蔡仲德，《馮友蘭先生評傳》，香港：三聯書店香港有限公司，2005。
翟志成，《馮友蘭學思生命前傳(1895～1949)》，臺北：中央研究院近代史研究所，2007。

| 黃炎培 | 1878～1965 | 字楚南、韌之、任之，別號觀我生，筆名抱一、同父 | 江蘇川沙 |

1902 年中舉人，後在家鄉辦學鼓吹反清思想遭逮捕，後逃至日本，1905 年加入同盟會，辛亥革命後，歷任江蘇都督府教育司司長、省議會議員、省教育會副會長、上海申報館旅行記者。頗留心職業教育的發展，先後創立中華職業學校、重慶中華職校、上海和重慶中華工商專校、南京女子職業傳習所、鎮江女子職校等等。九‧一八事變後，積極投入抗日救亡的活動，時任國民參政員，任勞任怨，為蝸蜣國事貢獻心力。

詳見本書參考書目。

| 黃齊生 | 1879～1946 | 名魯連，字齊生，號青石，晚號石公，早年著述署名個儻生，四十歲以後，只以齊生自稱 | 貴州安順 |

曾主持貴陽達德學校。在武昌起義後，貴州亦發生起義之事，貴州宣佈獨立，成立軍政府，擬邀黃氏為交通部長，堅辭不受。辛亥革命成功，唐繼堯任命黃幹夫（黃齊生之兄長）為實業司長，黃齊生戮力襄助之。黃氏還主辦《達德週刊》，宣傳文化教育。爾後赴歐考察實業教育，頗有所得。1927 年，開始一連串的實業教育實驗：黃齊生參與了陶行知（1891～1946）的曉莊學校，實驗鄉村教育。曉莊學校解散後，應黃炎培、江問漁（1885～1961）邀請，到昆山徐公橋主辦農村改進所，任總幹事，成績斐然。徐公橋任務結束後，至山東參加梁漱溟（1893～1988）主辦的鄒平鄉村建設事業，又到河北，參加晏陽初（1893～1990）、陳築山等主辦的定縣平民教育促進事業。七七事變後，組織抗日救國會，親身至偏遠地區宣揚抗戰精神，呼籲全民團結一致共禦外侮。

| 黃警頑 | 1894～？ | | 江蘇上海 |

14 歲時參加商務印書館第一屆學徒考試，由張元濟主考並面試。同時一起錄取的人員中，還有廖陳雲（陳雲）。黃氏學成後調到發行所專做服務工作，有「交際博士」之稱。他嘗言：「我在店堂裏從 1913 年一直奔走到 1946 年前後三十三年，變成一張會說話的活動櫃台，一本沒有字的人名大字典，一具商務印書館的活廣告。」

| 楊端六 | 1885～1966 | 又名楊冕、楊超 | 湖南長沙 |

1905 年在省師範館畢業，次年留學日本，其間加入同盟會，曾參與武昌起義。1916 年赴英留學，學成歸國後進入商務印書館工作，歷任《東方雜誌》編輯、會計科科長。爾後任職中央研究院社會科學研究所研究員（1928）、武漢大學教授兼法學院院長（1930）、國民政府軍委審計廳廳長（1932～1937）。著有《六十五年來中國國際貿易統計》（合編）、《清代貨幣金融史稿》（編著）、《社會政策》（譯）、《羅素論文集》（譯）。

溫宗堯	1876～1946	字欽甫		廣東新寧

曾任香港皇仁書院教員，後與楊衢雲組織輔仁文社。1900 年參加自立軍起義，任自立軍駐滬外交代表。1906 年入兩廣總督岑春煊幕府，參與鎮壓廣東保路運動。武昌起義後，歷任軍務院外交副使、廣東軍政府外交部部長、軍政府總裁，後投靠袁世凱，參加統一黨。1938 年任維新政府立法院院長。1940 年任汪僞國民黨中央執行委員會常務委員、司法院院長，1946 年被判無期徒刑，是年病逝於獄中。

葉恭綽	1881～1968	字裕甫，又字玉甫、譽虎、玉虎、玉父，號遐庵，晚年號遐翁，別署矩園	廣東番禺

清廩貢生。1902 年入京師大學堂仕學館。葉恭綽除早年致力於交通事業外（一生歷任官職均與交通事業息息相關），生平於藝術、書畫、詩詞、文物鑑藏無不精通。書工楷、行、草，主張以出土竹木簡及漢魏六朝石刻、寫經爲宗。他用筆運腕，獨有心得，筆法雄強樸厚，妍媚動人，自成一家。人稱其書有褚之俊逸、顏之雄渾、趙之潤秀，譽爲當代高手。畫則竹梅松蘭，尤善畫竹，秀勁雋上，直抒胸臆。畫就輒題詩詞。全國性美術展覽及書、畫團體無不參加。他的詩詞亦達到很高水準。葉恭綽著作甚豐，主要有《交通救國論：一名交通事業治標策》、《遐庵小品》、《遐菴清秘錄》、《遐庵談藝錄》、《遐庵彙稿》、《矩園餘墨序跋》、《葉恭綽書畫選集》、《葉恭綽畫集》等。另編有《清代學者象傳合集》、《廣東叢書》等。

葉景葵	1874～1949	字揆初		浙江杭州

29 歲中進士。1908 年任浙江興業銀行漢口分行總經理。1911 年任清政府天津造幣廠監督、大清銀行監督。葉氏與浙江興業銀行關係匪淺於 1915 年擔任該行董事長。浙江興業銀行，業務發展迅速，1922～1927 年間，存款總額居私營銀行之首。葉景葵以收藏古書版本聞名於銀行界，與經營商務印書館的張元濟、陳叔通因此成爲莫逆之交。1939 年葉景葵與張氏發起成立合眾圖書館，設立於法租界，葉氏將歷年藏書全數捐出，嘉惠讀者。葉氏在古籍整理上亦有著特殊貢獻，他晚年致力於珍稀版本的搜集，所寫的箚記、書跋，多有獨到之處。著有《卷盦書跋》、《金君仍珠家傳》、《葉景葵雜著》等。

葉景葵，《葉景葵雜著》，上海：上海古籍出版社，1986。

鄒　魯	1885～1954	字海濱		廣東大埔

曾留學日本。歷任袁世凱政府眾議院議員、《民國》雜誌編輯、護法軍政府財政部次長、廣東省財政廳廳長、中央執行委員會常委兼青年部長。1932 年任廣東中山大學校長。七七事變後到重慶，任國民黨中央黨委、國際最高委員會常委。1949 年來臺，著有《中國國民黨史稿》。生平論著詳見：《鄒魯全集》、《鄒魯未刊稿》。

許繼峰，《鄒魯與中國革命：西元 1885～1925》，台北：正中書局，1981。

褚輔成	1873～1948	字慧僧，一作惠生		浙江嘉興

1904 年，褚氏留學日本，入東京員警學校，在東京加入同盟會，矢志反清革命，是年底受命回國任同盟會浙江支部長。1909 年褚氏代表嘉興被選爲省諮議局議員。辛亥革命後，褚氏任軍政府政事部長，舉凡民政、財政、外交、交通、教育、實業皆歸其統轄。袁世凱當政時，褚氏爲第一屆眾議院議員，與陳叔通等人反對袁世凱的善後大借款案，並彈劾之。遂被捕入獄直至袁世凱病逝後方被釋。1931～1932 年「九・一八」、「一・二八」事變，日人謀我日亟。褚輔成積極參加和支持愛國抗日活動。1932 年應聘爲「國難會議」會員至洛陽出席會議，爲抗日奔走呼號。抗戰爆發，褚氏離開上海法學院到浙江永康組織民眾抗日，並隻身走遍浙東紹台各地，宣

傳抗戰。1938 年被任爲國民參政會第一屆參政員至漢口出席會議，隨後到重慶、萬縣等地。1942
年在萬縣創辦上海法學院萬縣分院，至 1945 年連任四屆參政員並擔任駐會委員，曾參加參政
會川康建設視察團，任參政會全國經濟建設策進會滇黔區主任，推動邊疆建設，倡導禁種鴉片，
積極爲堅持抗戰實施憲政而盡力。1948 年 3 月 30 日病逝於上海。

趙叔雍	1897～？	字尊嶽，又名趙志學、趙乃謙	江蘇武進

知名詞人，收藏珍貴詞集頗豐。歷任申報館經理秘書、復興銀行董事、新亞藥廠董事長、汪政
權鐵道部政務次長、宣傳部部長、上海特別市政府秘書長。著有《和小山詞》。

趙萬里	1905～1980	字斐雲，一作飛雲，別署芸盦、舜盦	浙江海寧

知名版本目錄學家。1921 年入東南大學，師從吳梅（1884～1939，字瞿安，號霜臣。戲曲理論
家；教育家、詩詞曲作家。）研究詞曲。1925 年至北京，問學於王國維（1877～1927，字靜安，
號觀堂。專冶古文字、音韻及考釋金文、甲骨文對中國古史研究做出極大的貢獻。）並在清華
國學研究院擔任助教。1928 年在北海圖書館工作在徐森玉（1881～1971，名鴻寶，字森玉。文
物鑒定家，金石學、版本目錄學家。）的指導下，從事版本目錄學研究。爾後在北京大學、清
華大學、輔仁大學、中國大學等校開設目錄、校勘、版本等課程。編著有《海寧王靜安先生遺
書》、《北平圖書館善本書目》、《宋金元名家詞補遺》、《民國王靜安先生國維年譜》、《清黃蕘圃
先生丕烈年譜》、《薛仁貴征遼事略》等。

趙　熙	1867～1948	字堯生，號香宋	四川榮縣

清光緒進士，授編修。後充江西道監察禦史，以抗直敢言著稱。工詩善書，間亦作畫。爲一知
名書法家。常玉幼習其字，稱其字古邃類於于右老書法。著有《香宋雜記》、《香宋詩詞鈔》、《香
宋詩前集》、《香宋詩》等。

王仲鏞主編，《趙熙集》，成都：巴蜀書社，1996。

劉湛恩	1895～1938		湖北陽新

著名教育家。曾留美獲芝加哥大學教育碩士及哥倫比亞大學哲學博士學位。1922 年回國，任中
華職業教育社職業指導委員會主任、東南大學教授。光華大學校董和義務教授。1927 年任滬江
大學校長。上海淪陷後，任上海文化救亡會會長，因向國際輿論揭露日軍暴行和拒任漢奸梁鴻
志的僞「維新政府」的教育部長，於 1938 年 4 月 7 日被日本特務機關控制的漢奸幫會組織「黃
道會」刺殺。

滬江大學校友會編，《劉湛恩校長紀念集》，上海：滬江大學校友會，1988。

歐元懷	1893～1978	字愧安	福建莆田

1915 年赴美國，先後在西南大學文理學院和哥倫比亞大學學習。1922 年畢業回國，歷任廈門
大學教育主任兼總務長、上海大夏大學副校長和校長、上海市工部局華人教育處教育委員、貴
州省政府委員兼教育廳廳長等職。歐氏一生致力於教育事業，創辦大夏大學，獲贈美國西南大
學榮譽博士學位。

蔣光鼐	1887～1967	字憬然	廣東東莞

保定軍校畢業。曾任國民政府第十九路軍總指揮、淞滬警備司令。1932 年 1 月 28 日夜，日軍
侵犯上海，即率十九路軍進行抗戰，爲最高指揮官。後任福建省政府主席兼綏靖公署主任。1933
年 11 月與李濟深、陳銘樞、蔡廷鍇等在福州成立抗日反蔣的「中華共和國人民革命政府」，任
財政部長。失敗後去香港。1935 年聯合十九路軍將領通電反蔣，主張聯共抗日。抗戰勝利後任
第七戰區副司令長官。

民革中央宣傳部編，《蔣光鼐將軍》，北京：團結出版社，1989。			
蔣復璁	1898～1990	字美如，號慰堂	浙江海寧
北京大學哲學系畢業後，赴德國柏林大學圖書館學院深造。歸國後任教於清華大學、北京大學。1933 年起，擔任中央圖書館館長一職直至 1949 年來台。在台灣任台灣大學教授，1967 年擔任故宮博物院院長，1974 年當選中央研究院第十屆院士。著作大部份收入於《珍帚齋文集》中。			
詳見本書參考書目。			
蔣夢麟	1886～1964	原名夢熊，字兆賢，別號孟鄰，筆名唯心、惟心	浙江餘姚
中國近現代著名的教育家。幼年在私塾讀書，1904 年考入上海南洋公學，1908 年 8 月赴美留學，次年 2 月入加州大學，先習農學，後轉學教育，1912 年於加州大學畢業。隨後赴紐約哥倫比亞大學研究院，師從杜威，攻讀哲學和教育學。1917 年獲得哲學及教育學博士學位回國。初任上海商務印書館編輯，五四運動期間任北京大學教授兼總務長。後擔任北大代理校長、中山大學校長、西南聯合大學校務常委、南京政府教育部長、浙江大學校長等職。先後主持校政 17 年，是北大歷屆校長中任職時間最長的一位。			
馬勇，《蔣夢麟傳》，鄭州：河南文藝出版社，1999。 馬勇，《蔣夢麟圖傳》，武漢：湖北人民出版社，2007。			
蔣維喬	1873～1958	字竹莊，號因是子，亦稱因是	江蘇武進
經學、詞章、地理學均有深厚造詣。曾任愛國女校校長，蘇報案發生後，入商務印書館從事小學教科書編輯工作。歷任教育部秘書長、參事、江西教育廳長、江蘇教育廳長、東南大學校長、暨南大學；光華大學；上海國學專修館教授、致用大學董事，曾創辦上海誠文學院。為一著名哲學家，著有《中國佛教史》、《中國哲學史綱要》（與楊大膺合編）、《中國近三百年哲學史》（編）、《五臺山紀遊》、《佛學概論》、《佛學綱要》、《北嶽恆山紀遊》、《呂氏春秋匯校》、《因是子靜坐法正編》、《因是子靜坐法續編》、《楊墨哲學》（編）等。			
蔡元培	1868～1940	字鶴卿，號子民	浙江紹興
光緒年間進士，授翰林院編修。1898 年，棄官從教，初任紹興中西學堂監督、嵊縣剡山書院院長、南洋公學特班總教習；組織中國教育會並任會長，創立愛國學社、愛國女學，均曾被推為總理（1902）。1907 年赴德國萊比錫大學研讀哲學、心理學、美術史等。武昌起義後回國，歷任南京臨時政府教育總長、北京大學校長、中央監察委員會委員、國民黨中央政治會議委員、中央特別委員會常務委員、國民政府常務委員、監察院長、代理司法部長，並倡議成立大學院作為全國最高學術教育行政机關，被任為大學院院長，後專任國立中央研究院院長，兼任交通大學、中法大學、國立西湖藝術院（後改為杭州藝專）校長、院長以及故宮博物院理事長、北平圖書館館長等職。1940 年 3 月 5 日在香港病逝。			
詳見本書參考書目。			
鄭貞文	1891～1969	字幼坡，號心南	福建長樂
化學家、編譯家、教育家。為傳播近代科學知識和發展教育事業作出了貢獻。並熱心學術團體工作、獻身編輯出版事業，在統一化學名詞方面做了奠基性工作。1909 年日本留學時加入中國同盟會。1911 年任福建教育部專門科科長和三牧堂高等學堂教務長。1915 年考入日本東北帝國大學，學習理論化學。1918 年日本東北帝國大學畢業，回國後在商務印書館先後任編輯、理化部主任。1920～1921 年任廈門大學教務長、代理校長。1921 年秋在商務印書館編譯所工作。1932 年 6 月被聘為國立編譯館專任編審；8 月中國化學會成立，被選為首屆理事，連任至 1937 年第五屆。1932～1943 年任福建省教育廳廳長。1969 逝世於福州。			

鄭振鐸	1898～1958	筆名西諦、郭源新等	福建長樂

1917 年入北京鐵路管理學校。1919 年同瞿秋白、許地山等人創辦《新社會》，並辭去鐵路部門工作，任職於商務印書館編譯所。1920 年與茅盾、葉聖陶等人發起成立文學研究會，主編《文學週刊》和《小說月報》。1927 年旅居巴黎，1929 年回國後任教於燕京大學、復旦大學，後在生活書店主編《世界文庫》。中華人民共和國時期，任中國科學院文學所所長、文化部副部長等職。鄭氏著述豐富，著譯作品多達百餘種，大部份收入鄭爾康編，《鄭振鐸全集》。

詳見本書參考書目。

黎照寰	1898～1968	字曜生	廣東南海

赴美留學，獲賓夕法尼亞大學碩士學位。在美國參加中國同盟會。回國後，曾先後任香港工商銀行司理、廣東通商銀行經理、國民政府財政部參事、廣九路管理局局長、鐵道部次長等。1929 年後長期從事教育工作。歷任上海交通大學教授、副校長，浙江之江大學教授等。

薛篤弼	1890～1973	字子良	山西解縣

1911 年山西法政學校畢業，投身辛亥革命，任河東軍政分府主辦的《河東日報》社長。隨後任河律縣地方審判庭審判長、臨汾縣地方審判庭庭長等職。1914 年起歷任陸軍第 16 混成旅（旅長馮玉祥）秘書長兼軍法處長、軍警聯合督察處長、常德縣知事、長安縣縣長、陝西省禁煙都督、陝西省財政廳長、河南省財政廳長、北洋政府司法部次長兼代國務院秘書長、內務部次長。1926 年起歷任國民軍聯軍總司令部財政委員會委員長、河南省政府委員兼財政廳長、國民政府衛生部部長、國民黨第 3、4、5 屆中央候補執行委員和第 6 屆中央執行委員、水利委員會主任委員、水利部長等職。

謝　觀	1880～1950	字利恒、礪恒，號澄齋老人	江蘇武進

爲張元濟母親謝太夫人的侄孫。早年精研經書、輿地之學，又熟誦醫經、經方及本草。甲午戰爭後入致用精舍（原名龍城書院），講求新學。1901 年肄業於蘇州東吳大學。1911 年前後兩度供職於商務印書館，編輯地理、醫學圖書，主編《中國醫學大辭典》。曾任上海中醫專門學校、神州醫學總會所設中醫大學校長。1929 年，發起組織中醫協會，發表宣言反對「廢止中醫案」。曾主持上海市國醫公會、中央國醫館。著有《中國醫學源流論》。

薩鎮冰	1858～1952	字鼎銘	福建侯官

福建船政學堂畢業。1877 年赴英國格林威治皇家海軍學院深造，返國後歷任天津水師學堂教習、廣東水師提督、海軍統制。民國後歷任吳淞商船學校校長、淞滬水陸警察總辦、兵工廠總辦、海軍總長、代理國務總理、福建省長，亦曾參與「福建事變」。抗戰時期前往南洋等地宣傳抗日。

王植倫、高翔，《薩鎮冰》，福州：福建教育出版社，1988。

顏任光	1888～1968	又名顏嘉祿，字耀秋	廣東崖縣

物理學家、教育家。1912～1920 年在美國康乃爾大學學習機械工程，後專攻物理學。1916 年入芝加哥大學，1918 年獲該校哲學博士學位，後留校任教，次年又在該校賴爾遜物理實驗室從事研究工作。1920～1924 年任北京大學物理系教授、系主任（1921～1924）。1925～1937 年任上海大華科學儀器公司總工程師，兼任海南大學校長，光華大學物理系主任、理學院院長、副校長等職。1938～1946 年任桂林無線電器材廠廠長。1946～1966 年任上海大華科學儀器公司研究室主任，上海電錶廠副廠長兼總工程師。曾多次擔任儀器委員會委員。

顏惠慶	1877～1950	字駿人		江蘇上海
早年畢業於同文書院，後留學美國維吉尼亞大學，獲學士學位。歷任北京政府駐德國、丹麥、瑞典公使、外交總長等職，1926 年，任國務總理。南京國民政府成立後，任駐美國公使，駐蘇聯大使。				
詳見本書參考書目。				
顏福慶	1882～1970			江蘇上海
醫學教育家，公共衛生學家。1904 年畢業于上海聖約翰大學醫學院。1906～1909 年赴美國耶魯大學醫學院深造，獲醫學博士學位。1909 年赴英國利物浦熱帶病學院研讀，獲熱帶病學位證書。1910 年任長沙雅禮醫院外科醫師。1914 年赴美國哈佛大學公共衛生學院攻讀，獲公共衛生學證書。1914～1926 年創辦長沙湘雅醫學專門學校（湖南醫科大學前身），並任第一任校長。1915 年組建中華醫學會，並任第一屆會長。1926 年任北京協和醫學院副院長。1927 年 10 月組建第四中山大學醫學院（上海醫科大學前身），並任第一任院長。1928 年 7 月創建吳淞衛生公所。後歷任上海市救護委員會主任委員、武漢國民政府衛生署署長、上海醫學院臨時管理委員會副主任委員、上海醫學院副院長。				
錢益民、顏志淵，《顏福慶傳》，上海：復旦大學出版社，2007。				
羅家倫	1897～1969	字志希		浙江紹興
1917 年入北京大學文科，主修外國文學。期間與傅斯年等發起成立「新潮社」，出版《新潮》月刊。1920 年赴美留學，二年後，赴歐洲留學。回國後歷任清華大學、中央大學校長。1949 年任國民黨中央黨史編纂委員會主任委員、考試院副院長（1952）、國史館館長（1957）。著有《科學與玄學》、《新人生觀》、《文化教育與青年》、《新民族觀》等。				
詳見本書參考書目。				
顧廷龍	1904～1998	字起潛		江蘇蘇州
知名目錄學家。1930 年考入燕京大學研究院國文部，當時，他的侄子史學教授顧頡剛提出從研究歷代傳本的字體出發，解決《尚書》文字問題，顧廷龍遂與之一起研究《尚書》。不久抗戰爆發，古文字研究不得不中斷。此時上海浙江興業銀行董事長葉景葵讀了顧廷龍的《章氏四當齋藏書目》爲之折服不已，乃力邀顧廷龍南下，祈襄助自己和張元濟、陳陶遺、李拔可等人創辦的合眾圖書館，顧廷龍允諾前往。在顧廷龍的主持下，合眾圖書館很快成了繼東方圖書館之後又一個上海文人的探驪之所，對於保存發揚中國文化起著很大的作用。其著作大都收入《顧廷龍學述》、《顧廷龍文集》。				
詳見本書參考書目。				
顧維鈞	1885～1985	V. K. Wellington Koo，字少川		江蘇嘉定
著名外交家。畢業於上海聖約翰大學，後赴美深造，先後獲得哥倫比亞大學、耶魯大學法學博士學位。1912 年返國，歷任北京政府國務院秘書、外交部秘書；參事、駐墨；美；英等國公使、外交總長、財政總長、國務總理等，期間曾參加巴黎和會與華盛頓會議。九・一八事變後，曾參與國際聯盟李頓調查團。爾後歷任國民政府外交部長、駐法；英；美等國大使，1956 年起任職於海牙國際法庭，退休後定居美國紐約。				
詳見本書參考書目。				

顧頡剛	1893～1980		江蘇吳縣
1920 年北京大學哲學系畢業。曾任北京大學助教。中山大學、燕京大學教授、歷史系主任、雲南大學、齊魯大學、中央大學、復旦大學、蘭州大學、誠明文學院等校教授，北平研究院研究員，中央研究院歷史語言研究所通訊研究員、院士，《文史》雜誌社總編輯，大中國圖書局編輯所長兼總經理。爲「古史辨」學派的創始人，提出了「層累地造成的中國古史」學說，是我國歷史地理學和民俗學的開創者。主要著作有：《古史辨》、《漢代學術史略》、《兩漢州制考》、《鄭樵傳》等，與人合著《三皇考》、《中國疆域沿革史》、《中國歷史地圖》等，現今關於顧氏最重要的第一手材料，當推台北聯經出版社於 2007 年出版的《顧頡剛日記》。			
詳見本書參考書目。			

參考書目

一、史　料

1. 《東方雜誌》33～42 卷。

2. 三聯書店編輯部編，《「東方雜誌」總目》，北京：三聯書店，1957 年。

3. 上海市檔案館編，《陳光甫日記》，上海：世紀出版集團、上海書店出版社，2002 年。

4. 上海自然科學研究所編，《中國文化情報》，1～6 卷，東京都：綠蔭書房，1994 年 7 月 30 日復刻版第一刷。

5. 上海社會科學院歷史研究所編，《「九・一八」——「一・二八」上海軍民抗日運動史料》，上海：上海社會科學院出版社，1986 年。

6. 上海社會科學院歷史研究所編，《「八一三」抗戰史料選編》，上海：上海人民出版社，1986 年。

7. 上海商務印書館職工運動史編寫組編，《上海商務印書館職工運動史》，北京：中共黨史出版社，1991 年。

8. 不著撰人，《汪偽政府所屬各機關部隊學校團體重要人員名錄》，本書不載出版項（係根據三十三年十二月之材料編印）。

9. 中共中央毛澤東選集出版委員編輯，《毛澤東選集》，北京：人民出版社，1965 年。

10. 中國社會科學院近代史研究所中華民國史研究室編，《胡適的日記》，北京：中華書局，1985 年。

11. 王世杰，《王世杰日記》，台北：中央研究院近代史研究所，1990 年。

12. 王芝琛、劉自立編，《1949 年以前的大公報》，濟南：山東畫報出版社，2002 年。

13. 王雲五，《岫廬八十自述》，台北：臺灣商務印書館，1967 年。

14. 王雲五，《紀舊遊》，台北：自由談雜誌社，1964 年。

15. 王雲五，《商務印書館與新教育年譜》，台北：台灣商務印書館，1973 年。

16. 王雲五輯印，《岫廬已故知交百家手札》，台北：台灣商務印書館，1976 年。

17. 王壽南編，《王雲五先生年譜初稿》，台北：臺灣商務印書館，1987 年。

18. 北京商務印書館編，《商務印書館大事記》，北京：商務印書館，1987 年。

19. 北京商務印書館編輯部編，《商務印書館一百年》，北京：商務印書館，1998 年。

20. 北京商務印書館編輯部編，《商務印書館九十五年》，北京：商務印書館，1992 年。

21. 北京商務印書館編輯部編，《商務印書館九十年》，北京：商務印書館，1987 年。

22. 北京商務印書館編輯部編，《商務印書館圖書目錄（1897～1949）》，北京：商務印書館，1981 年。

23. 北京商務印書館編輯部編，《張元濟書札》，北京：商務印書館，1981 年。

24. 北京商務印書館編輯部編，《張元濟傅增湘論書尺牘》，北京：商務印書館，1983 年。

25. 北京商務印書館編輯部編，《張元濟詩文》，北京：商務印書館，1986 年。

26. 呂思勉，〈三十年來之出版界（1894～1923）〉，《呂思勉遺文集》上冊，上海：華東師範大學，1997 年。

27. 汪精衛，《汪精衛詩存》，上海：光明書局，1933 年。

28. 胡頌平編著，《胡適之先生年譜長編初稿》，台北：聯經出版事業公司，1984 年。

29. 胡適、蔡元培、王雲五編，《張菊生先生七十生日紀念論文集》，上海：上海書店據 1937 年上海商務印書館出版影印。

30. 秦孝儀主編，《先總統 蔣公思想言論總集》，台北：中國國民黨中央委員會黨史委員會，1984 年。

31. 耿雲志主編，《胡適遺稿及秘藏書信》，合肥：黃山書社，1994 年。

32. 高平叔編著，《蔡元培年譜長編》，北京：人民教育出版社，1996 年。

33. 張人鳳整理，《張元濟日記》，石家莊：河北教育出版社，2001 年。

34. 張樹年、張人鳳編，《張元濟書札（增訂本）》，北京：商務印書館，1997 年。

35. 張樹年主編，《張元濟年譜》，北京：商務印書館，1991 年。

36. 張靜廬輯註，《中國出版史料・補編》，北京：中華書局，1957 年。

37. 張靜廬輯註，《中國近代出版史料・二編》，北京：中華書局，1957 年。

38. 張靜廬輯註，《中國近代出版史料・初編》，北京：中華書局，1957 年。

39. 張靜廬輯註，《中國現代出版史料・丁編》，北京：中華書局，1959 年。

40. 張靜廬輯註，《中國現代出版史料・丙編》，北京：中華書局，1956 年。

41. 張靜廬輯註，《中國現代出版史料‧甲編》，北京：中華書局，1954 年。

42. 梁錫華選註，《胡適秘藏書信選》，台北：風雲時代出版公司，1990 年。

43. 郭廷以編著，《中華民國史事日誌》，台北：中央研究院近代史研究所，1990 年。

44. 陳福康編著，《鄭振鐸年譜》，北京：書目文獻出版社，1988 年。

45. 劉維開編著，《羅家倫先生年譜》，台北：中國國民黨中央委員會黨史委員會，1996 年。

46. 蔣復璁等口述；黃克武編撰，《蔣復璁口述回憶錄》，臺北：中央研究院近代史研究所，2000 年。

47. 蔡元培，〈三十五年來中國之新文化〉，收入：高平叔編，《蔡元培全集》第六卷，北京：中華書局，1988 年。

48. 蔡元培，〈致巴特勒等人電〉（1932 年 2 月初），《蔡元培全集》第六卷，北京：中華書局，1988 年。

49. 蔡元培，〈國化教科書問題——在大東書局新廈落成開幕禮演說詞〉，《蔡元培全集》第六卷，北京：中華書局，1988 年。

50. 蔡元培，〈請國際聯盟制止日軍侵滬暴行電〉（1932 年 2 月 1 日），《蔡元培全集》第六卷，北京：中華書局，1988 年。

51. 蔡元培、張元濟著，《蔡元培張元濟往來書札》，台北：中央研究院中國文哲研究所籌備處，1990 年。

52. 蔡德金、李惠賢編，《汪精衛偽國民政府紀事》，宜昌：中國社會科學出版社，1982 年。

53. 鄭振鐸，〈文獻保存同志會辦事細則〉，《鄭振鐸全集》第 16 卷，石家莊：花山文藝出版社，1998 年。

54. 鄭振鐸，〈朱家驊、陳立夫來電抄件〉，《鄭振鐸全集》第 16 卷，石家莊：花山文藝出版社，1998 年。

55. 鄭振鐸，〈求書日錄〉，《鄭振鐸全集》第 17 卷，石家莊：花山文藝出版社，1998 年。

56. 鄭振鐸，〈求書日錄‧日記〉，《鄭振鐸全集》第 17 卷，石家莊：花山文藝出版社，1998 年。

57. 鄭振鐸，〈致友人信‧致張元濟〉，《鄭振鐸全集》第 16 卷，石家莊：花山文藝出版社，1998 年。

58. 鄭振鐸，〈致友人信‧致張壽鏞〉，《鄭振鐸全集》第 16 卷，石家莊：花山文藝出版社，1998 年。

59. 鄭振鐸，〈跋脉望館抄校本古今雜劇〉，《鄭振鐸全集》第 6 卷，石家莊：花山文藝出版社，1998 年。

60. 顏惠慶著、上海市檔案館譯，《顏惠慶日記》，北京：中國檔案出版社，1996

年。

61. 顏惠慶著、吳建庸；李寶臣、葉鳳美譯，《顏惠慶自傳——一位民國元老的歷史記憶》，北京：商務印書館，2003 年。

62. 顧廷龍，〈張元濟與合眾圖書館〉，《顧廷龍文集》，上海：上海科學技術文獻出版社，2002 年。

63. 顧廷龍，〈創辦合眾圖書館意見書〉，《顧廷龍文集》，上海：上海科學技術文獻出版社，2002 年。

64. 顧廷龍，〈葉公揆初行狀〉，《顧廷龍文集》，上海：上海科學技術文獻出版社，2002 年。

二、專　書

1. 三宅貞夫，《重慶の抗戰力》東京：朝日新聞社，1942 年。

2. 上海商業儲蓄銀行編，《陳光甫先生言論集》，上海：上海商業儲蓄銀行，1949 年。

3. 久宣，《商務印書館——求新應變的軌跡》，台北：利豐出版社，1999 年。

4. 中國人民政治協商會議浙江省海鹽縣委員會文史資料工作委員會編，《張元濟軼事專輯》，1990 年。

5. 中國國民黨中央執行委員會宣傳部編，《抗戰六年來之宣傳戰》，重慶：中國國民黨中央執行委員會宣傳部，1943 年。

6. 刈屋久太郎，《重慶戰時經濟論》，上海：每日新聞社上海支局，1944 年。

7. 木村英夫著、羅萃萃譯，《戰敗前夕》，南京：江蘇古籍出版社，2001 年。

8. 王克文，《汪精衛・國民黨・南京政權》，台北：國史館，2001 年。

9. 王建輝，《文化的商務——王雲五專題研究》，北京：商務印書館，2000 年。

10. 王英編著，《一代名人張元濟》，濟南：濟南出版社，1992 年。

11. 王飛仙，《期刊、出版與社會文化變遷——五四前後的商務印書館與《學生雜誌》》，台北：國立政治大學歷史學系，2004 年。

12. 王紹曾，《近代出版家張元濟（增訂本）》，北京：商務印書館，1995 年。

13. 王紹曾，《近代出版家張元濟》，北京：商務印書館，1984 年。

14. 王雲五，《岫廬序跋集編》，台北：臺灣商務印書館，1979 年。

15. 王雲五，《岫廬論教育》，台北：臺灣商務印書館，1965 年。

16. 王雲五，《舊學新探》，上海：學林出版社，1998 年。

17. 王壽南主編，《我所認識的王雲五先生》，台北：臺灣商務印書館，1976 年。

18. 石濱知行，《重慶戰時體制論》，東京：中央公論社，1942 年。

19. 地圖資料編纂會編輯，《近代中國都市地圖集成》，東京：柏書房株式會社，1986 年。

20. 安德森（Benedict Anderson）著，吳叡人譯，《想像的共同體：民族主義的起源與散布》，台北：時報文化出版公司，1999 年。

21. 朴橿著、游娟鐶譯，《中日戰爭與鴉片（1937～1945）——以內蒙古地區爲中心》，台北：國史館，1998 年。

22. 朱傳譽主編，《王雲五傳記資料》，台北：天一出版社，1979 年。

23. 朱傳譽主編，《吳鐵城傳記資料》，台北：天一出版社，1979 年。

24. 朱傳譽主編，《袁同禮傳記資料》，台北：天一出版社，1979 年。

25. 老舍，《四世同堂》，北京：北京十月文藝出版社，1993 年。

26. 吳方，《仁智的山水——張元濟傳》，台北：業強出版社，1995 年。

27. 吳相，《從印刷作坊到出版重鎮》，南寧：廣西教育出版社，1999 年。

28. 吳相湘，《民國史縱橫談》，台北：時報文化出版公司，1980 年。

29. 吳相湘，《民國百人傳》，台北：傳記文學出版社，1982 年。

30. 吳相湘編著，《第二次中日戰爭史》上、下冊，台北：綜合月刊社，1973～1974年。

31. 吳鐵城，《吳鐵城回憶錄》，台北：三民書局，1969 年。

32. 宋原放主編、吳道弘輯注，《中國出版史料（現代部分）》第二卷，濟南：山東教育出版社，2001 年。

33. 李又寧主編，《胡適與他的朋友》第一集，紐約：天外出版社，1990 年。

34. 李又寧主編，《胡適與他的朋友》第二集，紐約：天外出版社，1991 年。

35. 李又寧主編，《胡適與國民黨》，紐約：天外出版社，1998 年。

36. 李君山，《爲政略殉——論抗戰初期京滬地區作戰》，台北：台灣大學文學院，1992 年。

37. 李孝悌，《清末的下層社會啓蒙運動：1901～1911》，石家庄：河北教育出版社，2001 年。

38. 李家駒，《商務印書館與近代知識文化的傳播》，北京：商務印書館，2005 年。

39. 李海崑，《出版編輯散論》，濟南：山東教育出版社，1993 年。

40. 李歐梵著，毛尖譯，《上海摩登：一種新都市文化在中國 1930～1945》，香港：香港牛津大學出版社，2000 年。

41. 汪凌，《張元濟：書卷中歲月悠長》，鄭州：大象出版社，2002 年。

42. 汪家熔，《商務印書館史及其他》，北京：中國書籍出版社，1998 年。

43. 汪家熔編著，《大變動時代的建設者——張元濟傳》，成都：人民出版社，1985年。

44. 周武，《書卷人生：張元濟》，上海：上海教育出版社，1999 年。

45. 易勞逸（Lloyd E. Eastman）著，王建朗、王賢知譯，《蔣介石與蔣經國（1937～1949)》，北京：中國青年出版社，1990 年。

46. 易勞逸（Lloyd E. Eastman）著，陳紅民等譯，《流產的革命：1927～1937 年國民黨統治下的中國》，北京：中國青年出版社，1992 年。

47. 邵延淼等編，《辛亥以來人物年里錄》，南京：江蘇教育出版社，1994 年。

48. 俞信芳，《張壽鏞先生傳》，北京：北京圖書館出版，2003 年。

49. 姚崧齡，《陳光甫的一生》，臺北：傳記文學出版社，1984 年。

50. 胡志亮，《王雲五傳》，台北：漢美出版社，2001 年。

51. 倉橋彌一，《孤島の日本大工》，東京：文松堂書店，1943 年。

52. 島田翰，《皕宋樓藏書源流考》，台北：世界書局，1961 年。

53. 徐友春主編，《民國人物大辭典》，石家莊：河北人民出版社，1991 年。

54. 徐勇，《征服之夢——日本侵華戰略》，桂林：廣西師範大學出版社，1993 年。

55. 祝秀俠等編，《吳鐵城先生紀念集》，台北：文海出版社，1975 年。

56. 馬亮寬、王強，《何思源：宦海沉浮一書生》，天津：天津人民出版社，1996 年。

57. 馬亮寬、王強選編，《何思源選集》，北京：北京出版社，1996 年。

58. 國史館編，《國史館現藏民國人物傳記史料彙編》，台北：國史館，1988 年。

59. 國家地圖集編纂委員會編輯，《中華人民共和國國家普通地圖集》，北京：中國地圖出版社，1995 年。

60. 張人鳳，《智民之師‧張元濟》，濟南：山東畫報出版社，1998 年。

61. 張元濟，《校史隨筆》，上海：上海古籍出版社，1998 年。

62. 張樹年，《我的父親張元濟》，上海：東方出版中心，1997 年。

63. 張樹棟、龐多益、鄭如斯等著，《中華印刷通史》，北京：印刷工業，1999 年。

64. 許紀霖，《無窮的困惑——黃炎培、張君勱與現代中國》，上海：上海三聯書店，1998 年。

65. 許紀霖、倪華強，《黃炎培——方圓人生》，上海：上海教育出版社，1999 年。

66. 郭太風，《王雲五評傳》，上海：上海書店，1999 年。

67. 陳三井，《近代中國變局下的上海》，台北：東大圖書股份有限公司，1996 年。

68. 陳玉堂編著，《中國近現代人物名號大辭典》，杭州：浙江古籍出版社，1996 年。

69. 陳紀瀅，《胡政之與大公報》，香港：掌故月刊社，1974 年。

70. 陳原，《記胡愈之》，北京：三聯書店，1995 年。

71. 陳原，《陳原出版文集》，北京：中國書籍出版社，1995 年。

72. 陶希聖，《潮流與點滴》，台北：傳記文學出版社，1979 年。

73. 陶菊隱，《孤島見聞：抗戰時期的上海》，上海：上海人民出版社，1979 年。

74. 馮崇義，《國魂，在國難中掙扎》，桂林：廣西師範大學出版社，1995 年。

75. 黃良吉，《東方雜誌之刊行及其影響之研究》，台北：台灣商務印書館，1969年。

76. 楊揚，《商務印書館：民間出版業的興衰》，上海：上海世紀出版集團、上海教育出版社，2000年。

77. 葉宋曼瑛著，張人鳳、鄒振環譯，《從翰林到出版家——張元濟的生平與事業》，香港：商務印書館，1992年。

78. 董霖譯著，《顧維鈞與中國戰時外交》，台北：傳記文學出版社，1987年。

79. 實藤惠秀，《日本文化の支那への影響》，東京：株式會社螢雪書院，1940年。

80. 廖梅，《汪康年：從民權論到文化保守主義》，上海：上海古籍出版社，2001年。

81. 榛原茂樹、柏正彥合著，《上海事件外交史》，東京：金港堂書籍株式會社，1932年。

82. 齊衛平、朱敏彥、何繼良編著，《抗戰時期的上海文化》，上海：上海人民出版社，2001年。

83. 劉寅生、房鑫亮編，《何炳松文集》，北京：商務印書館，1996～97年。

84. 劉曾兆，《清末民初的商務印書館——以編譯所爲中心之研究（1902～1932）》，台北：花木蘭文化工作坊，2005年。

85. 劉維開，《國難期間應變圖存問題之研究——從九一八到七七》，台北：國史館，1995年。

86. 劉鳳翰，《抗日戰史論集——紀念抗戰五十週年》，台北：東大圖書公司，1987年。

87. 蔣永敬，《抗戰史論》，台北：東大圖書公司，1995年。

88. 蔣復璁等著，《王雲五先生與近代中國》，台北：臺灣商務印書館，1987年。

89. 鄭逸梅，《書報話舊》，上海：學林出版社，1983年。

90. 樽本照雄，《初期商務印書館研究（增補版）》，滋賀縣：清末小說研究會，2004年。

91. 樽本照雄，《商務印書館研究論集》，滋賀縣：清末小說研究會，2006年。

92. 戴仁（Jean-Pierre Drege），李實桐譯，《上海商務印書館1897～1949》，北京：商務印書館，2000年。

93. 謝巍、房鑫亮編校，《何炳松論文集》，北京：商務印書館，1990年。

94. 韓錦勤，《王雲五與臺灣商務印書館（1965～1979）》，台北：花木蘭文化工作坊，2005年。

95. 魏宏運，《抗日戰爭與中國社會》，瀋陽：遼寧人民出版社，1997年。

96. Crane, Diana. *The Production of Culture: Media and the Urban Arts*. Newbury Park, Calif. : Sage Publications, 1992.

97. David P. Barrett & Larry N. Shyu. ed. *China in the Anti-Japanese War , 1937～1945:*

politics, culture, and society. New York: Peter Lang Publishing , Inc.,2001.

98. Eastman, Lloyd E. *The Abortive Revolution: China under Nationalist Rule, 1927～ 1937*. Cambridge: Harvard University Press, 1974.

99. Hung, Chang-tai. *War and Popular Culture: Resistance in Modern China, 1937～ 1945*. Taipei: SMC Publishing, Inc.,1996.

100. Ip, Man-ying. *The Life and Times of Zhang Yuanji 1867～1959*. Beijing: The Commercial Press, 1985.

101. Lee, Leo Ou-fan. *Shanghai Modern: The Flowering of A New Urban Culture in China, 1930～1945*. Cambridge: Harvard University Press, 1999.

102. Reed, Christopher A. *Gutenberg in Shanghai: Chinese Print Capitalism, 1876～ 1937*. Vancouver, B. C. : University of British Columbia Press, 2004.

三、期刊論文

1. 丁守和，〈論抗日戰爭的思想文化〉，《近代史研究》，5，1995年。

2. 王巧燕、孫宏仁，〈正中書局與其他國民黨系出版機構之比較：1949年以前〉，收入：王綱領等主編，《史學研究與中西文化：程光裕教授九秩壽慶論文集》，台北：臺灣學生書局，2007年。

3. 王向文，〈論抗日戰爭時期國民黨政府的"焦土抗戰"政策〉，湖南中南大學歷史學碩士論文，2005年。

4. 王京州、張永勝，〈顧廷龍與合眾圖書館〉，《圖書與情報》，3，2006年。

5. 王海明，〈瞿氏鐵琴銅劍樓藏書散佚毀失初探〉，《中國典籍與文化》，1，2002年。

6. 王壽南，〈王著「商務印書館與新教育年譜」讀後〉，《中華文化復興月刊》，6.6，1973年。

7. 王蕾，〈慧眼識人・善於用人・致力出人：張元濟出版人才思想研究〉，收入：海鹽縣政協文史資料委員會、張元濟圖書館編，《出版大家張元濟——張元濟研究論文集》，上海：學林出版社，2006年。

8. 甘慧杰，〈論孤島時期日本對上海公共租界行政權的爭奪〉，《檔案與史學》，6，2001年。

9. 仲玉英，〈張元濟的文化觀及其教育主張〉，《杭州師範學院學報》，1，1998年。

10. 何理，〈論抗日戰爭的整體性和社會性〉，《抗日戰爭研究》，4，1999年。

11. 何理，〈論抗日戰爭時期的愛國主義〉，《抗日戰爭研究》，3，1995年。

12. 何智霖，〈長沙大火相關史料試析〉，《國史館館刊》，5，1988年。

13. 吳相湘，〈王雲五與金圓券的發行〉，《傳記文學》，36.2，1980年。

14. 吳相湘，〈抗戰期間「過河卒子」——胡適之與陳光甫〉，《傳記文學》，17.5，1970年。

15. 宋軍令，〈近代商務印書館教科書出版研究〉，四川大學歷史文化學院碩士論

文，2004 年。

16. 李白堅，〈1919～1949 年間中國現代出版史的線索與特點〉，收入：中國近代現代出版史編纂組編，《新民主主義革命時期出版史學術討論會文集》，北京：中國書籍出版社，1993 年。

17. 李性忠，〈鄭振鐸與嘉業堂〉，《圖書館工作與研究》，1，2001 年。

18. 沈津整理，〈鄭振鐸致蔣復璁信札（下）〉，《文獻季刊》，1，2002 年。

19. 沈津整理，〈鄭振鐸致蔣復璁信札（上）〉，《文獻季刊》，3，2001 年。

20. 汪榮祖，〈書評：Print and Politics: "Shibao" and the Culture of Reform in Late Qing China.〉，《中央研究院近代史研究所集刊》，41，2003 年。

21. 周武，〈「天留一老試艱難」——抗戰勝利後的張元濟〉，《檔案與史學》，6，1996 年。

22. 周武，〈張元濟傅斯年往來書信的發現與研究〉，《檔案與史學》，2，1999 年。

23. 季維龍，〈胡適與商務印書館〉，收入：安徽大學胡適研究中心編，《胡適研究》第三輯，合肥：安徽教育出版社，2001 年。

24. 林明德，〈松本重治著「上海時代」——論抗戰前後的中日關係〉，《國史館館刊》，8，1990 年。

25. 林清芬，〈國立中央圖書館與「文獻保存同志會」〉，《國家圖書館館刊》，1，1998 年。

26. 林清華，〈袁同禮先生與近代中國的圖書館事業〉，文化大學圖書館資訊學研究所碩士論文，1983 年。

27. 邵德潤，〈發行金圓券的真實情況——讀王雲五自述與徐柏園遺稿而得的結論〉，《傳記文學》，44.4，1984 年。

28. 柳和城，〈從一份地址看張元濟與民國風雲人物的交往〉，《出版史料》，1，1990 年。

29. 倪墨炎，〈圖書雜誌審查委員會從產生到消亡〉，《出版史料》，1，1989 年。

30. 張人鳳，〈戊戌到辛亥期間的張元濟〉，收入：海鹽縣政協文史資料委員會、張元濟圖書館編，《出版大家張元濟——張元濟研究論文集》，上海：學林出版社，2006 年。

31. 張人鳳，〈商務印書館與鐵琴銅劍樓的合作——兼述張元濟與瞿啓甲、瞿熙邦父子的交往〉，收入：海鹽縣政協文史資料委員會、張元濟圖書館編，《出版大家張元濟——張元濟研究論文集》，上海：學林出版社，2006 年。

32. 張廷銀、劉應梅整理，〈嘉業堂藏書出售信函（下）〉，《文獻季刊》，2，2003 年。

33. 張廷銀、劉應梅整理，〈嘉業堂藏書出售信函（上）〉，《文獻季刊》，4，2002 年。

34. 張廷銀、劉應梅整理，〈嘉業堂藏書出售信函（中）〉，《文獻季刊》，1，2003

年。

35. 張朋園，〈新書評介：Joan Judge, Print and Politics: "Shibao" and the Culture of Reform in Late Qing China.（《報業與政治：時報與清末改革的文化》）〉，《近代中國史研究通訊》，25，1998 年。

36. 張振鵾，〈關於《中國復興樞紐——抗日戰爭的八年》〉，《抗日戰爭研究》，3，1997 年。

37. 張釗，〈抗戰期間國民黨政府圖書審查機關簡介〉，《出版史料》，4，1985 年。

38. 張寄謙，〈哈佛燕京學社〉，《近代史研究》，5，1990 年。

39. 張寄謙，〈哈佛燕京學社〉，收入：章開沅、林蔚主編，《中西文化與教會大學》，武漢：湖北教育出版社，1991 年。

40. 張鳳，〈哈佛燕京學社七十五年星霜〉，《漢學研究通訊》，22.4，2003 年。

41. 張樹年，〈先父張元濟與圖書館事業〉，收入：海鹽縣政協文史資料委員會、張元濟圖書館編，《出版大家張元濟——張元濟研究論文集》，上海：學林出版社，2006 年。

42. 郭太風，〈日本的"文化侵略"與中國出版業的命運——以商務印書館為例〉，《史林》，6，2004 年。

43. 郭太風，〈王雲五與胡適的師生之誼〉，《民國春秋》，2，2001 年。

44. 郭太風，〈王雲五簡論〉，《史林》，4，2000 年。

45. 陳廷湘，〈論抗戰時期的民族主義思想〉，《抗日戰爭研究》，3，1996 年。

46. 陳福康整理，〈鄭振鐸等人致舊中央圖書館的秘密報告（續）〉，《出版史料》，1，2004 年。

47. 陳福康整理，〈鄭振鐸等人致舊中央圖書館的秘密報告〉，《出版史料》，1，2001 年。

48. 陶希聖，〈商務印書館編譯所見聞記——王雲五先生的魄力與信心〉，《傳記文學》，35.3，1979 年。

49. 陶飛亞、梁元生，〈《哈佛燕京學社》補正〉，《歷史研究》，6，1999 年。

50. 惠萍，〈王雲五《萬有文庫》策劃簡論〉，《河南圖書館學刊》，26.5，2006 年。

51. 馮筱才，〈「不抵抗主義」再探〉，《抗日戰爭研究》，2，1996 年。

52. 黃建國，〈嘉業堂藏書樓出現的歷史背景與社會原因〉，《杭州大學學報》，21.3，1991 年。

53. 黃國光，〈鐵琴銅劍樓藏書活動繫年述要〉（下），《文獻季刊》，4，1999 年。

54. 黃國光，〈鐵琴銅劍樓藏書活動繫年述要〉（上），《文獻季刊》，3，1999 年。

55. 楊宜穎、陳信男，〈《萬有文庫》的廣告特色〉，《出版發行研究》，4，2004 年。

56. 楊揚，〈商務印書館與中國現代文學〉，《中國現代文學研究叢刊》，1，1999 年。

57. 楊德才，〈焦土抗戰與長沙大火〉，《歷史月刊》，91，1995 年。

58. 鄒振環，〈中國近代翻譯史上的嚴復與伍光建〉，收入：耿龍明、何寅主編，《中國文化與世界》第三輯，上海：上海外語教育出版社，1995 年。

59. 鄒振懷，〈通藝學堂：維新運動時期張元濟人才教育思想的一個分析〉，收入：海鹽縣政協文史資料委員會、張元濟圖書館編，《出版大家張元濟：張元濟研究論文集》，上海：學林出版社，2006 年。

60. 趙金康、張殿興，〈高宗武和陶希聖叛汪原因探析〉，《河南大學學報（社會科學版）》，2，1994 年。

61. 劉光裕，〈論張元濟的編輯活動──兼談在文化史上的影響〉，收入：海鹽縣政協文史資料委員會、張元濟圖書館編，《出版大家張元濟──張元濟研究論文集》，上海：學林出版社，2006 年。

62. 廣隸整理，〈趙南公一九二一年日記選〉（二），《出版史料》，2，1992 年。

63. 潘公展，〈張治中與長沙大火〉，《中外雜誌》，17.3，1975 年。

64. 魯迅，〈書的還魂和趕造〉，《魯迅全集》，第 6 卷，北京：人民文學出版社，1981 年。

65. 樽本照雄，〈近代日中出版社交流の謎〉，收入：氏著，《商務印書館研究論集》，滋賀縣：清末小說研究會，2006 年。

66. 樽本照雄，〈美華書館名稱考〉，收入：氏著，《商務印書館研究論集》，滋賀縣：清末小說研究會，2006 年。

67. 盧國紀，〈中國實業界的「敦刻爾克」〉，收入：中國人民政治協商會議四川省重慶市委員會文史資料研究委員會編，《重慶抗戰紀事》，重慶：重慶出版社，1985 年。

68. 蕭李居，〈日本的戰爭體制──以興亞院為例的探討（1938～1942）〉，政治大學歷史學系碩士論文，2002 年。

69. 戴景素，〈商務印書館前期的推廣和宣傳〉，《出版史料》，4，1987 年。

70. 薛光前，〈研究歷史的兩大重點──討論「抗戰時期中國」應有的認識〉，《傳記文學》，29.1，1976 年。

71. 韓文寧，〈“小藏家”中的佼佼者──常熟趙氏舊山樓〉，《中國典籍與文化》，2，2000 年。

72. 韓文寧，〈張元濟輯印《百衲本二十四史》〉，《民國春秋》，2，2000 年。

73. 韓文寧，〈鄭振鐸與《脈望館抄校本古今雜劇》〉，《江蘇圖書館學報》，1，1997年。

74. 魏斐德，〈抗戰時期的政治恐怖〉，收入：國父建黨革命一百週年學術討論集編輯委員會，《國父建黨革命一百週年學術討論集》（第三冊・抗戰建國史），1995年。

75. 羅志田，〈胡適世界主義思想中的民族主義關懷〉，《近代史研究》，1，1996 年。

76. 龔少情、周一平，〈50 年來抗戰史資料的整理、研究述評〉，《抗日戰爭研究》，

3，1999 年。

77. Li-Min Liou，〈書評：Print and Politics："Shibao" and the Culture of Reform in Late Qing China.〉，《中央研究院近代史研究所集刊》，33，2000 年。

78. Yeh, Wen-hsin., "Progressive Journalism and Shanghai's Petty Urbanities: Zou Taofen and the Shenghuo Enterprise." in Frederic Jr. Wakeman and Wen-hsin Yeh ed. *Shanghai Sojourners*. Berkeley: University of California Press, 1992.